古文書・古絵図で読む

木曽三川流域

旗本高木家文書から

Hiroshi Ishikawa
石川寛 編著

風媒社

はじめに

木曽三川流域は豊かな水と肥沃な土壌に恵まれる反面、かつては全国有数の洪水常襲地帯でもあり、さまざまな治水事業が展開されてきた。この地域の江戸時代の治水を考えるうえで欠かせないのが旗本高木家の存在である。美濃国石津郡時《とき》・多良《たら》両郷（現在の岐阜県大垣市上石津地域）の内を支配した高木家は、寛永年間以降（1624～）、幕府の命により論所見分・普請奉行・見廻り役の役儀をつとめ、美濃郡代（笠松代官）と共に流域の治水を担った。そのため高木家には膨大な治水関係文書が蓄積された。

高木家は、西・東・北の三家に分かれるが、伝来文書が最もまとまって伝わるのが西高木家であり、現在は名古屋大学附属図書館の所蔵に帰している。戦後の激しい社会的・経済的変動の中で所蔵文書が散逸の危機にさらされたとき、当時の中村栄孝文学部教授、勝沼精蔵総長をはじめとする関係者の尽力により、名古屋大学が一括して購入し、附属図書館に収蔵したものである。

名古屋大学では1971年に高木家文書調査室を設置し、全学事業として文書整理に取り組み、1982年度までに5万2409点の整理を終え、『高木家文書目録』巻一～五を刊行した。その内容は、A領地、B支配、C家臣、D勤役、F家政、G財政、H明治、に大きく分類される。高木家文書中の白眉ともいうべき治水関係文書は1万2000点を超える。また、旗本領主制の実態に迫る領内支配や家政関係の文書も長期にわたって数多く残されており、そのこともひとつの特徴となっている。傑出した規模と内容をもつ高木家文書の学術的価値は極めて高く、2019年7月には「交代寄合西高木家関係資料」の名称で国の重要文化財に指定された。

現在、名古屋大学では書状・書付類を中心とする残された補遺文書の調査・整理に取り組むとともに、高木家文書の利用環境の向上を促進するためデジタルコンテンツ化を進め、高木家文書デジタルライブラリーを公開している（https://libdb.nul.nagoya-u.ac.jp/infolib/meta_pub/G0000011Takagi）。２０１８年７月からは大垣共立銀行の支援を受けてＯＫＢ大垣共立銀行高木家文書資料館を開設し、高木家文書を広める発信拠点とした。また、本学所蔵文書の整理と並行して、本学以外の高木家関係文書、さらには旧家臣の家に伝来する文書群についても、大垣市等の協力を得ながら調査に取り組み、整理の終わったものから高木家文書デジタルライブラリーに登録し、高木三家の関係文書を電子的に統合した形で提供をおこなっている。現在まで25の文書群、８万点余を公開している。

本書ではこれまでの取り組みと成果を踏まえ、高木家に伝来した膨大な古文書と古絵図を用いて、木曽三川流域で高木家が果たした役割、そこからみえてくる流域の歴史と文化を紹介していきたい。

石川　寛

＊本書収録の図版のうち、「高木家文書」とあるのは、名古屋大学附属図書館所蔵資料である。

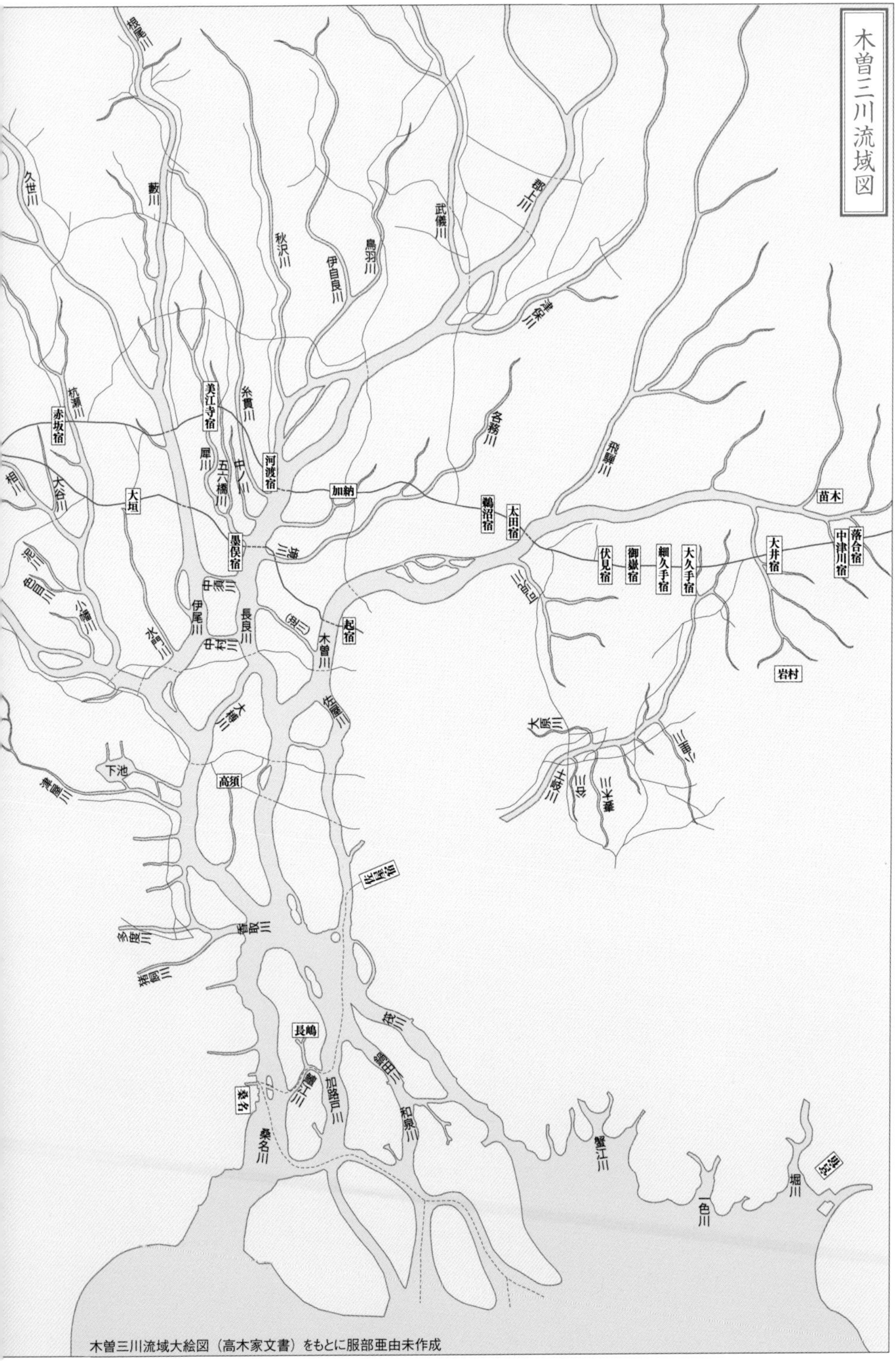

木曽三川流域大絵図（高木家文書）をもとに服部亜由未作成

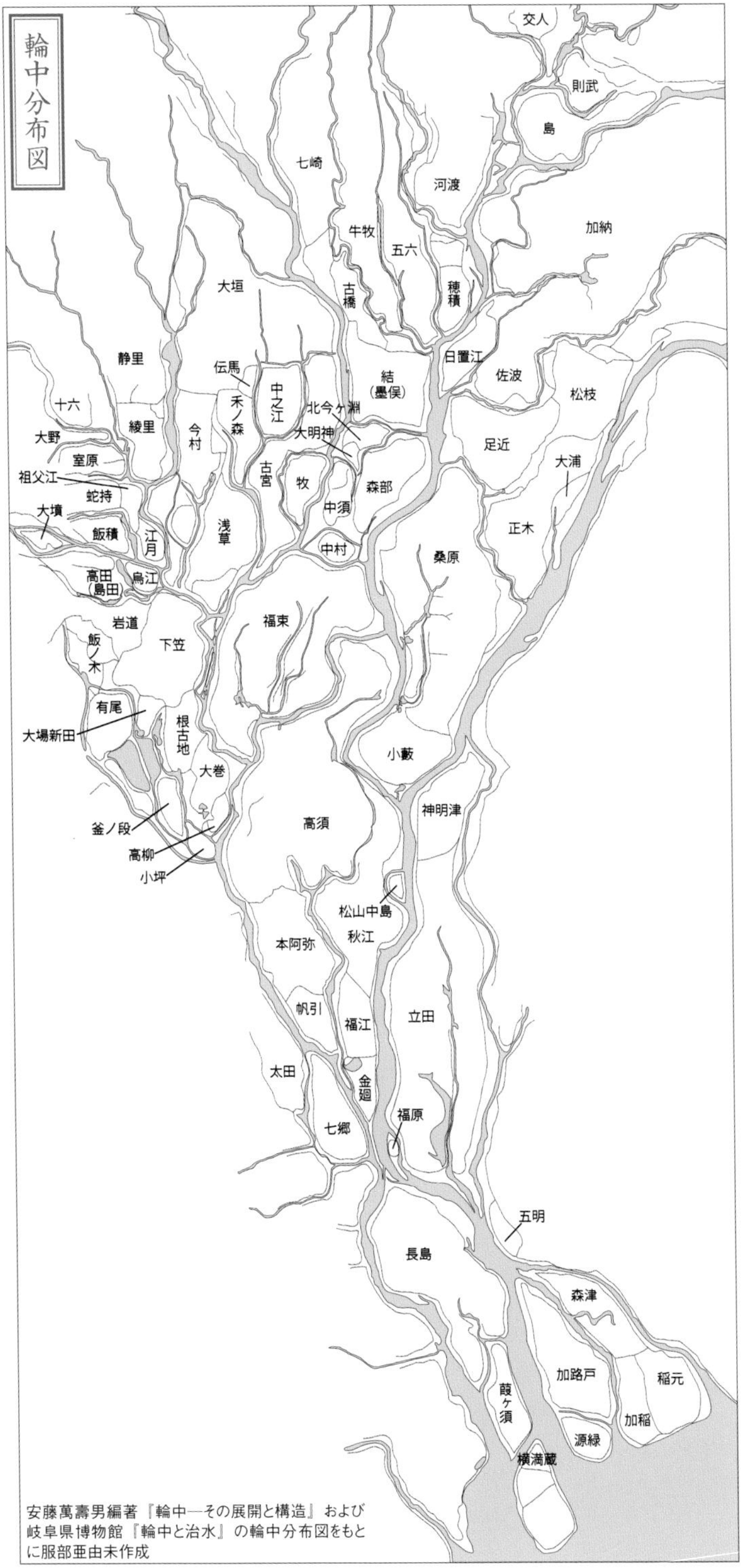

安藤萬壽男編著『輪中―その展開と構造』および岐阜県博物館『輪中と治水』の輪中分布図をもとに服部亜由未作成

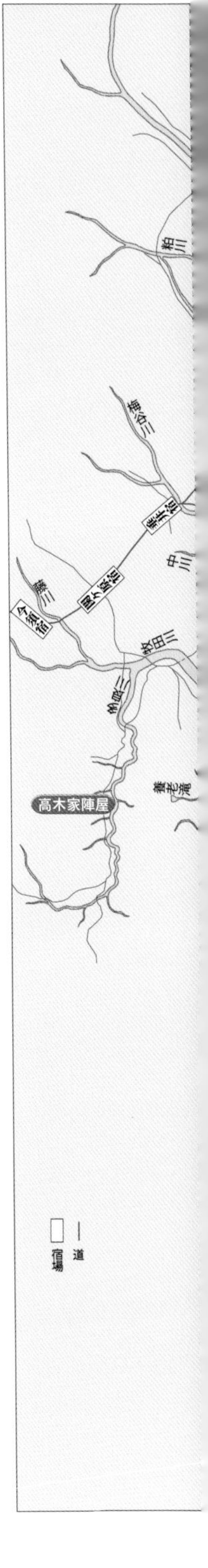

［目次］

古文書・古絵図で読む木曽三川流域
……旗本高木家文書から

Ⅲ 屋敷絵図を読む

Ⅳ 高木家の川通御用

I

流域絵図を読む

石川 寛

濃尾平野を縦横に流れる川々

描かれた木曽三川流域

濃尾平野の地形と木曽三川

木曽川水系の堆積作用によって形成された濃尾平野は、西端の養老断層に沿って沈み込む傾動地塊運動により東に高く西に低い土地傾斜の状態にある。そのため濃尾平野をはしる木曽三川は、木曽川、長良川、伊尾川（明治以降は揖斐川）の順に河床が低くなっており、最大流量を誇る木曽川の水は大量の土砂を伴って長良川・伊尾川に流れ込み、両川での逆流や洪水を生む環境にあった。

これに加えて戦国時代の終結に伴い大開発の時代を迎えると、木曽三川流域においても開発が活発化し、築堤技術の向上も相俟って、河口部分まで新田開発や輪中形成が進むことになる。その結果、集約的な農業生産が確立した反面、河道の固定化や遊水池の狭隘化が進んで河川の常水位が上昇し、中下流域の環境に深刻な影響を及ぼすようになる。

このような自然的条件と社会的条件の複合による大規模水害の発生、および水害リスクの高まりを受けた地域住民の死活的要求に対応する中で、幕藩権力による河川管理体制が整備されていった。旗本高木家は、美濃郡代（笠松代官）と共に、こうした河川管理体制の一翼を担うことで、高木家文書という膨大な治水資料群を形成したのである。

木曽三川流域大絵図

木曽三川流域大絵図（図1）は、江戸時代後期の美濃・尾張・伊勢における木曽三川とその支流を描いた、高木家文書の中でもとりわけ大きな川絵図である。河川の周りの朱色は美濃国、黄緑色は尾張国、白色は伊勢国を示している。現在の木曽三川流域の姿は明治以降の改修工事によってつくられたものであり、大絵図はそれ以前の流域全域の様子を教えてくれる。

比較のため明治以降の地図も2枚用意した。1枚は木曽長良揖斐三大川上流実況図（図2）である。木曽川上流改修計画を策定した大正年間の作成と思われるが、明治期の木曽川下流改修工事で設けられた新堤や新設制水が朱色で書き込まれている。もう1枚は国土地理院が２０１７年に作成した濃尾平野周辺のデジタル標高地形図（図3）である。

木曽三川流域大絵図と近代の実況図・地形図を比較すると、近世までの流域は大小の川々が縦横にはしる複雑な様

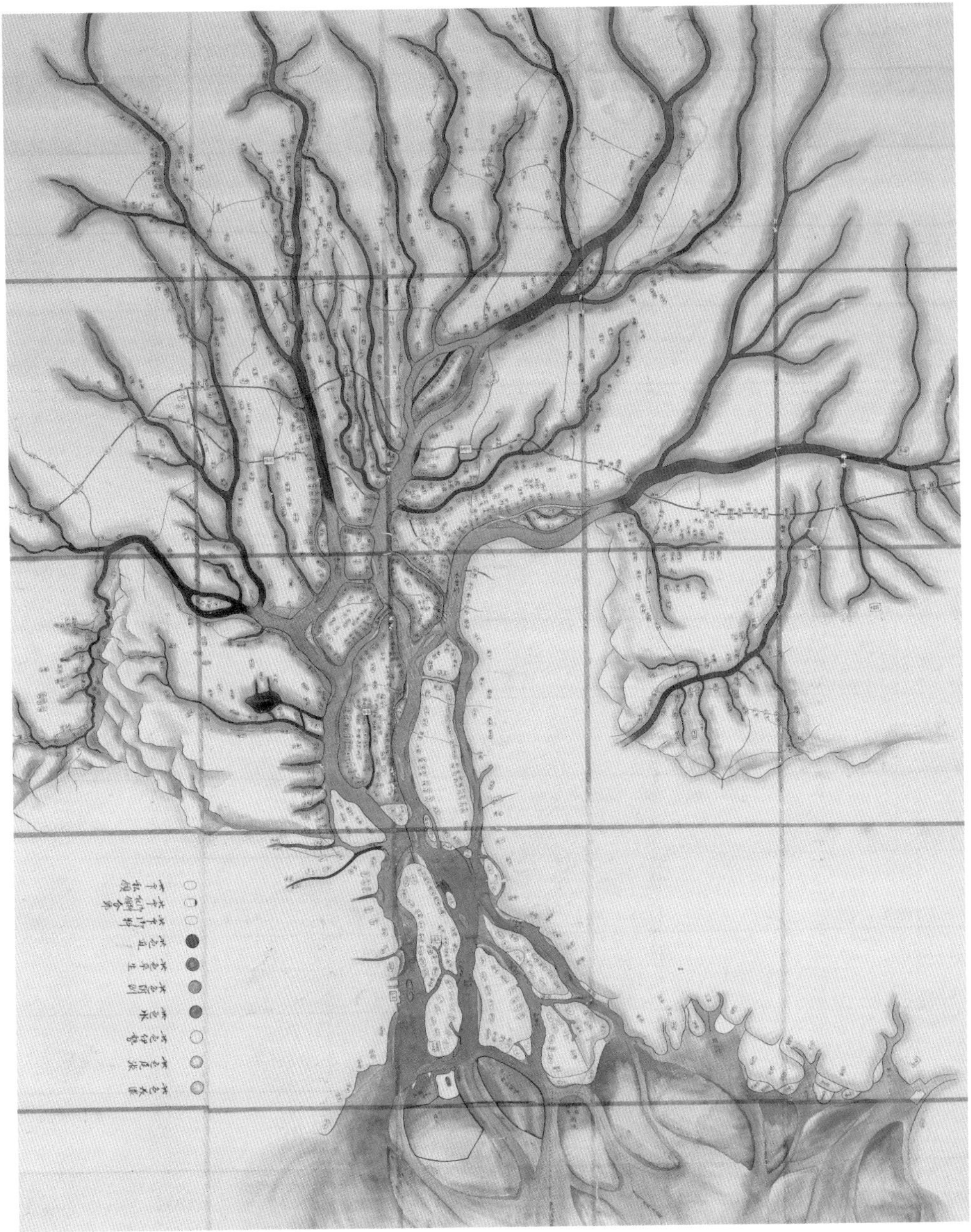

図１　木曽三川流域大絵図　高木家文書

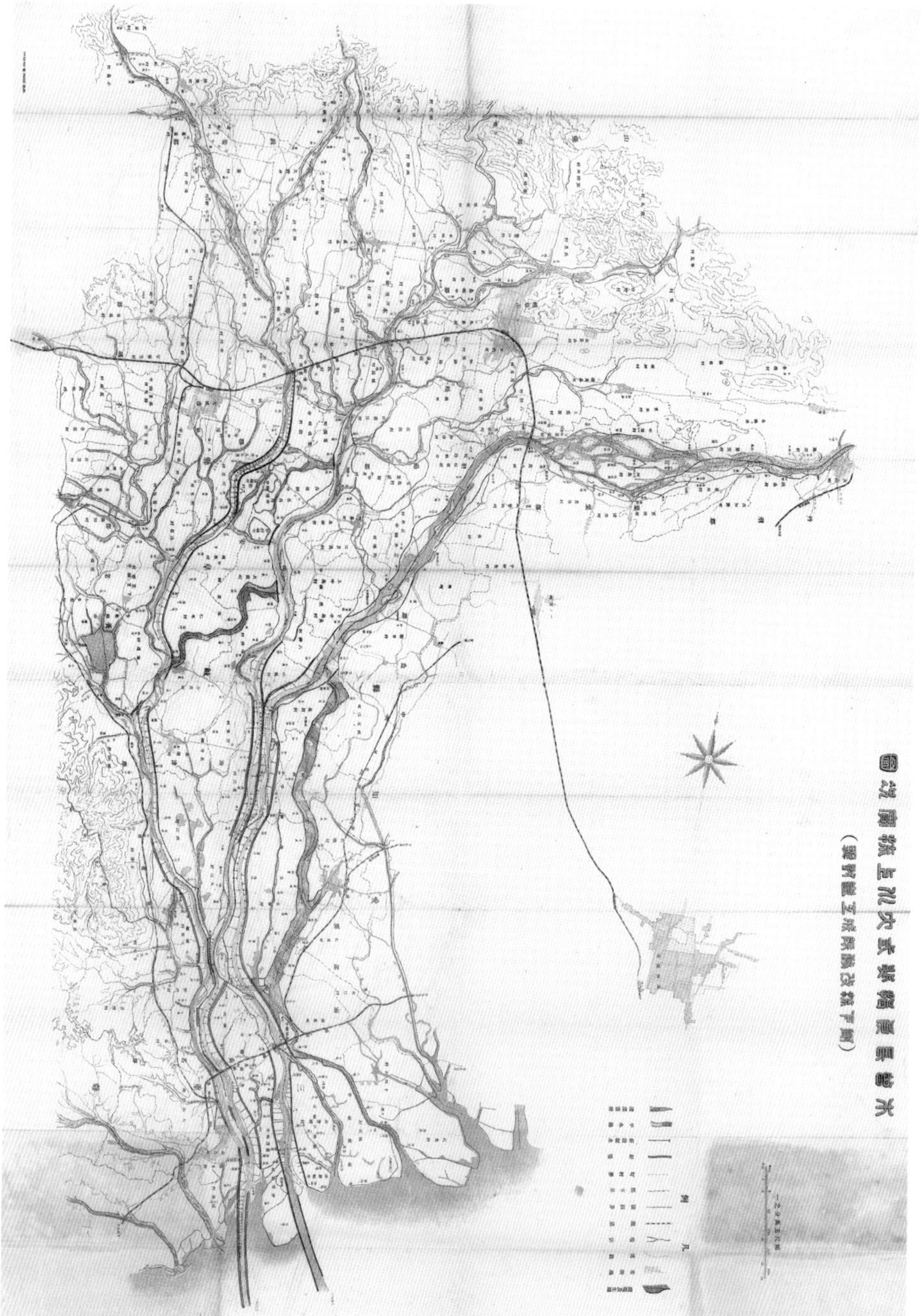

図２　木曽長良揖斐三大川上流実況図　名古屋大学附属図書館所蔵

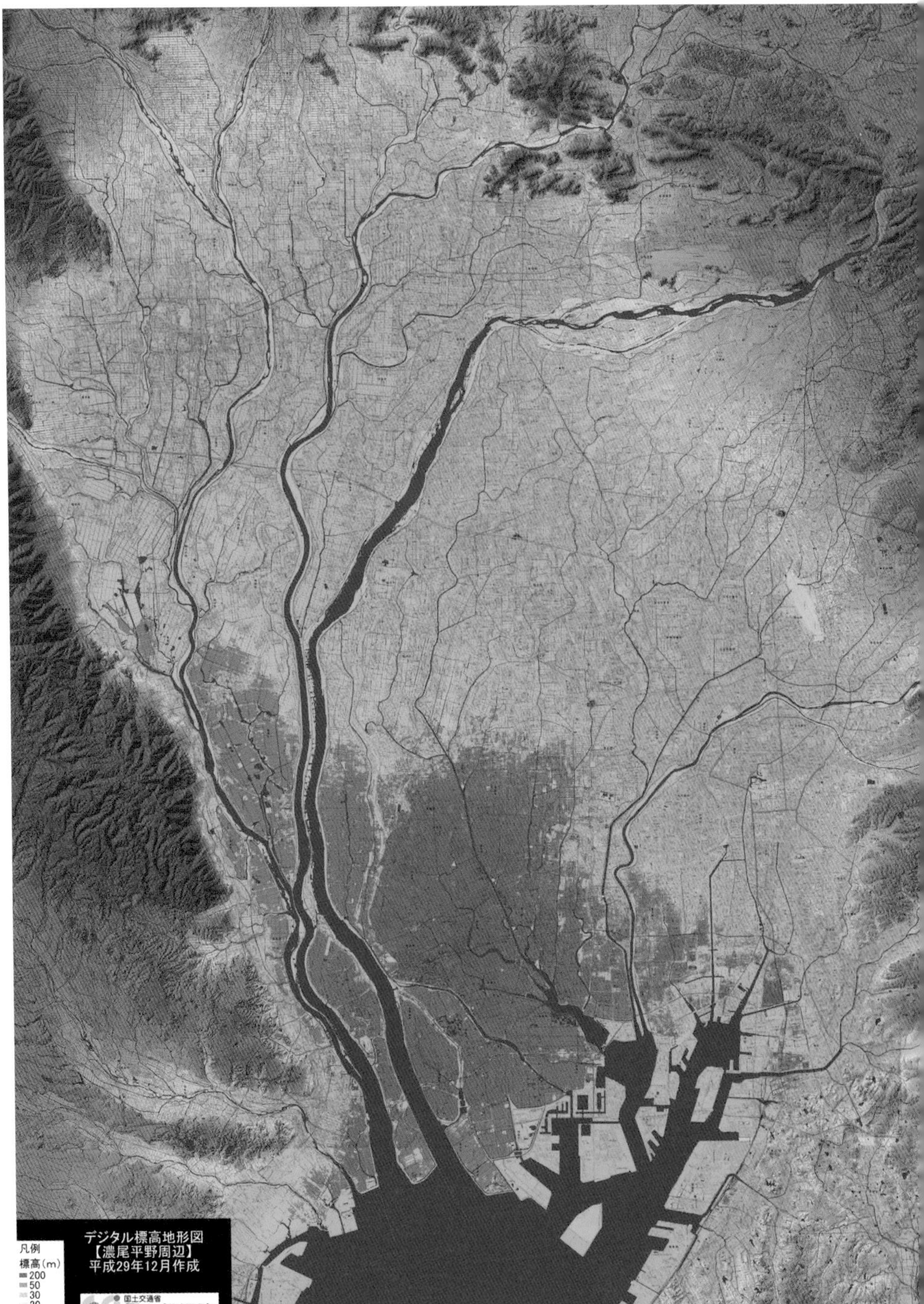

図3　濃尾平野周辺　2017 年 12 月作成（国土地理院技術資料 D1-878）

相を呈していたことがわかる。犬山で濃尾平野に出て国境を西南に流れる木曽川は、美濃国中島郡小藪村地先で長良川と合流し、さらに南下して、牧田川と合した伊尾川と伊勢国桑名郡油島新田地先で合流する。そこから桑名川・加路戸《かろと》川・鍋田川・筏《いかだ》川などに分かれて海へと流れ出ていた。明治期の下流改修工事では、木曽川・長良川の背割堤《せわりてい》の築造、油島・松之木間の完全締切、揖斐川左岸に新たな長良川河道の確保、佐屋川の廃川、中須川・中村川・大榑《おおぐれ》川など支川の締切がおこなわれ、木曽三川の完全な分離が実現した（図2）。

木曽三川流域大絵図には、河川だけでなく、街道（朱線）と航路（朱点線）、流域の村々も書き込まれている。村名は小判型の枠の中に記され、よくみると御料（幕府の直轄地）、私領（大名・旗本の領地）で色を変えて書き分けている。美濃国は幕府領に加えて、大垣・加納・高須・尾張藩などの大名領、旗本の知行所、寺社領などが錯綜した地域であったため、その中を横断する河川の治水については諸領域をこえて幕府が指揮をとった。その一翼を、旗本高木家は、美濃郡代と共に担ったのである。旗本高木家は、山間部（牧田川上流、図1でいうと養老滝から山を越えた西側）の小領主ながら、木曽三川流域の全体を描いた大絵図を保有していたのもこのためである。

宝暦治水の成果

木曽三川の下流域では、18世紀になると洪水への抜本的対策として、木曽・長良・伊尾の三川の流れを分離する三川分流構想が浮上し、宝暦4年（1754）から翌年にかけて宝暦治水と呼ばれる大規模な治水工事が、薩摩藩の手伝普請によって実施された（本書Ⅴ参照）。木曽三川流域大絵図には、宝暦治水およびその後の普請で築造された河川工作物が書き込まれている。

1つには木曽川と伊尾川の合流部分を分けるために、油島新田と松之木村との間に設けられた喰違《くいちがい》洗堰である。この締切工事は、宝暦治水の中で最も困難を極めた工事であった。しかし、流域の村々の利害関係を考慮して、すべてを締め切るまでには至らず、完全な分離は明治期の木曽川下流改修工事まで持ち越された。

2つには大榑川洗堰である。長良川から伊尾川へ流れ込む大榑川は、その激しい流れのため沿岸村々に被害をもたらしていた。このため宝暦治水では流頭部に洗堰を設けて水勢の減少を図ったが、薩摩藩が築造した洗堰は完成からわずか2カ月後の大洪水より効果を失ったため、組合村々によって宝暦8年（1758）に新たな洗堰が完成した。大絵図にみえる洗堰はこのときのもので、この洗堰は明治33年（1900）に大榑川が締め切られるまで機能した。

3つには石田の猿尾《さるお》である。猿尾は堤から川中へ猿の尾のように張り出した小堤で、激流を対岸へ刎《は》ねたり、水勢を弱める機能がある。石田の猿尾も木曽川の流れを右岸の猿尾で刎ねて、左岸の猿尾で佐屋川へ受け流し、木曽川下流への水量を減らすものであった。明治32年（1899）に佐屋川は廃川となったが、石田の猿尾は現存し、今なお往事の姿をとどめている。

4つには立田輪中南端から突き出た又右衛門猿尾と梶島猿尾である。油島新田と松之木村の間を締め切ることで木曽川の水が立田輪中に押し寄せ、輪中の排水に悪影響を及ぼすことが懸念された。この対策として又右衛門新田から伸びる猿尾を延長し、また梶島から猿尾を設け、木曽川からの流入を防ごうとした。この2基の猿尾はその形状から鼻毛猿尾とも呼ばれた。

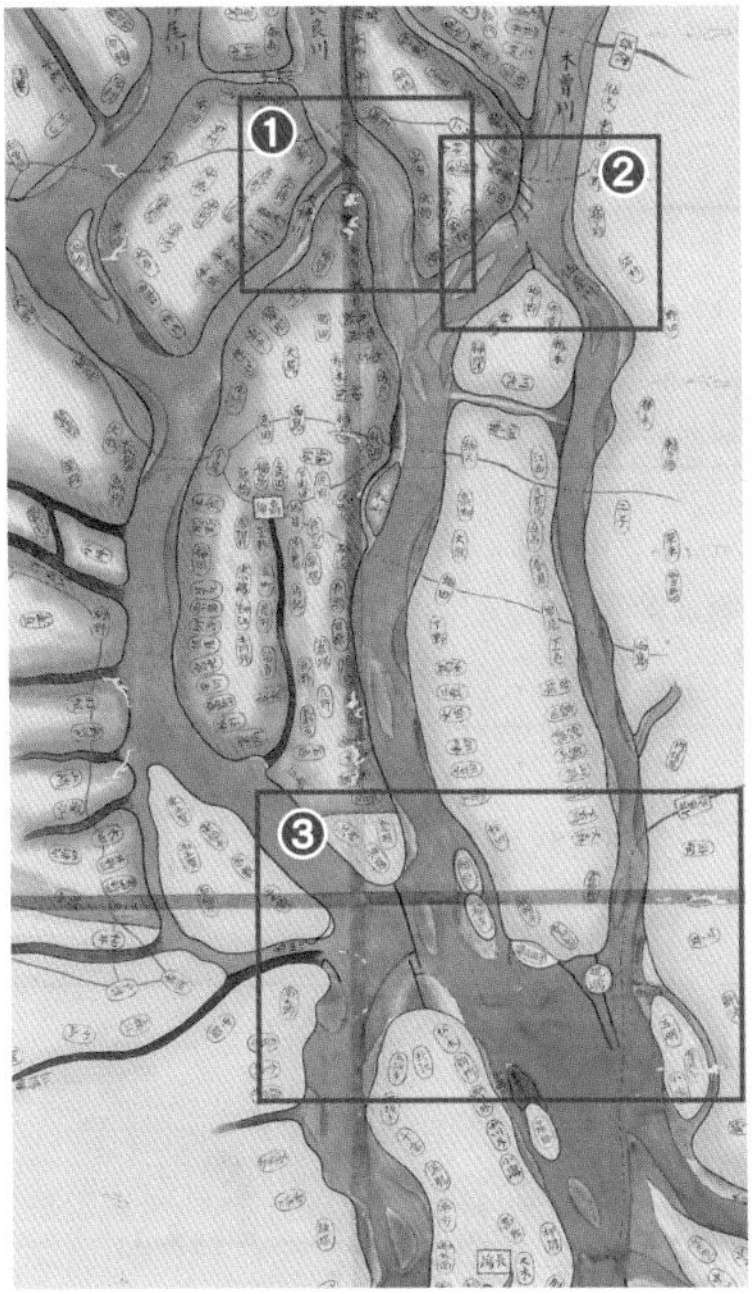

図４　河川工作物（図１の部分）

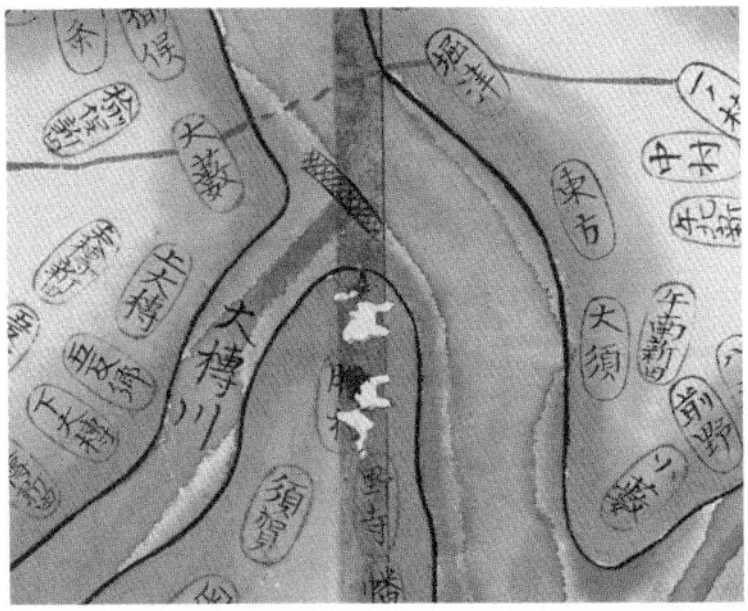

❶大榑川洗堰

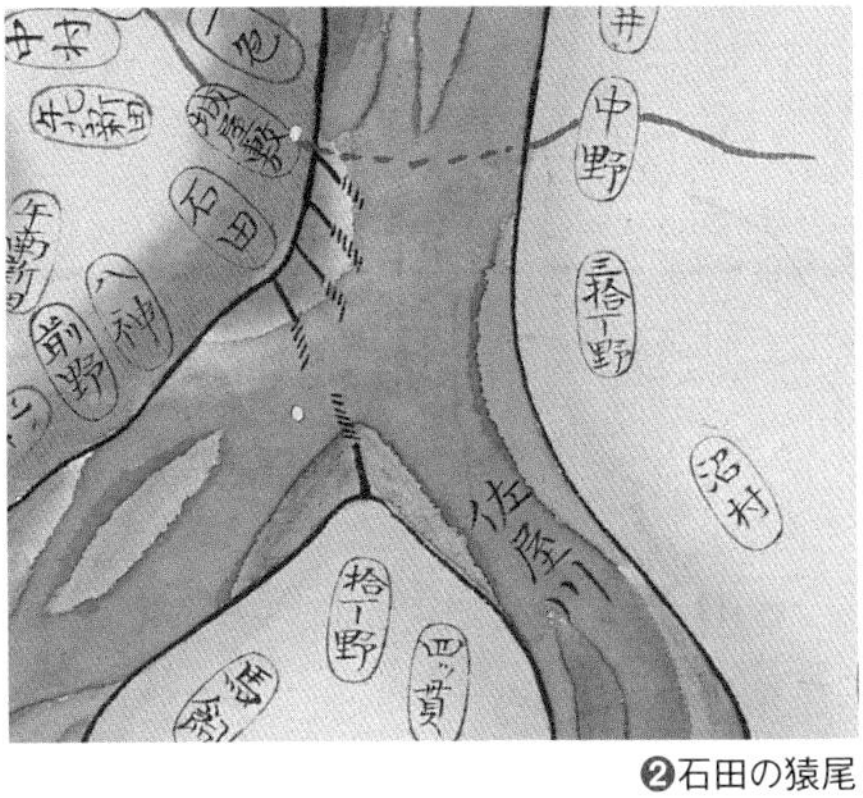

❷石田の猿尾

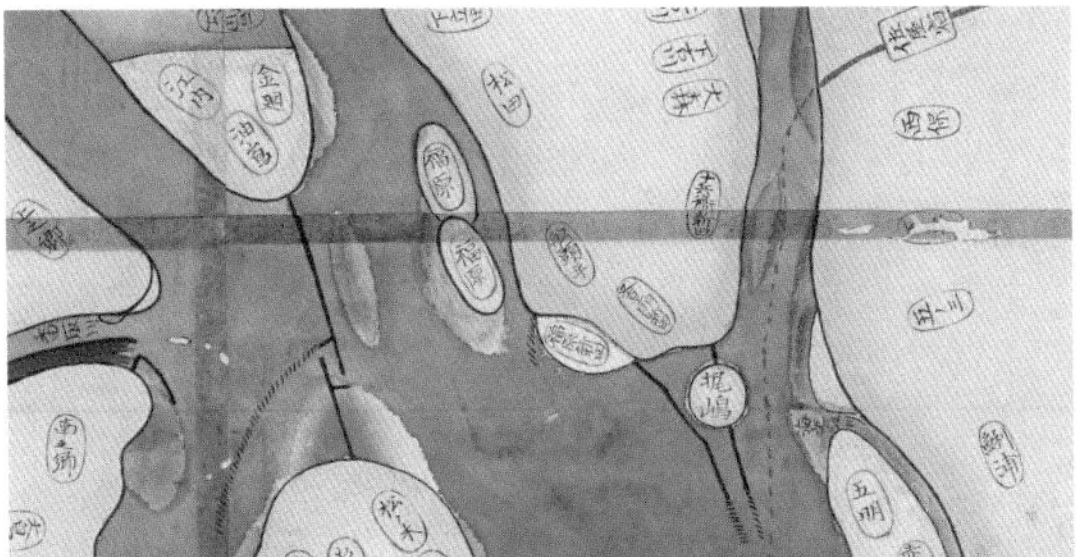

❸喰違洗堰と又右衛門猿尾・梶島猿尾

河口部の輪中

木曽三川流域大絵図の河口部には、河川が運ぶ土砂が堆積してできた三角州に、形成された輪中、形成されつつある輪中の姿が描かれている（図6）。

その干拓輪中を東からみていこう。木曽川の支流である筏川と鍋田川に挟まれて森津《もりづ》輪中・稲元《いなもと》輪中・加稲《かいな》輪中が形成されている。森津輪中と稲元・加稲輪中は相《あい》ノ川で隔てられ、稲元輪中と加稲輪中は境川で区切られていた。境川の名が示す通り、稲元輪中は尾張国、加稲輪中は伊勢国であった。大絵図の境川は、南部が開発されたことで海への出口を失い、用水路となった姿が描かれている。稲元・加稲輪中の南に天保6年（1835）に開発される六野・上野・八穂新田はまだなく、葭生《よしふ》が広がっている。3つの輪中は、明治期に相ノ川が締め切られたことで統合され、両国輪中となる（図5）。

その西、鍋田川と加路戸《かろと》川に挟まれて位置するのが加路戸輪中である。最も早くに開けた村が北端の加路戸新田であり、戦国時代には開発されたという。その後、南に向かって徐々に開発が進み、南端の川先《かわさき》新田は文化10年（1813）に開発された。白鷺《はくろ》川を隔ててその南には「源六山御新開場」が描かれている。ここは19世紀初頭に開発されて源緑《げんろく》輪中が形成される場所である。すでに堤を示す墨線で囲まれているのがみえる。加路戸輪中と源緑輪中は明治23年（1890）に白鷺川が締め切られたことで統合され木曽岬《きそざき》輪中となる。

木曽川と伊尾川（桑名川）に挟まれた一帯には、北から、長島輪中・葭ケ須《よしがす》輪中および横満蔵《よこまくら》新田と葭生が描かれる。長島輪中と葭ケ須輪中の間には鰻江《うなぎえ》川が流れ、長島城下からの水路と合流する。鰻江川は伊尾川と木曽川を結ぶ航路として、桑名宿を往来する船が通航した。朱色の点線は航路であることを示している。葭ケ須輪中から青鷺《あおさぎ》川を隔てた南側には、横満蔵新田が単独輪中を形成している。文政年間（1820年代）に隣接する桑名領葭生には白鶏《はっけ》新田が開発され、また御料葭生には松蔭《まつかげ》・老松《おいまつ》など12の新田が開発されたが（図7）、幕末の風水害により大半が亡所となった。なお、明治の改修工事は横満蔵地先から着工されることになる。

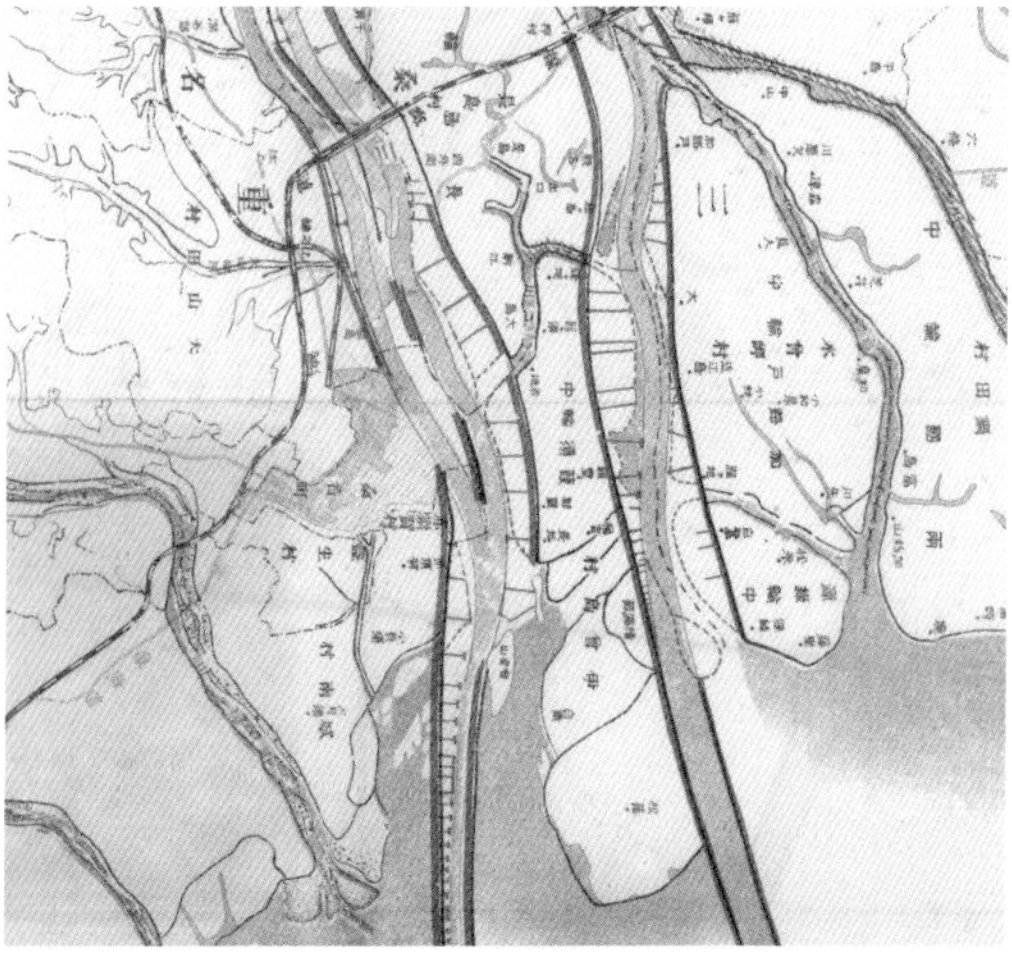

図5　木曽三川の河口部（図2の部分）

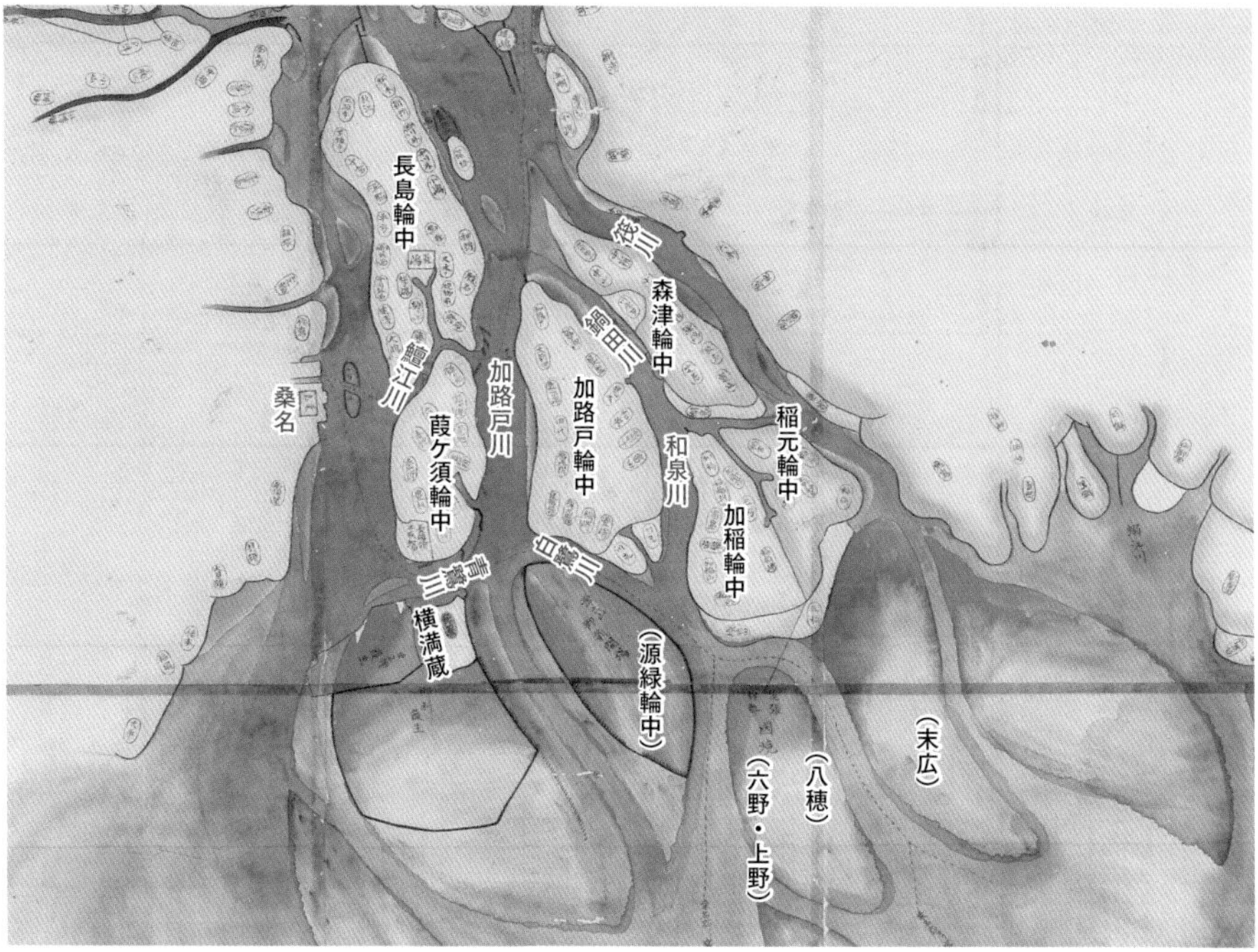

図6　木曽三川の河口部（図１の部分）

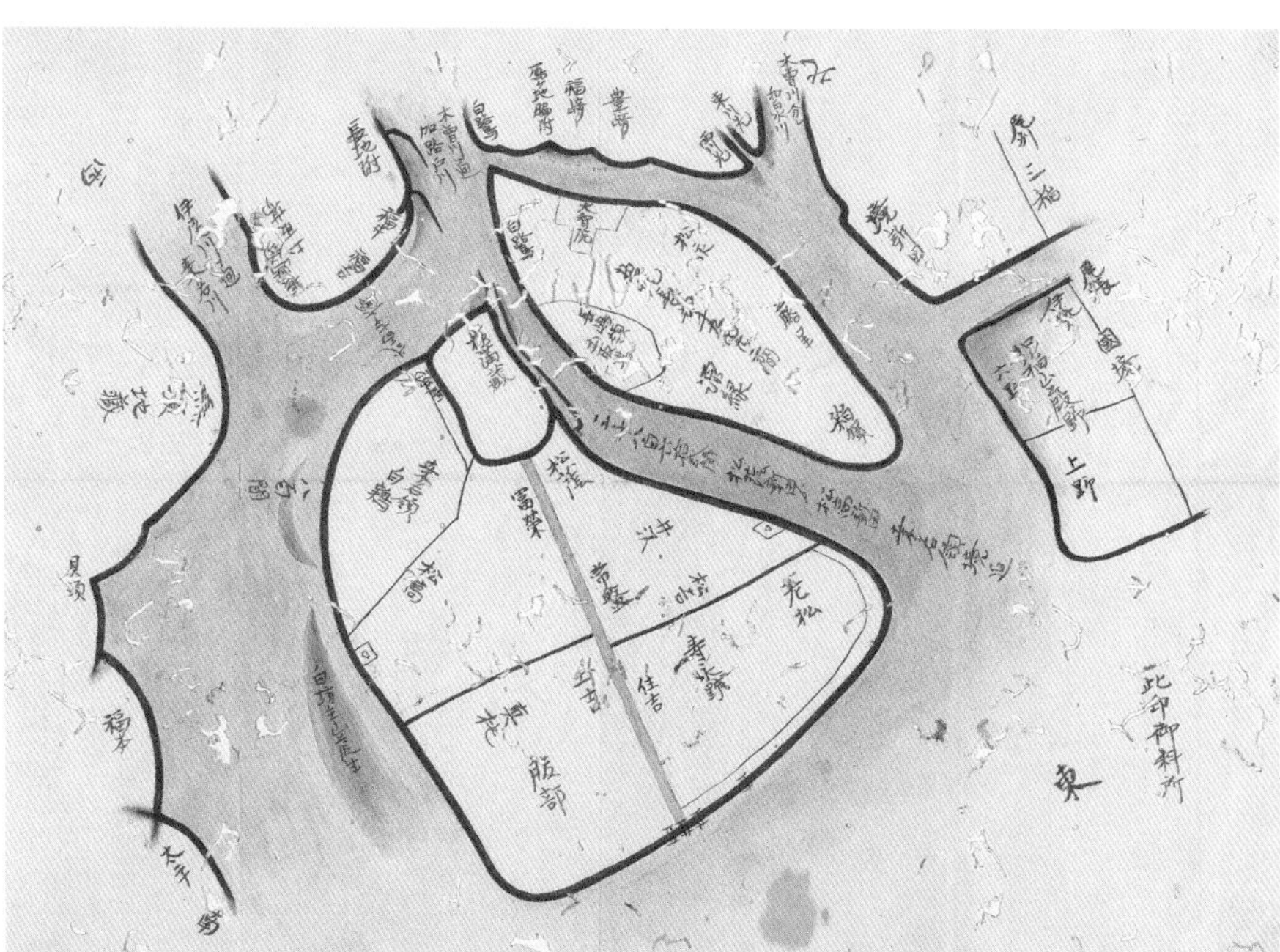

図7　源緑・横満蔵輪中絵図　高木家文書

水害軽減に向けて

天保十年濃勢尾州川筋絵図

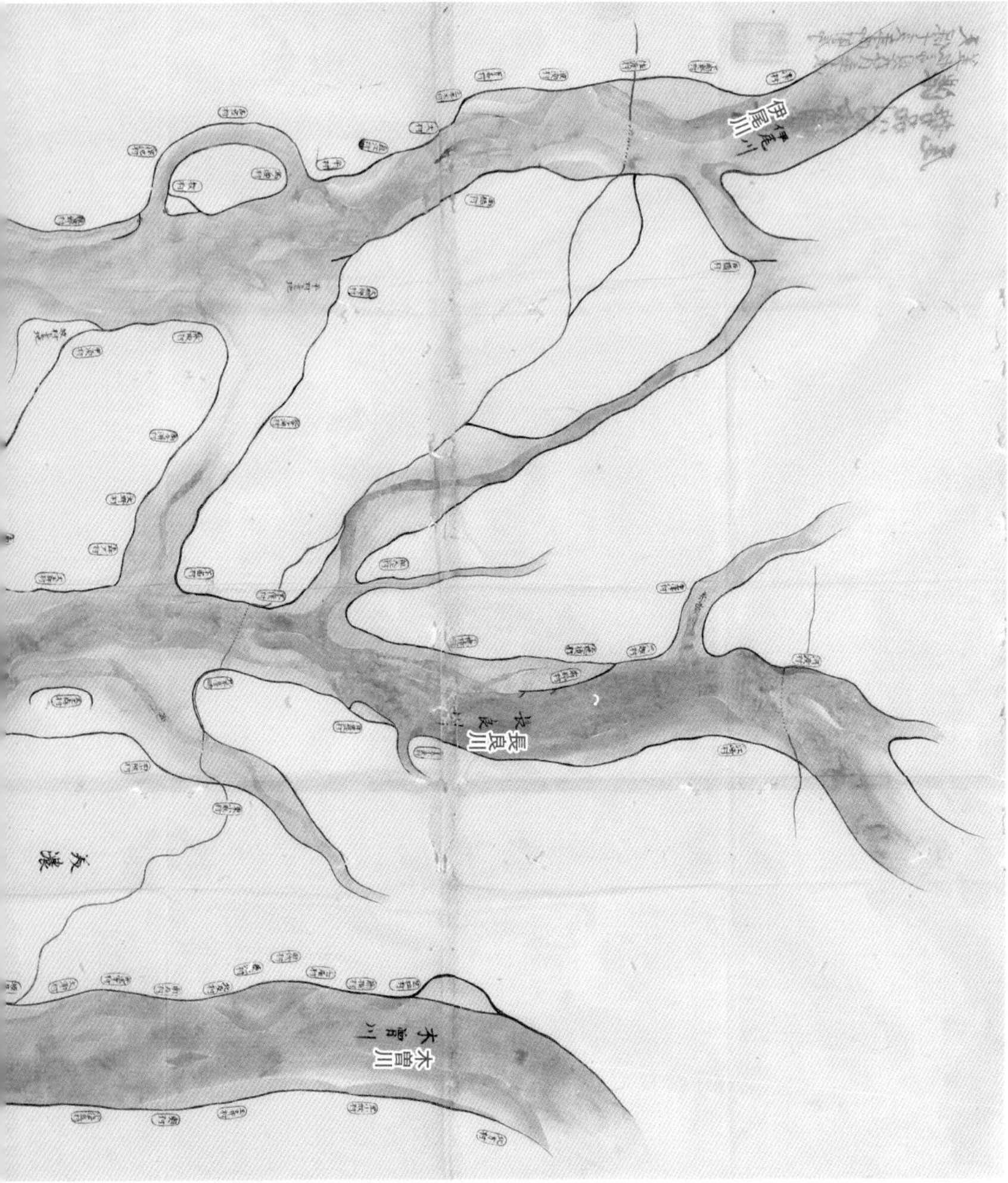

この図（次ページ以降にも続く）は天保10年（1839）の木曽三川中下流域の川筋を描いた絵図である。

このころ中下流域で洪水による破堤が続いたため、勘定奉行より「水害薄らき方」、すなわち水害軽減策の検討を指示された美濃郡代柴田善之丞が川筋を巡見し、水行や附洲の様子を調査したときに作成された。高木家文書に伝わるのは、高木家家臣が笠松で書写した写になる。木曽三川流域大絵図（11ページ）と比べると、おおよそ美濃路より南の流域に限られているものの、水害軽減策の検討が目的であったため、大

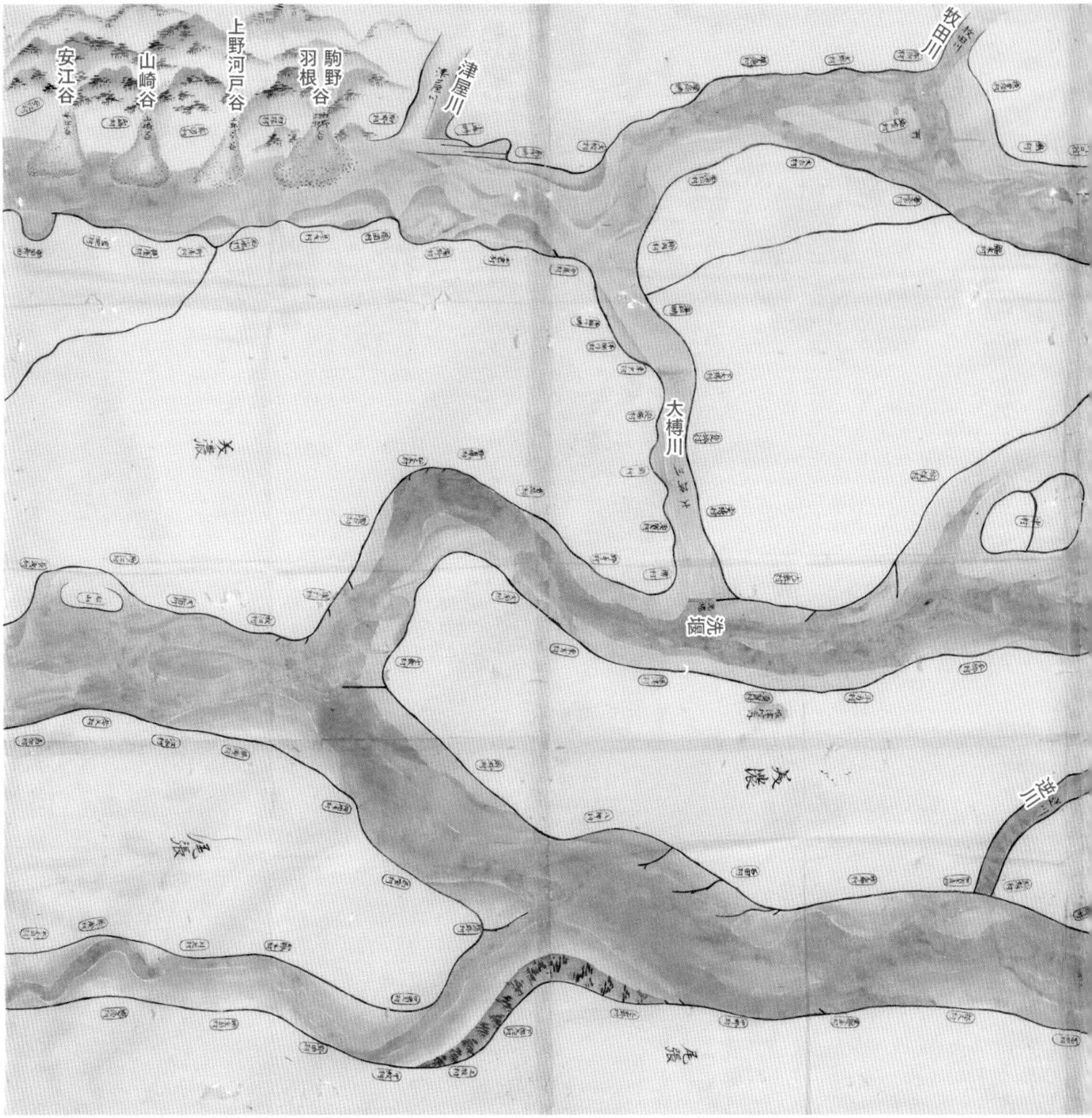

濃勢尾州川筋絵図写　天保 10 年（1839）　高木家文書

川（木曽・長良・伊尾川）を中心に、堆積した土砂や葭原《よしはら》などがつぶさに描かれ、当時の河川環境をより詳しくうかがえる絵図となっている。

巡見の結果、柴田郡代が問題としたのは、宝永年中に取り払った与左衛門・茂左衛門新田跡の附洲や桑名川通の十万山・白坊主山・青鷺山であった。濃勢尾州川筋絵図写には桑名宿の北に、全長２㎞を超える広大な附洲が描かれている。その下流には川通を塞ぐように十万山・青鷺山・白坊主山が形成されており、最も巨大な十万山は長さ５９０間ほど（約１０７３ｍ）、平均幅１２２間ほど（約２２２ｍ）もあった。柴田郡代は、附洲が追々嵩高になり、

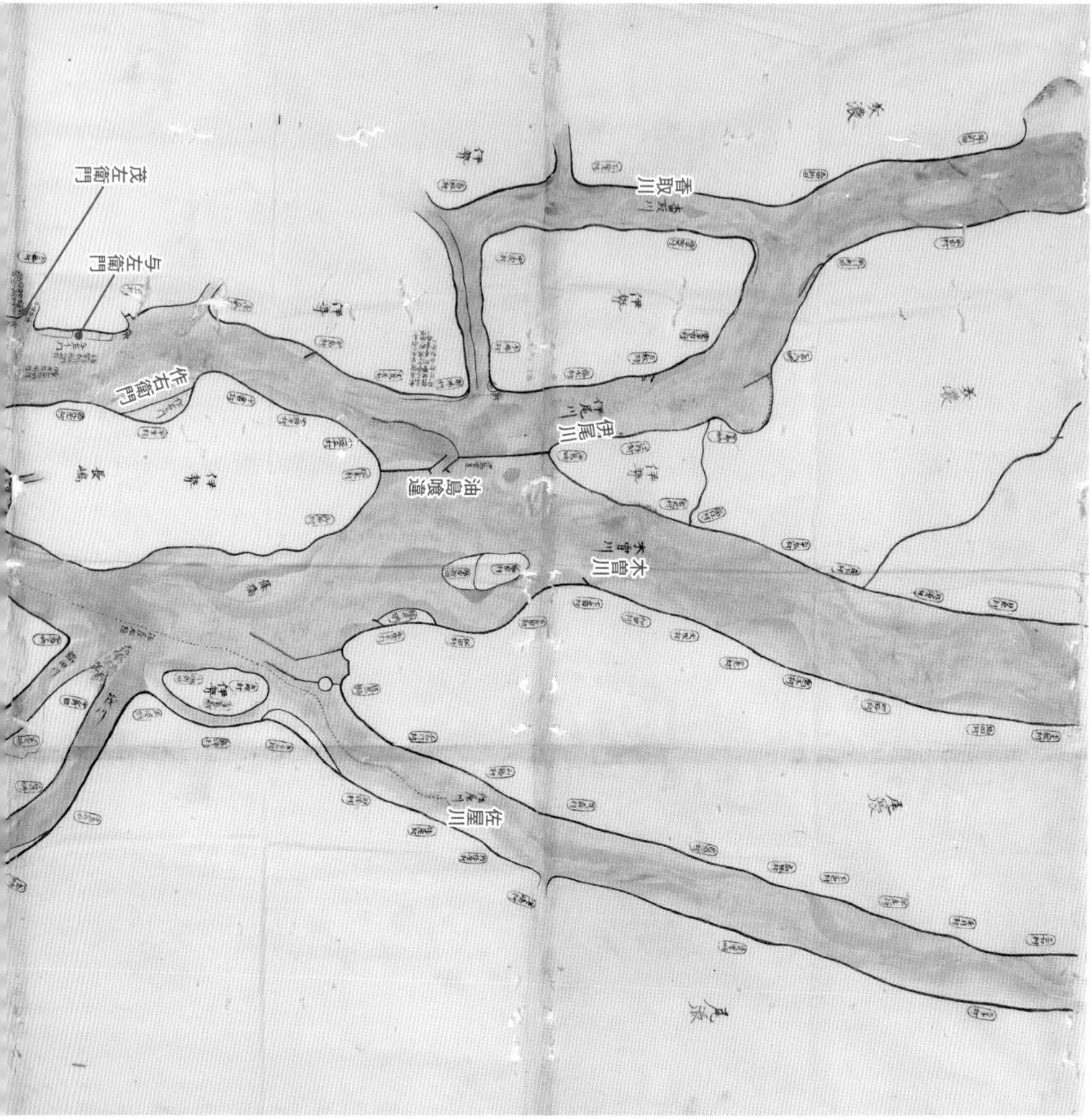

十万山等がとりわけ水行の障りとなって海口への水吐きを悪くしているため、諸川筋の水行も淀んでいるとして、これらが「水害之基」であると高木家へ報告していた。

一方で高木家では、これらの問題に加えて、羽根・駒野谷先から伊尾川へ馳せ出る砂石も水行悪化の原因になっていると付言していた。濃勢尾州川筋絵図写をみると、伊尾川と津屋川の合流点から下流にかけて、養老山地の駒野・羽根谷、上野《うえの》河戸《こうず》谷、山崎谷、安江谷から大量の土砂が押し流されている様子が描かれている。養老山地は東側が断層で急斜面になっており、大雨のたびに谷から大量の土砂が流れ出し、伊尾川の

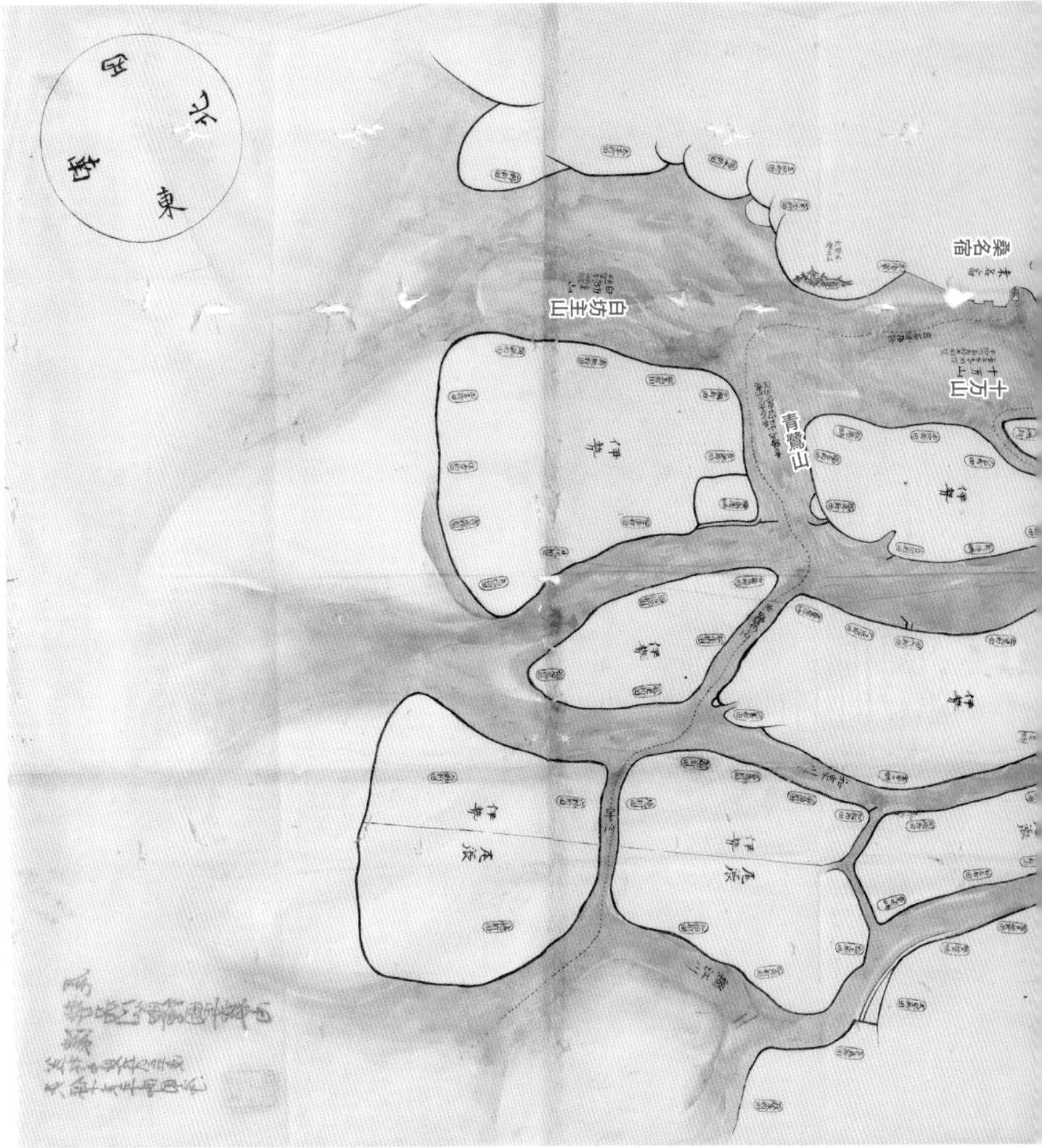

水行を妨げていた。とくに深刻だったのは駒野・羽根谷で、たびたび浚渫が繰り返され、幕末には谷替普請が試みられた（164ページ参照）。流域の治水と河川管理を担った美濃郡代と高木家にとって、堆積する土砂への対応が大きな課題となっていたのである。

（石川 寛）

江戸時代の水制

長良川通新規猿尾差障絵図

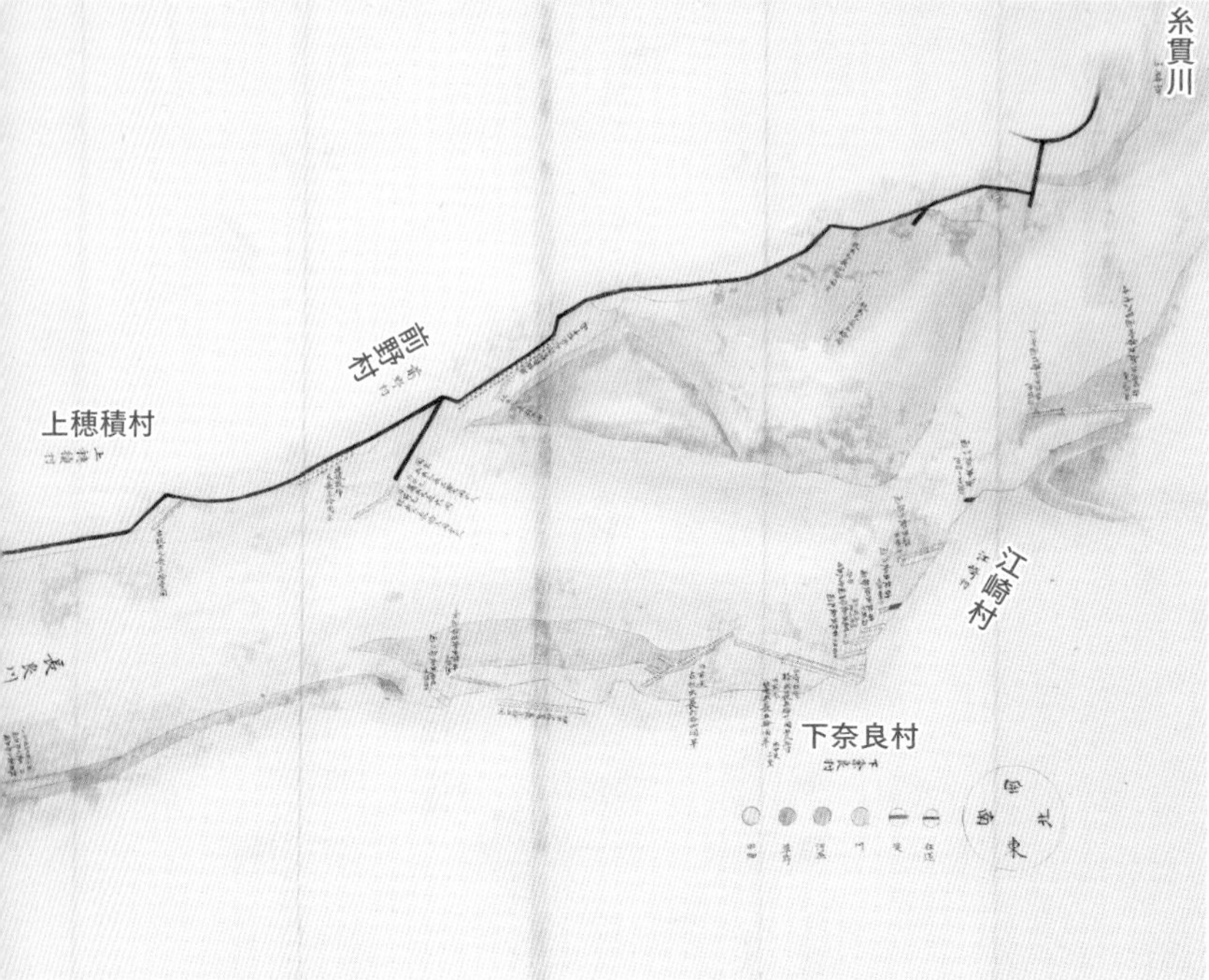

長良川通を描いたこの絵図は、弘化3年（1846）に本巣郡下穂積《しもほづみ》村が新規の猿尾を仕立てたのに対し、厚見《あつみ》郡御茶屋新田ほか13カ村がその撤去を訴えたときの争論絵図になる。ここでは争論内容より、絵図に描かれたさまざま水制施設に注目したい。沿岸には、水の流れを制御する猿尾《さるお》・杭出《くいだし》・土出《つちだし》・枠出・籠出が複雑に組み合わされて配置されており、当時の治水技術をうかがうことができる絵図となっている。（石川 寛）

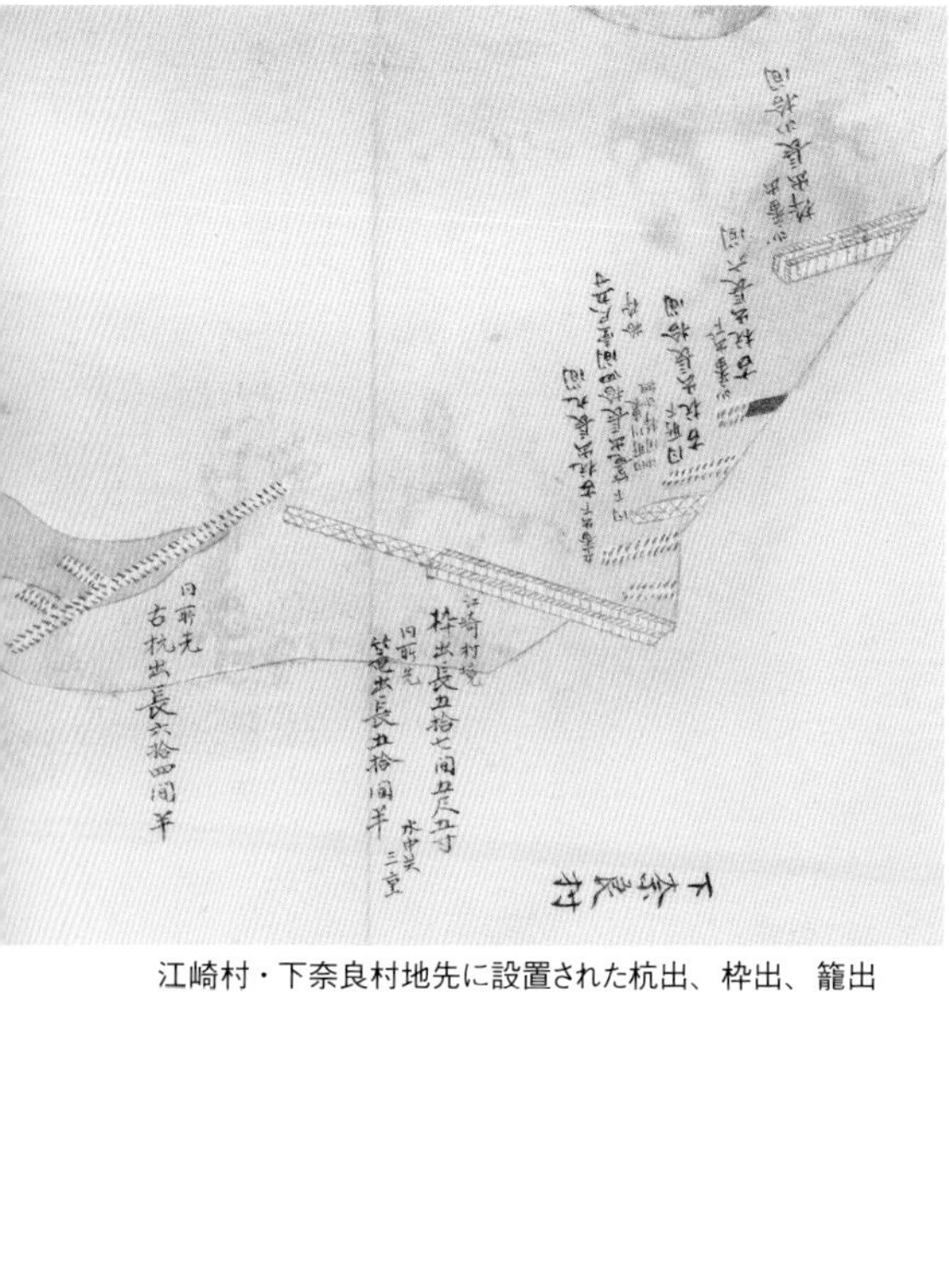

江崎村・下奈良村地先に設置された杭出、枠出、籠出

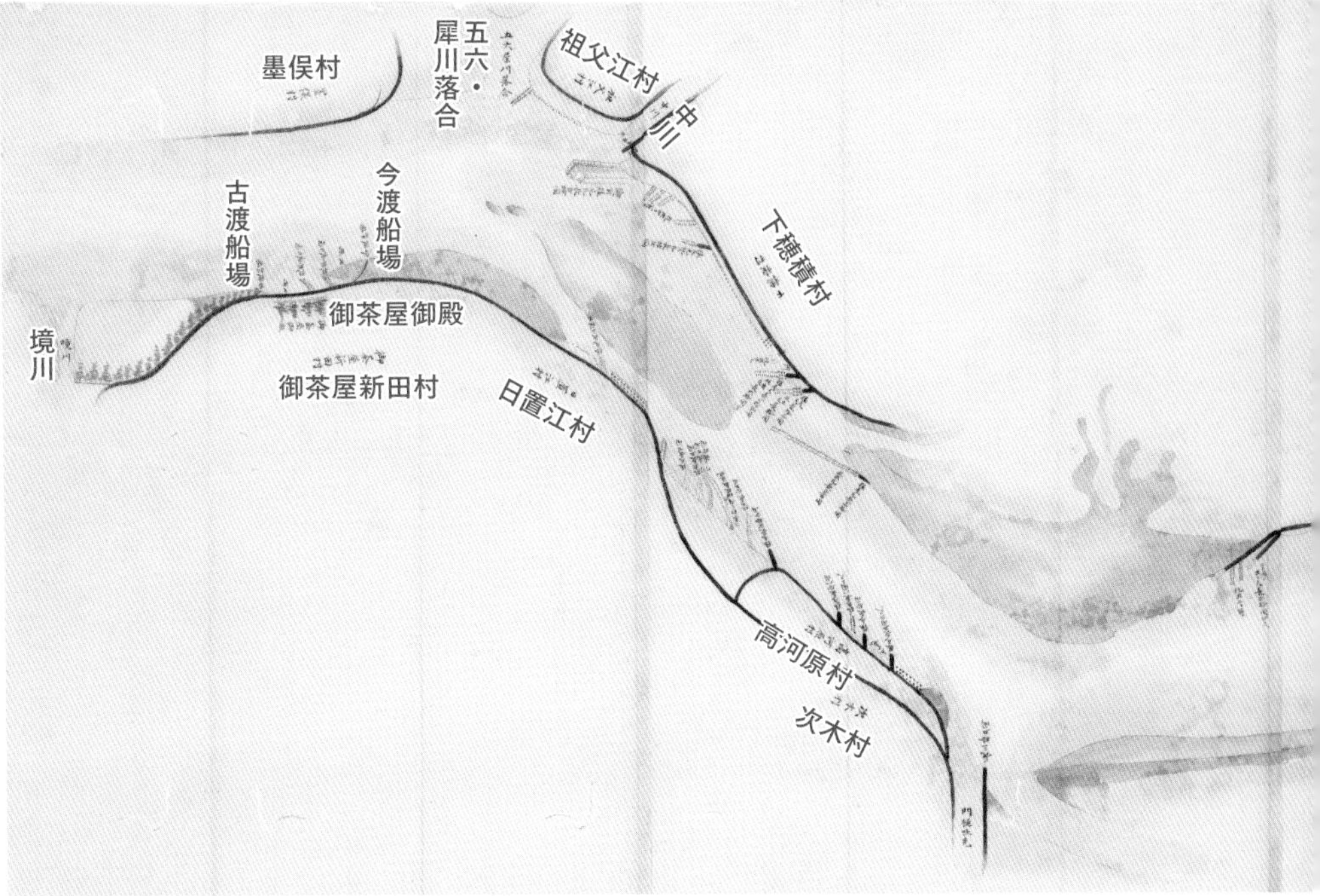

長良川通加納領御茶屋新田外十三ヶ村ヨリ御料下穂積村迄相掛差障絵図　弘化３年（1846）　高木家文書

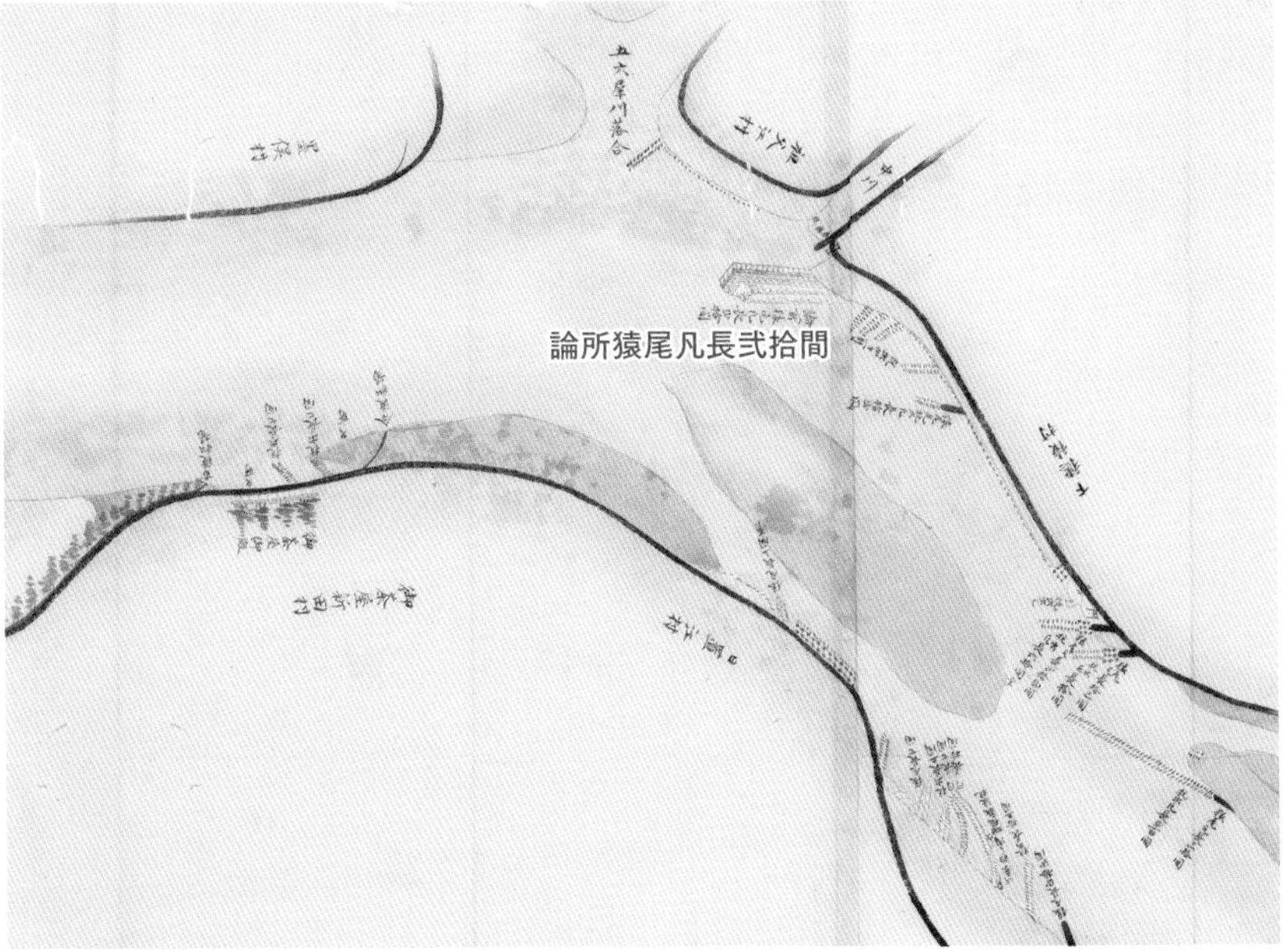

右岸に論所となった約 20 間（約 36 m）の新規猿尾がある。対岸には御茶屋御殿や渡船場がみえる。下穂積村がこの猿尾を築造したことで対岸の御茶屋新田や渡船場への水当たりが強くなり争論となった。ひとつの水制が河川環境に大きな変化をもたらしたのである。

水害からの復旧工事

濃州尾州勢州川々御普請所村分ケ絵図

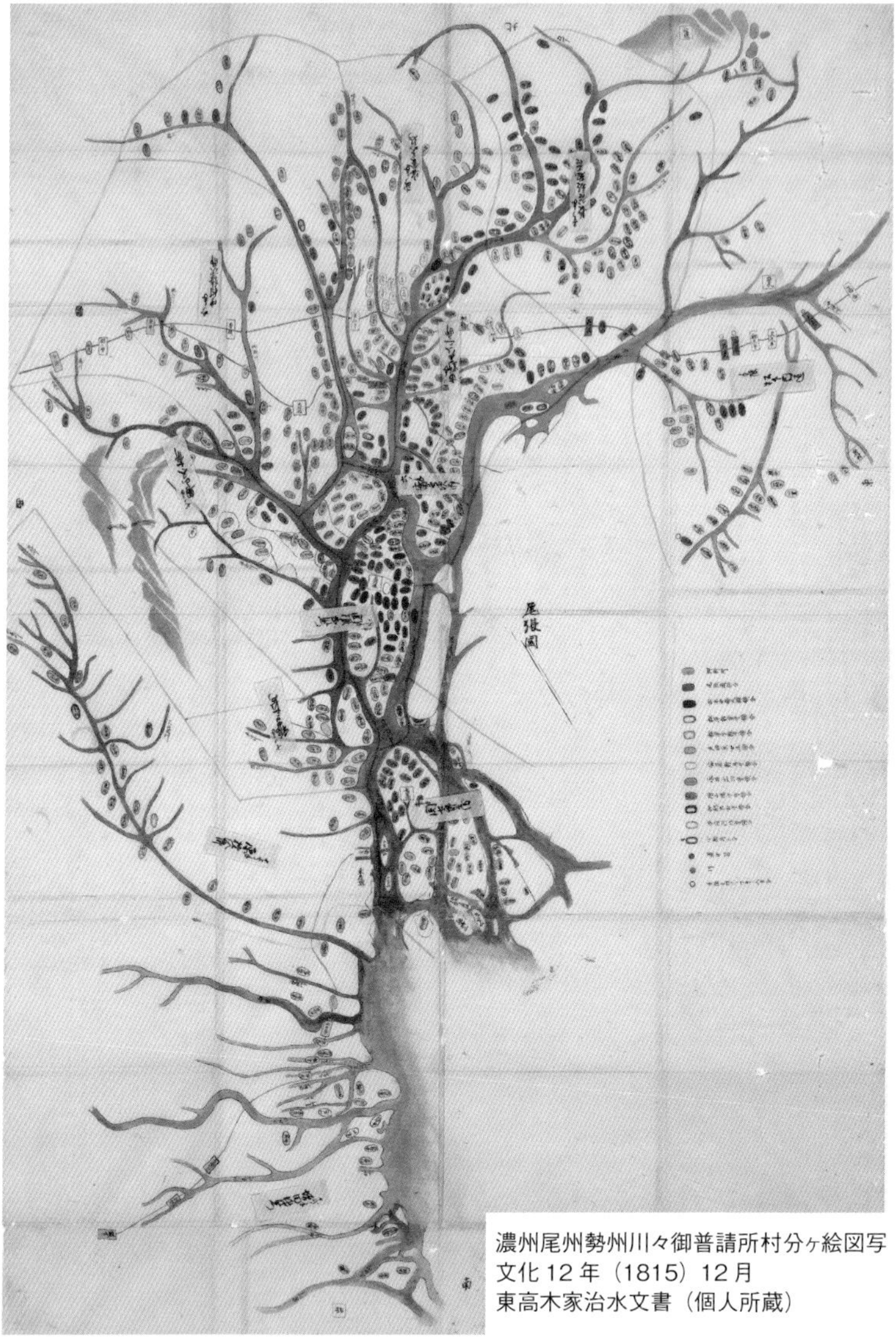

濃州尾州勢州川々御普請所村分ヶ絵図写
文化12年（1815）12月
東高木家治水文書（個人所蔵）

本図は文化12年（1815）6月の豪雨災害からの復旧工事に際し作成された。

幕府は絵図に描かれた地域を13の工区に分けて工事を分担させた。その工区は絵図中の付箋に記されている。絵図には三大河川とその支流のみならず、町屋川（員弁川）をはじめとする伊勢の川々も描かれており、このときの豪雨が極めて広範囲にわたって被害をもたらしたことを示している。

被災した流域は、御料・旗本領および尾張・高須・岩村・桑名・大垣・磐城平《いわきたいら》・加納・長島・八田《はった》・高富藩領などが入り組んでいた。それらの領地（村）は色分けして描かれており、流域の錯綜した支配の様子が一目でわかる絵図ともなっている。（石川 寛）

II

旗本高木家と時郷・多良郷

石川 寛＋鈴木 雅

旗本高木家の歴史

出自とその特殊な役割

織田家に仕える

高木家は、先祖書（図1）によると、出自は和州高木邑とされ、その後伊勢から美濃に移り、守護土岐《とき》氏に代わって美濃を支配した斎藤家に属したという。弘治2年（1556）の長良川の戦いで父道三を討ち果たした斎藤高政から、同年9月20日に、石津郡庭田《にわだ》郷・西駒野郷・羽根郷・鬚丸《ひげまる》郷・山崎郷・郡戸河関（上野《うえの》郡戸《こうず》郷のことか）の六郷を安堵されている（図2）。

しかし、永禄年中には織田信長に従ったようで、そのことを喜ぶ信長の書状が伝わっている（図3）。

高木家の系図上で元祖と目されているのが貞政である。その嫡男貞次は天性多病のため後嗣とはならず、貞次の娘婿である彦左衛門尉貞久が家督を継いだ。前述の斎藤高政安堵状と織田信長書状の宛名については、高木家においては高木丞介と読み貞政と比定しているが、近代の歴史家は高木直介と読み貞久を指すと

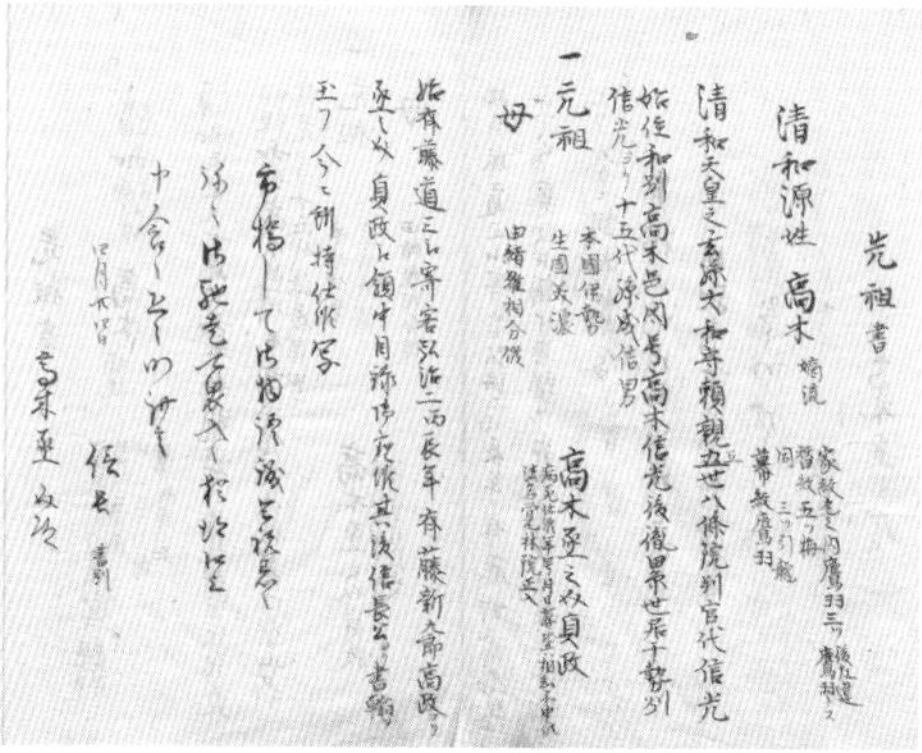

図1　先祖書　弘化３年（1846）８月　高木家文書

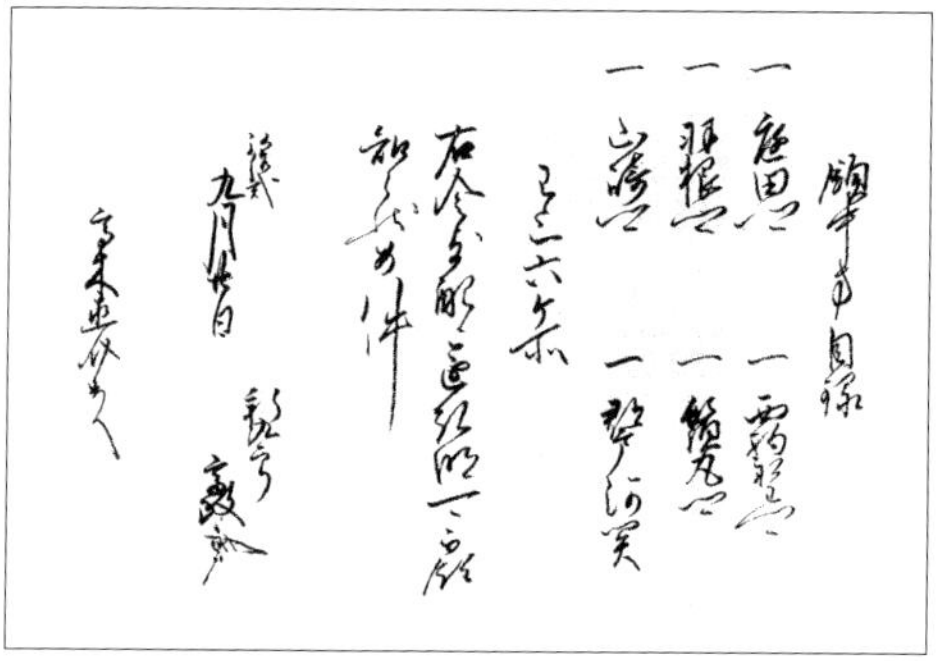

図2　斎藤高政安堵状　弘治２年（1556）９月20日
東京大学史料編纂所所蔵影写本

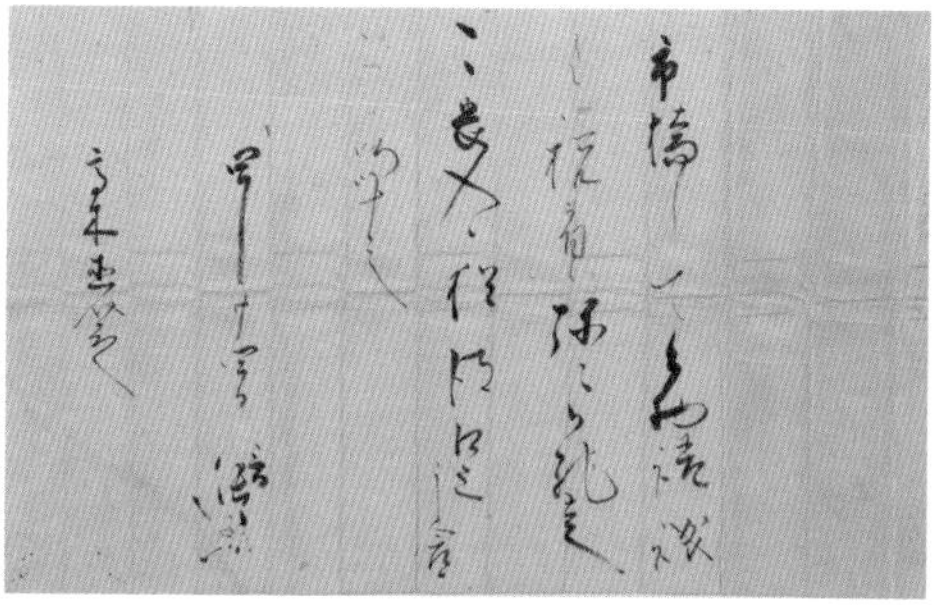

図3　織田信長書状　（永禄年間）４月24日
岐阜県歴史資料館寄託（個人所蔵）

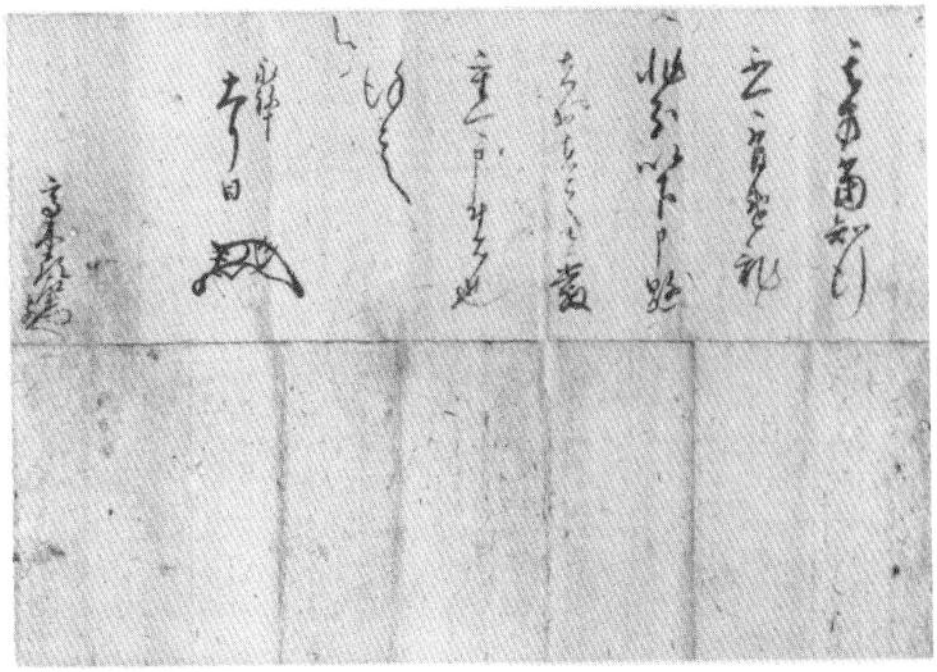

図4　織田信長知行安堵書状　永禄10年（1567）11月『岐陽遺文』より

している。貞政・貞久の生没年が不明であるため確定しがたいが、いずれにせよ信長の美濃侵攻に伴い高木家は斎藤方から織田方へ移ったことは確かである。

信長は斎藤龍興《たつおき》を敗走させた後の永禄10年（1567）11月に、貞久にそれまでの六郷を安堵し（図4）、さらに伊尾川《いびがわ》中流左岸の今尾城の守備を任せた。貞久は織田家を継いだ信忠《のぶただ》からも新知を与えられ、養老山地東部において勢力を伸張していった。

貞久には、貞家（天文14〔1545〕生）、貞利（天文20〔1551〕生）、貞秀（天文22〔1553〕生）、貞西《さだあき》（弘治2〔1556〕生）、貞友（永禄7〔1564〕生）、貞俊（永禄6〔1563〕生）の六男がいた。嫡男の貞家（彦七郎）は永禄11年（1568）に討死したため、貞久はその遺児である貞俊を末子養子とした。貞俊は貞友より年上であるにもかかわらず六男となっているのはこのためである。四男貞西は早くに他家へ養子に行ったようで、古文書に名前は出て

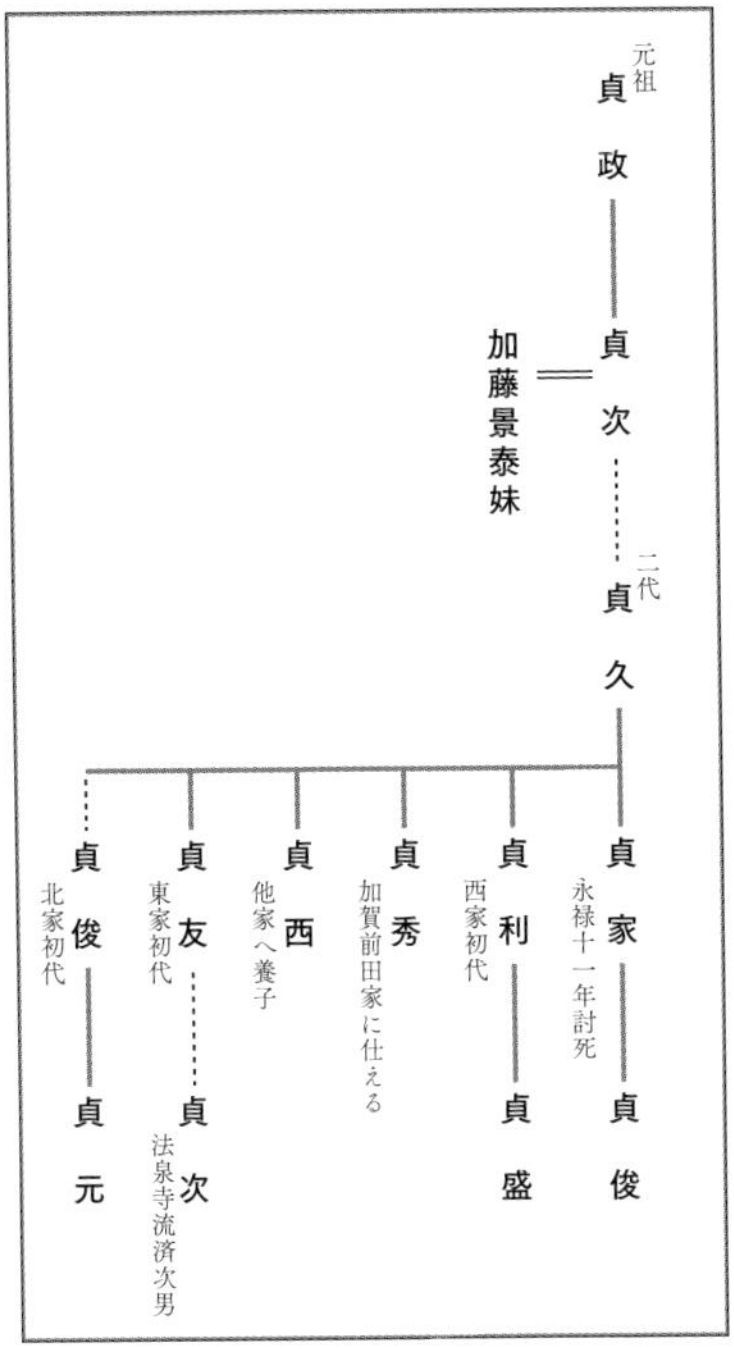

図5　高木家略系図

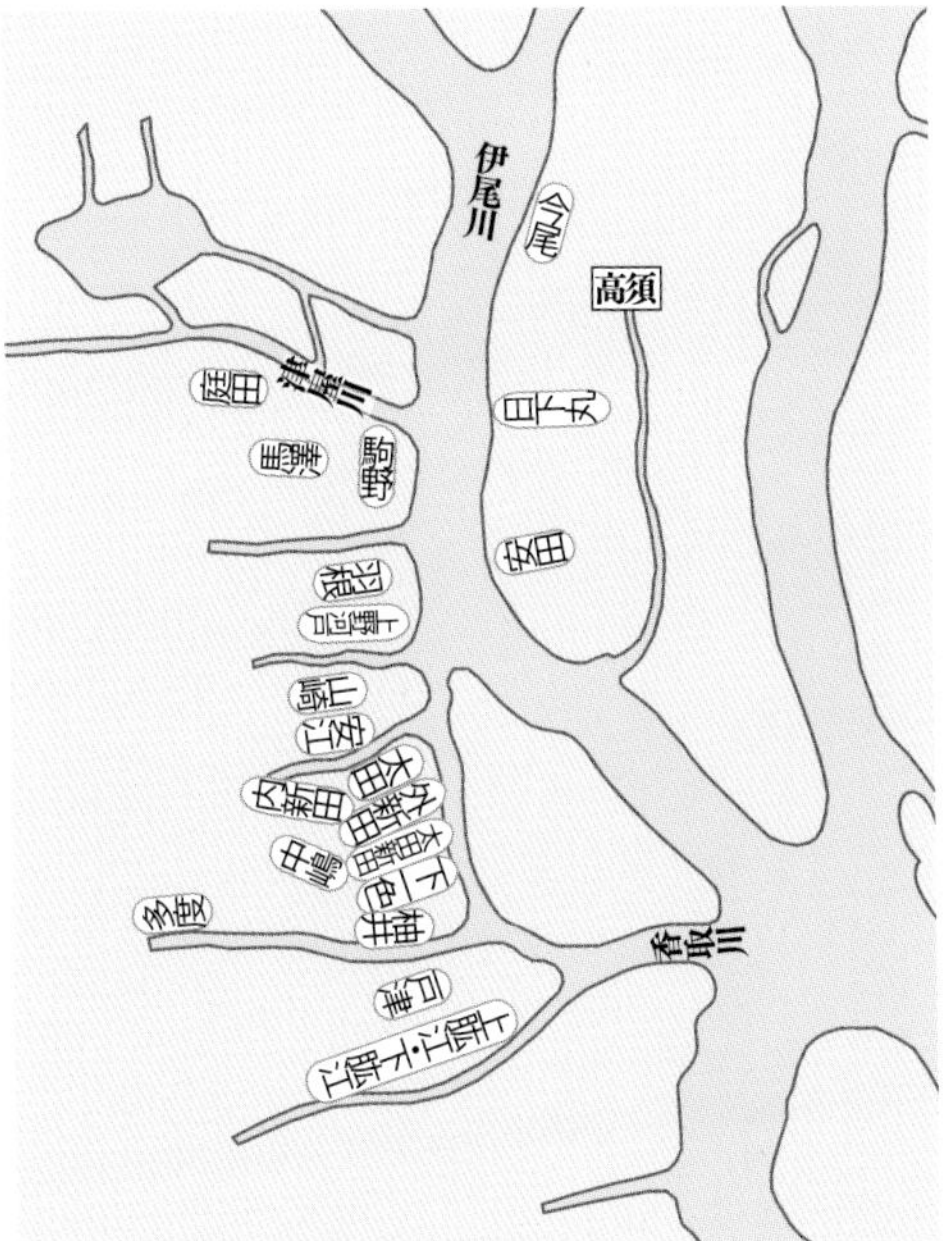

図6　駒野周辺　服部亜由未作成

こない。先祖書によると、次男貞利（権右衛門尉）が今尾城、三男貞秀（勝兵衛）が庭田城、五男貞友（藤兵衛）が駒野城、六男貞俊（次郎兵衛）が安田城に入ったとある。

一族は本能寺の変で信長・信忠父子が斃れた後も一貫して織田方に付き従った。天正10年（1582）末から織田信孝と羽柴秀吉の対立が深まっても高木家は秀吉の誘いには応じず、それゆえ信孝没後に秀吉から今尾城を没収されている。天正12年（1584）の小牧・長久手の戦いでも高木家は織田信雄《のぶかつ》・徳川家康の陣営に与して、駒野城は秀吉勢の猛攻にさらされた。このとき信雄は伊勢国桑名郡香取の法泉寺住職空明らを援軍に送っている。法泉寺は高木家の檀那寺であり、貞利と貞友の娘が住職へ嫁ぎ、貞友は法泉寺から養子を迎えるなど、深いつながりがあった。

流転の日々

小牧・長久手の戦いの後、信雄は高木一族に対して伊尾川右岸の庭田・駒野から上肱江・下肱江までの一帯を安堵した。こうして信雄の下で地位を固めた高木家であったが、天正18年（1590）の小田原合戦後にその境遇は一変する。秀吉によって信雄が改易されたため、高木家も美濃を追われたのである。高木貞久および貞利・貞秀・貞友・貞俊の四兄弟は、甲斐を領知していた加藤光泰の元に身を寄せることになる。加藤氏は後の伊予大洲《おおず》藩主であり、高木家とは貞次の室が加藤景泰（光泰の父）の妹という関係であった。加藤氏は高木一族に対して1万俵余の知行を与えている。

甲州時代には朝鮮出兵があり、貞友が加藤光泰の軍列に加わり渡海した。朝鮮において貞友は軍功をあげるが、光泰は陣中で病死してしまう。

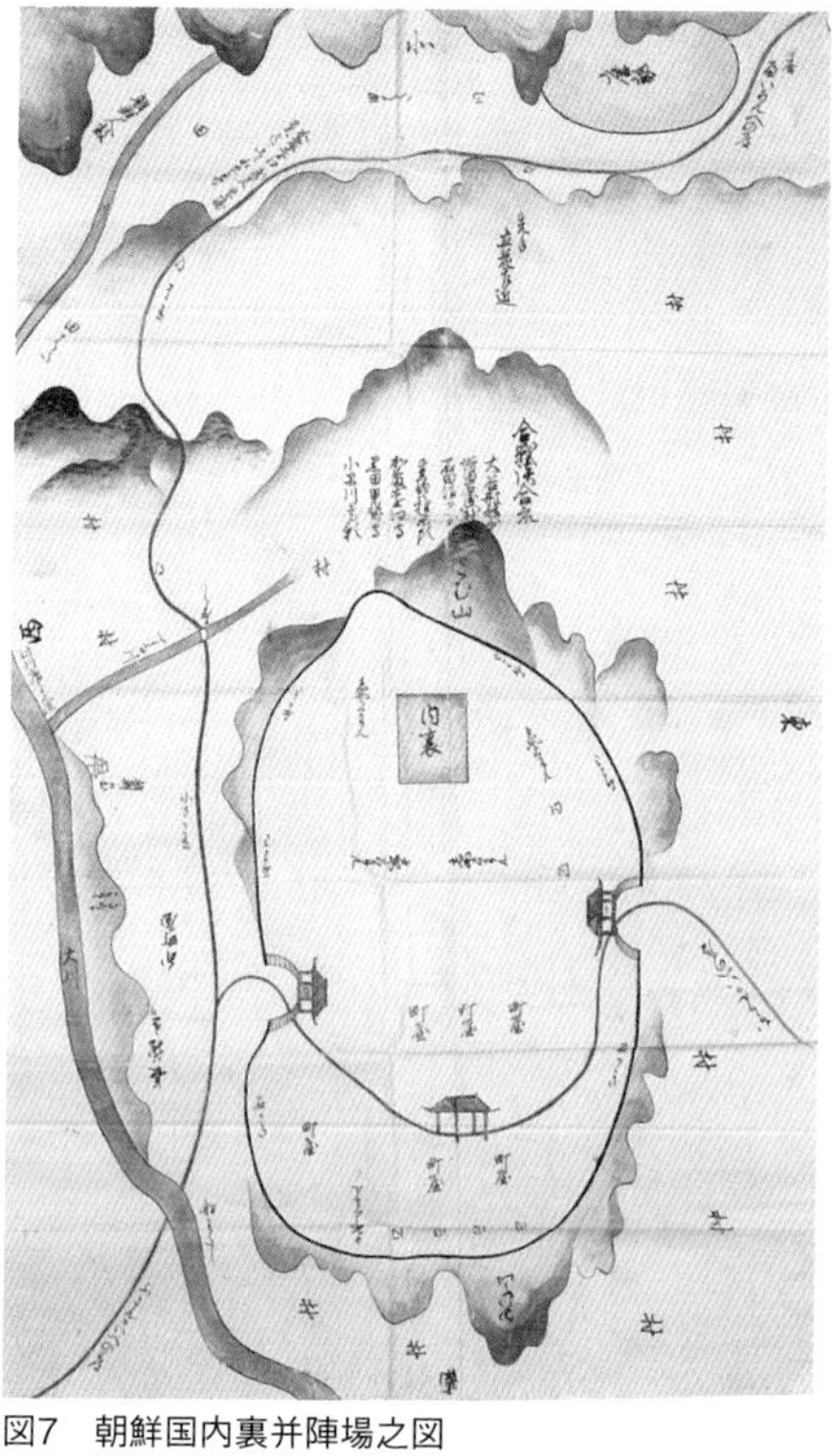

図7　朝鮮国内裏并陣場之図
名古屋市秀吉清正記念館所蔵

東高木家には、文禄の役に出征した際に貞友が自ら製したとされる京城図（朝鮮国内裏并陣場之図）が伝来していた。この絵図は最古の京城古図として昭和9年（1934）発行の『京城府史』第1巻に口絵として掲載されたものである。戦後、所在不明となっていたが、近年、名古屋市秀吉清正記念館に所蔵されていることが確認された（図

7）。

徳川の幕下となる

文禄4年（1595）8月、高木貞利は江戸において徳川家康に召し出され、上総国に1000石を拝領する（図8）。よって貞利は兄弟一族を引き連れ甲斐から関東へと移った。

高木家と家康の関係は、天正10年（1582）に遡る。この年、家康が安土に赴いた途次、高木家は今尾において饗応し、家康から馬や種々の品を拝領したという。同年6月2日の本能寺の変後、明智光秀を討たんとして14日に尾州鳴海に着陣した家康から、今尾城を提供し上洛に尽力するよう要請があった。そして前述したように、小牧・長久手の戦いでは高木家は信雄・家康陣営に与した。そのとき貞利らは小牧へ参陣し、家康に忠節を誓ったという。

貞利は慶長2年（1597）から翌年にかけて加増され、弟の貞秀・貞友・貞俊にそれぞれ500石、貞利嫡子の貞盛に300石を分知した（こののち貞秀は家康の勘気をこうむり、浪人となった後加賀前田家に仕えた）。

徳川家の旗本となった高木貞利・貞友・貞俊の三兄弟は、このまま何もなければ関東で存続したであろうが、慶長5年（1600）の関ヶ原の戦いが彼らの運命をも変える。石田三成の挙兵に際して

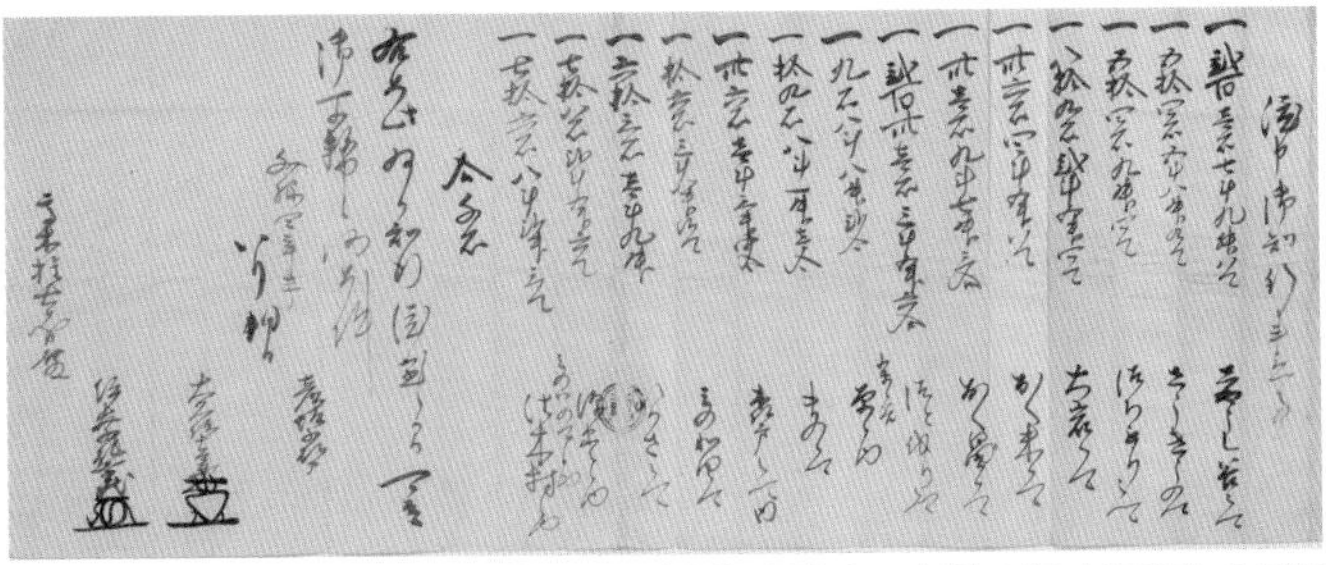

図8　伊奈忠次・大久保長安・彦坂元正連署知行書立　文禄4年（1595）8月朔日　岐阜県歴史資料館寄託（個人所蔵）

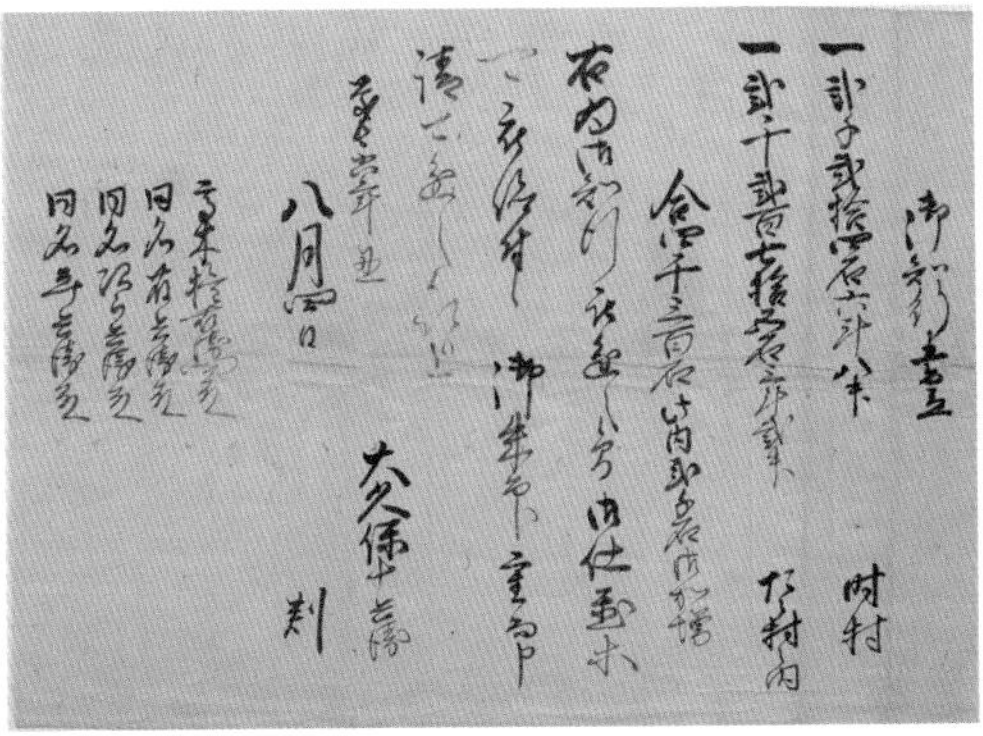

図9　大久保長安知行書立写　慶長6年（1601）8月4日　岐阜県歴史資料館寄託（個人所蔵）

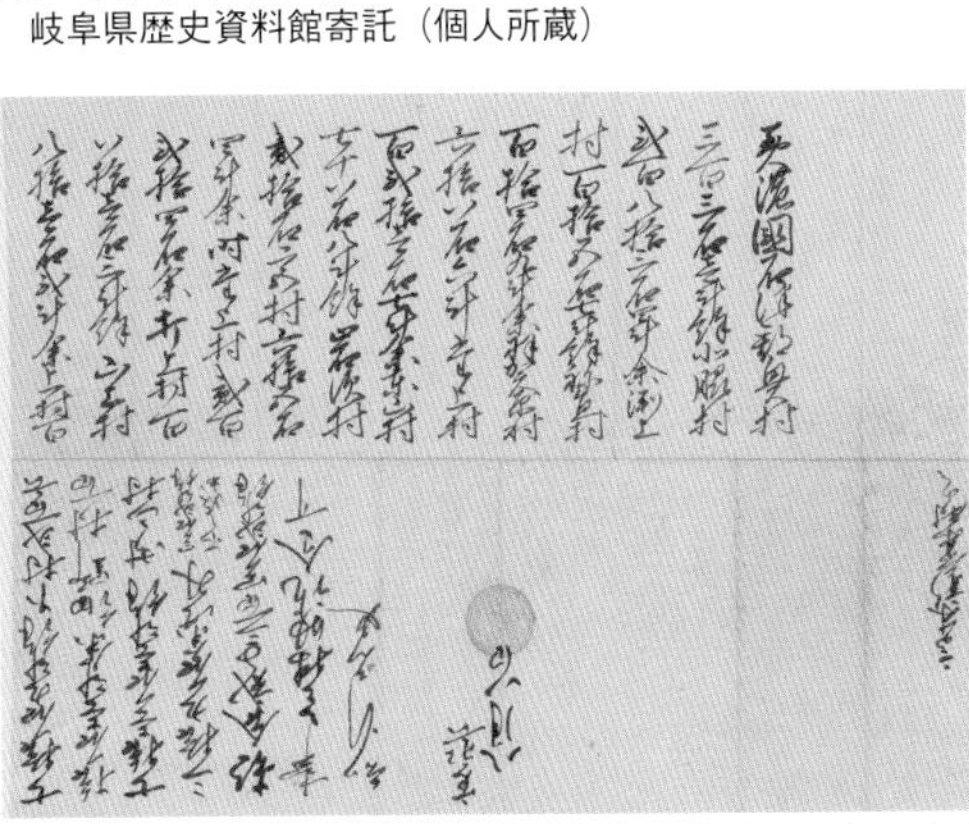

図10 徳川秀忠知行宛行朱印状　寛永6年（1629）8月8日　岐阜県歴史資料館寄託（個人所蔵）

家康は、美濃出身の高木兄弟に「濃州案内」を命じた。高木三兄弟は、現地では、井伊直政・本多忠勝の指示に従い「案内者」として故地の駒野に赴き多芸口の焼き払いなどに活躍した。

　戦いの後、その軍功が認められ、牧田川上流の美濃国石津郡時郷と多良郷の内に、貞利は2000石（嫡子貞盛と合わせて2300石）、貞友は1000石、貞俊は1000石の知行を拝領した（図9）。天正18年（1590）以降、甲斐・関東と流転していた高木一族は、知行倍増のうえ美濃に返り咲き、これ以降、明治維新にいたるまで同地を支配し続けることになる。

時・多良

　高木家の知行所があった美濃国石津郡時《とき》・多良《たら》郷は、養老山地と鈴鹿山脈に囲まれた盆地に位置する。北部が多良、南部が時で、多羅・土岐とも書いた。伊尾川の支流である牧田川が流れ、南北に伊勢西街道がはしる。伊勢街道は、中山道関ヶ原宿から伊勢に通じる間道《かんどう》で、牧田で分岐して養老山地の東を通る伊勢東街道と、市之瀬・多良・時と養老山地の西を通って伊勢国員弁《いなべ》郡古田に抜ける伊勢西街道がある。関ヶ原の戦いの折、陣中突破した島津勢は伊勢西街道を駆け抜け、江州街道から五僧峠（島津越えの名で呼ばれる）を越えて、近江高宮に向かったという。途中、樫原《かしわら》の瑠璃光寺に島津豊久の墓が伝わる。

　多良郷は、鍛冶屋・谷畑（中田）・奥・東山・渕上・上野・北脇・禰宜《ねぎ》・宮・上原・羽ヶ原《はがら》（羽賀原）・松之木・前夫《ぜんぶ》・猪尻《いのしり》・小山瀬《こやませ》・馬瀬《まぜ》・樫原・堂之上・欠之脇《かけのわき》（加毛脇）・名及《なぎゅう》・岩須・栃谷・屋敷・延坂《のべさか》の24カ村に分かれる。

　多良郷は高木三家、旗本の別所家・青木家、尾張藩などとの相給であり、高木三家が支配したのは16カ村、約2200石であった。時郷2100石余は高木三家の相給で、山上・上・下・打上・堂之上・細野・時山の7カ村に分かれる。

図11　「伊勢街道」碑と東高木家土蔵

高木家陣屋

　時・多良郷内に知行を与えられた高木貞利・貞友・貞俊は、ともに宮村に陣屋を構えた。伊勢西街道を挟んだ陣屋の位置関係から、貞利・貞友・貞俊にはじまる家系は西家・東家・北家と称されることになる。

　牧田川が形成した河岸段丘上の低位面を伊勢西街道がはしり、その街道の東側に東家、北側に北家の屋敷があった。西家はそれよりも一段高所となる西側の高台に上屋敷・下屋敷を建設した。西家の陣屋は東側の断層崖を中心に石垣が築かれており、江戸時代にこの地を巡行した尾張藩士樋

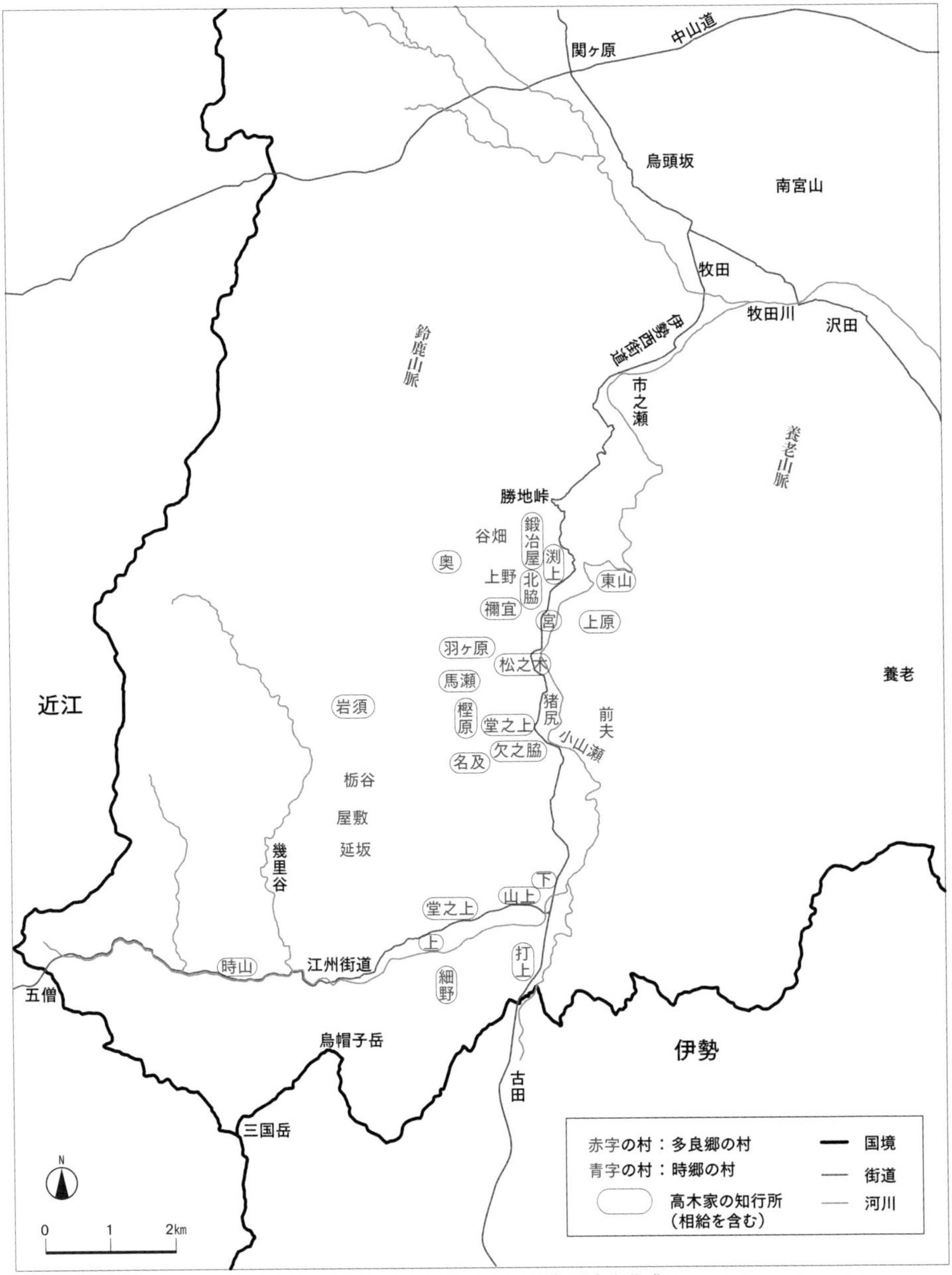

図 12　時郷・多良郷　「上石津町全図」（1999 年）をもとに服部亜由未作成

図13　埋門跡

図14　長屋門（現状表門）

図15　主屋東石垣

図16　主屋東石垣

図17　西家初代貞利墓　大垣市提供

図18　西高木家墓所　大垣市提供

口好古《よしふる》は、館を下より見上げると城郭を彷彿させるとその驚きを書き残している。広大な石垣は現存しており、今でも現地を訪れると樋口と同じ驚きを覚える。

西家の陣屋跡には石垣のほか、主屋や長屋門、土蔵などの建造物、一族の墓石群が残されている。高木家文書に残る陣屋関係資料と建造物の調査から、主屋は天保3年（1832）再建の上屋敷奥棟を中心に再編されたもの、長屋門は嘉永5年（1852）建造の下屋敷御門を移築したものであることが明らかとなった。また、発掘調査により地下遺構も良好に遺存していることが確認された。このように近年、調査と研究が進んだことで西高木家陣屋跡の歴史的変遷と価値が明らかとなり、

2014年10月に国の史跡に指定された（陣屋については本書Ⅲ参照）。

交代寄合

高木家は交代寄合の格式をもつ家柄であった。一般の旗本が将軍の膝元である江戸に集住し、知行所には代官を派遣して支配にあたっていたのに対し、高木家は知行所に常駐して諸侯並に領主権を行使していた。そして旗本であったにもかかわらず、江戸に留守居を置いて参勤交代をおこなった。高木家の知行高は三家合わせても4300石であったが、江戸時代には万石以上の大名並の殊遇を受けていたのである。高木家自身も「交代寄合は万石以上に准候」（慶長20年「御軍役之次第」）や「平生は交代寄合万石以上之御格式に候」（嘉永3年「江戸御留守居江御用状扣」）との自負をみせていた。

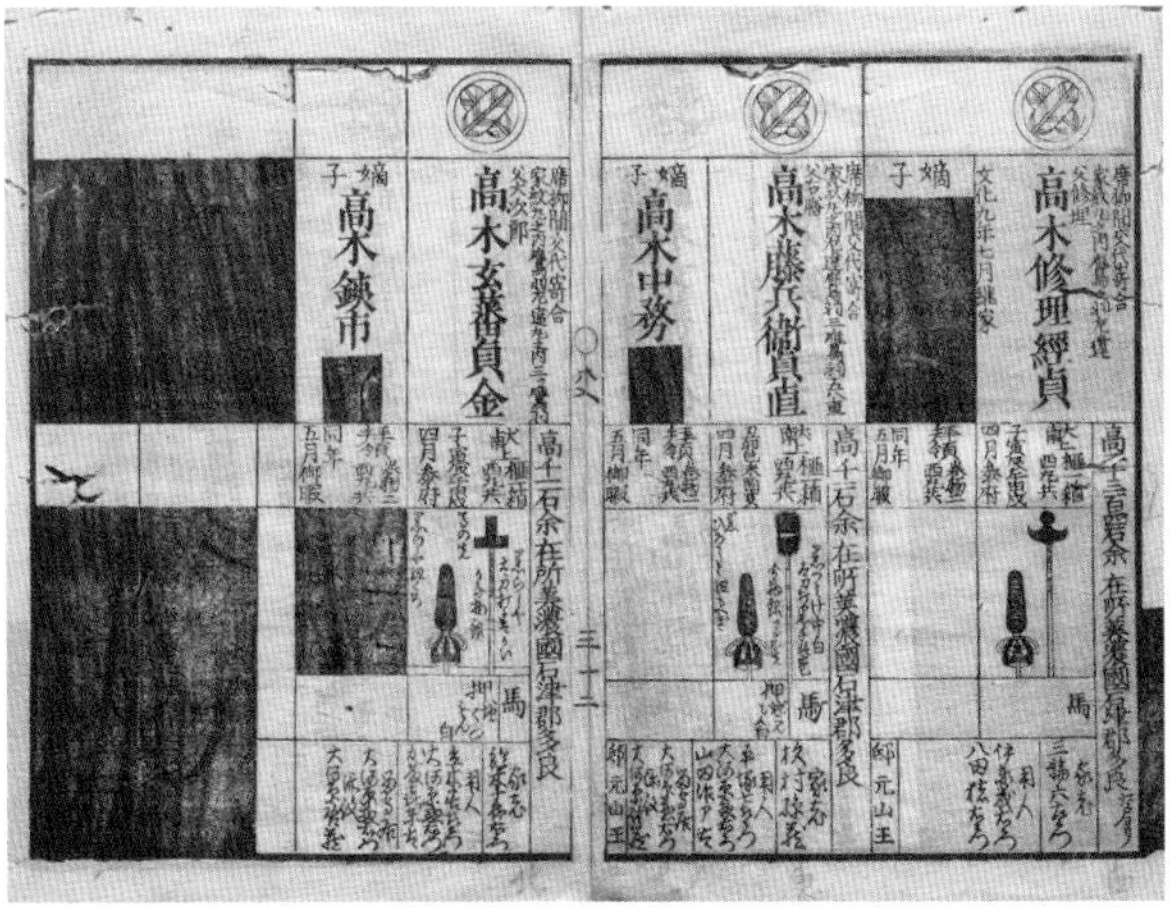

図19　武鑑　文化文政年間　個人所蔵。経貞は西家、貞直は東家、貞金は北家。それぞれ「席柳間交代寄合」とある。

交代寄合とは参勤交代する寄合（上級旗本）という意味である。名称の由来となった参勤交代は、高木家の場合、西・北家と東家が隔年で参府した。在府期間は1カ月程度で、4月参府、5月御暇という日程であった。

交代寄合は時代によって増減があるが、幕末には34家があった。それらは表御礼衆の20家と四州（那須衆、信濃衆、美濃衆、三河衆）の12家、そして四州に準じる岩松家・米良家に大きく分けられる。高木三家は美濃衆である。

交代寄合の成立事情は、家系の由緒を尊重された家と特定の任務を帯びた家に分類されるという。家系の由緒を尊重された家としては、大名の名跡を継ぐ家（三河西郡《にしのこおり》・松平家、近江大森・最上家、三河新城・菅沼家など）、大名の分知による家（豊後立石・木下家、日向飫肥《おび》・伊東家、越前白崎・金森家）、徳川家と血脈を通ずる家（但馬村岡・山名家、上野下田島・岩松家、三河松平郷・松平太郎左衛門家）がある。特定の任務を帯びた家としては、久能山守衛の榊原家、近江関所守衛の朽木《くつき》家、海岸警備の五島家、日光山守衛の那須衆など、地域・拠点の守衛を任務としたものが多く、美濃衆もここに含まれる。

間道守衛

高木家の時・多良への知行替えは、この地は山中にて堅固なる場所であり一揆などが立て籠もれば対処が難しい地であること、慶長のころ山賊とキリシタンが多くそれらを平らげるためであったと先祖書に記されている。また幕末には、この地は上方への間道《かんどう》のため非常時に備えて高木家を置いたと主張していた。

図12の地図にみる通り、時・多良は美濃・伊勢・近江の三国が接する国境地帯であり、美濃（中山道）と伊勢（東海道）を結ぶ伊勢西街道、美濃と近江を結ぶ江州街道がはしる間道要地であった。国境山中の治安維持と間道守衛が、交代寄合美濃衆としての高木三家が帯びた任務のひとつであった。同じ西濃地域では、関ヶ原（不破郡岩手）にやはり交代寄合の竹中家がいた。家康は交代寄合で国境を固め、上方への備えとしたのであろう。

図20 「勝地番所跡」碑

間道守衛の重要性は幕末の情勢下において高まる。元治元年（1864）の天狗党の乱では、中山道を西上する天狗党を大垣・彦根・尾張などの諸藩が美濃で迎え討つことが計画されたため、敗走する天狗党の一部が南下し、時・多良の間道を経由して上方に向かうおそれがあった。このため高木家は、領境の勝地《かちじ》峠に番所を設け、足軽数十人と鉄炮を配備して昼夜警備にあたった。さらに非常の場合には出兵することも想定し、西洋小銃を導入した部隊編成にも着手した。天狗党は諸藩に前途を塞がれて北上したため、時・多良の地で戦闘になることはなかったが、勝地峠の警固（勝地固め）は戊辰戦争が終結するまで続けられた。

川通御用

交代寄合としての高木家が果たしたもうひとつの重要かつ特別な役儀として、木曽三川流域における治水工事と河川管理に関係したことがあった。高木家は、17世紀を中心に、美濃の用水争論や境界争論に際して幕府評定所の指示で紛争地へ派遣され、実地調査や裁許結果の見分をおこなった。また、寛永年間（1624〜）以降は、国役普請や手伝普請などの治水工事において普請奉行や見廻り役の任務を果たし、宝永2年（1705）からは水行奉行（川通掛）として流域の河川管理を担った。高木家は、流域住民からはひとつの公的機関として「多良御役所」や「多良御奉行所」と呼ばれ、村々から河川に関する普請願いがあれば現地を見分して判断を下し、河川をめぐる流域社会の利害を調整した。高木家は在所に在住して間道守衛の任務を果たすと同時に、木曽三川流域という時・多良から隔絶した広範な地域の治水を担っていたのである。

このため高木家には、乱流する木曽三川の分離に挑んだことで有名な宝暦治水の関連資料をはじめ、流域の定期的巡見に関する文書、流域や輪中の村々からの願書、国役普

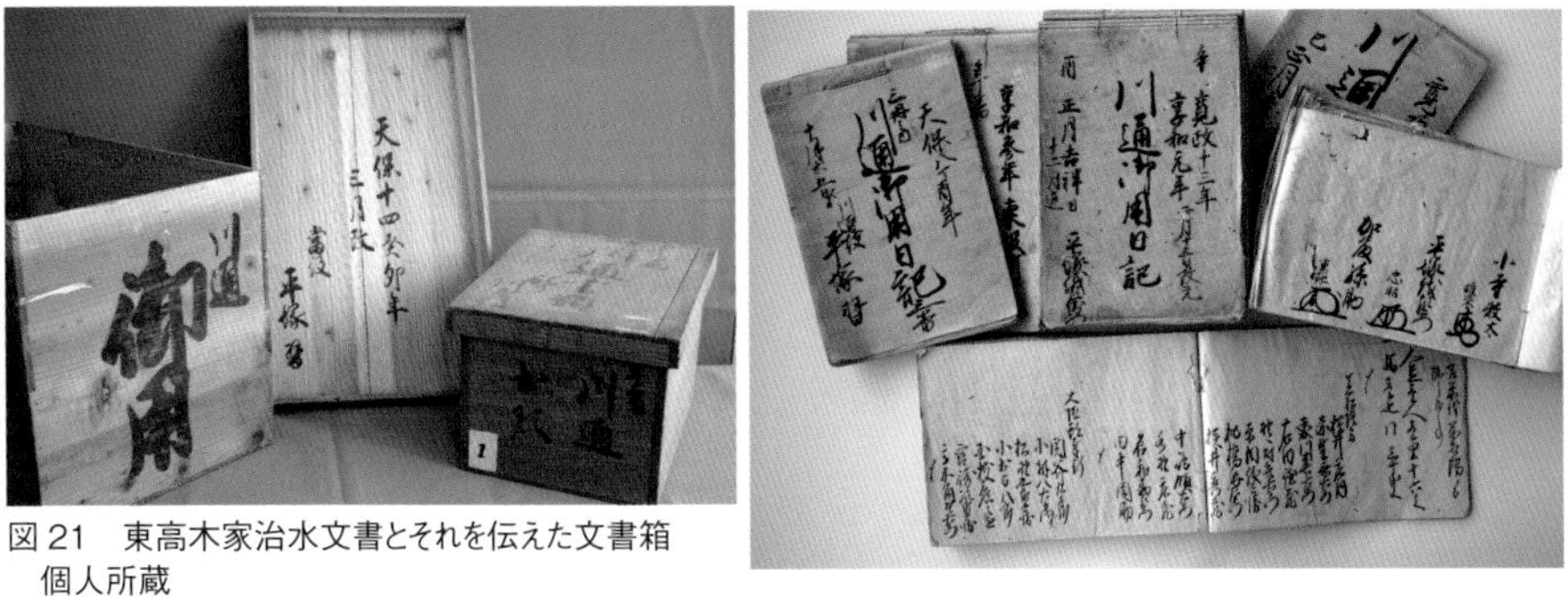

図21　東高木家治水文書とそれを伝えた文書箱
個人所蔵

図22　高木三家・美濃郡代の触書（部分）　天保10年（1839）12月27日　高木家文書

請や手伝普請の仕様書や出来形帳、河川や輪中を描いた絵図など、川という自然と人間の関係史を如実に示す稀有な治水関係文書が蓄積されたのであった。

明治維新と高木家

王政復古後、高木家はいち早く新政府へ帰順する途を選び、慶応4年（1868）2月には高木貞広・貞嘉・貞栄の三家当主が揃って上京し勤王素志を表明した。

新政府は早期帰順した旗本の本領を安堵したうえで「朝臣」に編入し、中大夫・下大夫・上士の三等に身分を再編していった。高木家も京都における周旋の結果、明治元年（1868）11月に本領安堵と中大夫席への列席が実現する。

この過程において高木家は、これまで在所において間道守衛と水行奉行の役儀を担ってきたことを主張し、新政府へその継続を繰り返し願い出ていた。しかし、笠松県が上申した治水施策に関する建言が新政府に採用されたことで、木曽三川流域における高木家の治水役儀は解消された。また、間道守衛についても、戊辰戦争の終結と関所の廃止により解消されたと考えられている。さらに明治2年（1869）12月、旧旗本層の禄制改革によって高木三家も4300石の知行所を上知されて領主権を喪失し、士族となって家禄（西家は105石、東・北家は75石）を支給される存在となった。

その後、北家は早くに断絶し、東家は昭和初期までに多良を離れたのに対して、西家当主であった高木貞正・貞元の父子は多良に居住し続け、地域社会において重きをなした。

明治4年（1871）に西家の家督を継いだ高木貞正は、学区取締を経て明治12年（1879）2月に多芸《たぎ》・上石津郡の初代郡長に任命され、15年にわたって郡行政を担った。郡長時代には、養老公園の開設に尽力し、度重なる洪水や濃尾地震などの災害に対処した。この間、郡教育会の会頭、養老公園の維持管理団体である偕楽社社長、多芸輪中水利土功会議長などもつとめている。郡長退職の翌年には衆議院議員を1期つとめ、その後は大垣共立銀行や濃飛農工銀行の設立に関わり、両銀行で監査役となった。晩年には養老郡会議長や多良村長をつとめた。大正9年（1920）3月に70歳で死去した折には、多良村は村葬でもってその功績をたたえた。後を継いだ貞元も多良村長や多良村会議員を歴任し、また帝国在郷軍人会の分会長として長年分会員を指導した。

図23　高木貞広
文久３年（1863）５月
高木家提供

図24　高木貞正
高木家提供

高木家文書の伝来

幕府瓦解により旗本文書の多くが散逸した中で、旗本高木家において生成・蓄積された関係文書はどうなったのであろうか。北家に関しては早くに絶家となったため伝来文書も失われたとされてきたが、近年ある個人宅で関係資料がみつかり、18世紀初頭の治水資料をはじめ約3000点の存在が確認された。東家は多良を離れたときに伝来文書を手放したようで、現在は名古屋市蓬左文庫、徳川林政史研究所、大倉精神文化研究所、国立台湾大学図書館および個人宅に分散所蔵されていることが明らかとなっている。総数は1万点ほどで、このうち治水関係文書は5000点を超える数がまとまって残っている。

これに対して西家は伝来文書を散逸させることなく戦後まで伝えた。これは西家が維新後も多良に居住し、当主が公職を歴任してその社会的地位が保たれていたこともあるが、なによりも貞正・貞元父子が伝来文書の価値を理解してその保存に尽力したことが大きかった。

西高木家では、大正頃から所蔵文書の保存管理を中島俊司に依頼した。中島は安八郡塩喰村《しおばみむら》（現在の輪之内町）に生まれ、東京帝国大学の国史学科で黒板勝美に学び、卒業後は帰郷して美濃の郷土史研究の発展に寄与した人物である。中島は、大垣共立銀行が設立（1896年）されたとき、俊司の先代と共に高木貞正が発起人として名前を連ねた関係から、早くから高木家文書の閲覧の機会を得て、また高木家から保存方法について意見を求められたという。そこで師である黒板に相談したところ、黒板は治水関係文書の重要性を説き、保存に先立ってどのような資料があるのか「現在目録」を作成する必要があると助言した。助言に従い中島は、昭和7年（1932）から治水関係文書の「現在目録」の作成に着手し、黒板の支援も受けて、5年間で1万962点の目録を採取した。これにより治水関係文書の全貌がほぼ明らかとなり、その学術的価値が示されたのである。

目録を作成して現状を把握した中島は、その後は黒板の意見に従って郷土史料の現地保存に努め、戦後、その中島の仲介により高木家文書は地元の名古屋大学に引き継がれたのである。

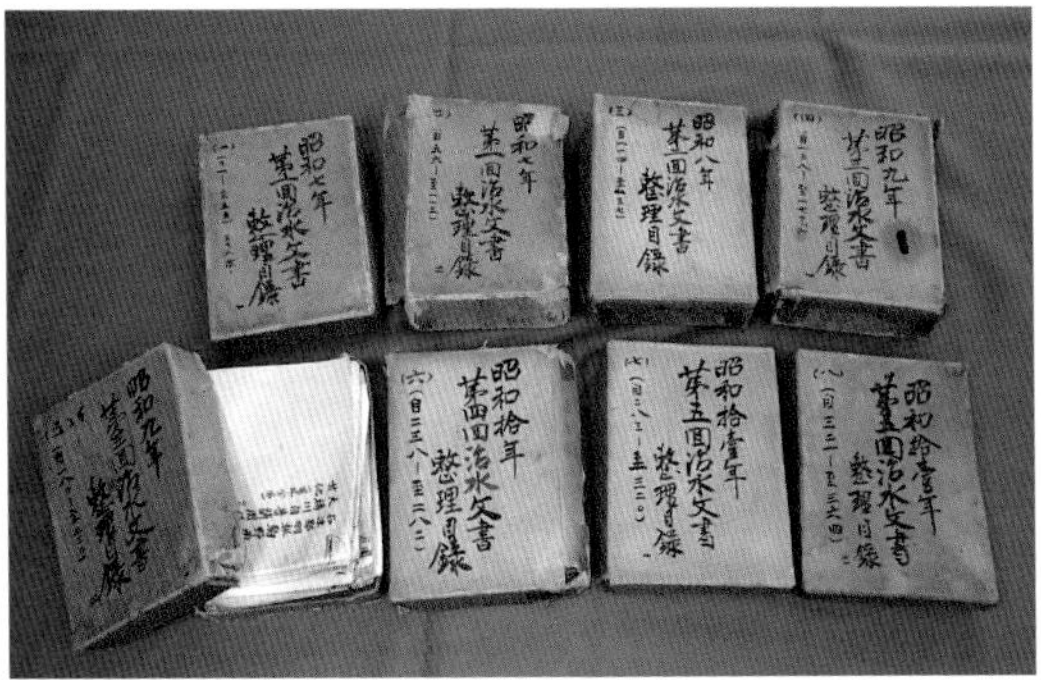
図25　中島が手がけた治水文書整理目録　昭和7～11年（1932～36）　名古屋大学附属図書館所蔵

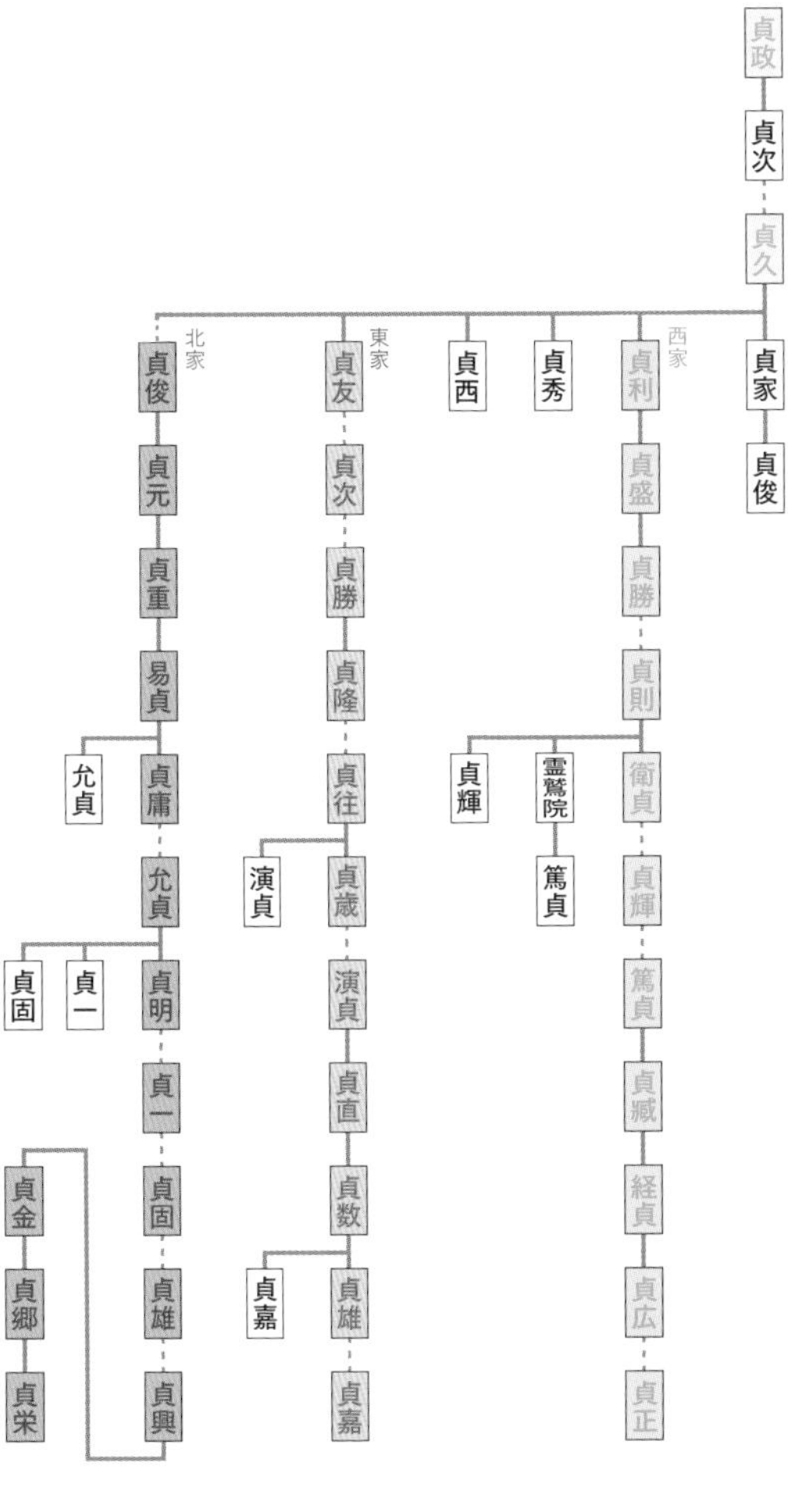

図26　高木家系図

土岐郷風景

豊かな自然とそこに暮らす人々

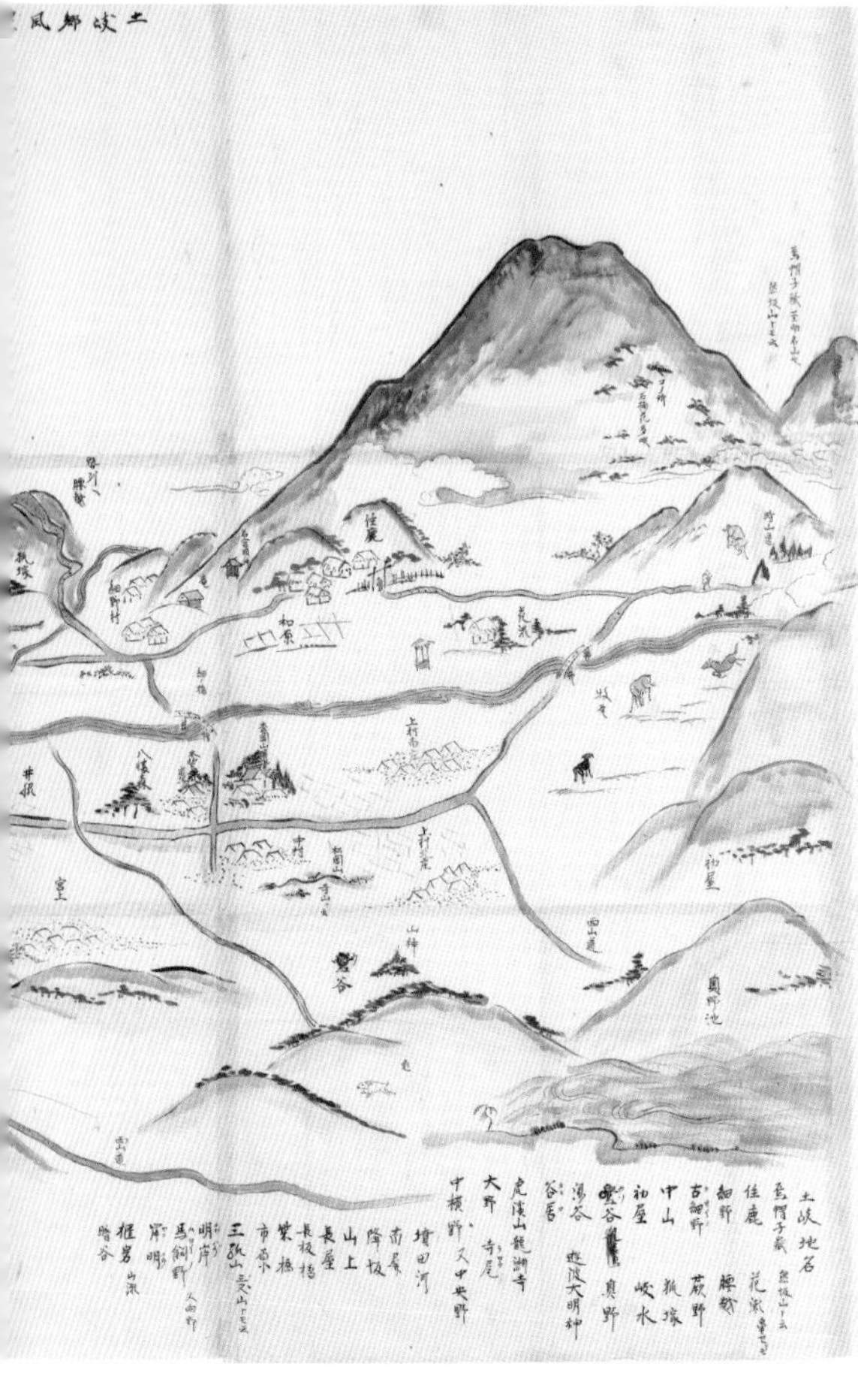

時郷《ときごう》の景観を描いたこの絵図は、高木貞広が家督相続に伴う領内巡見をおこなった際に作成されたものである。貞広は文久元年（1861）6月に西家を襲封し、翌年3月に多良郷《たらごう》、4月に時郷を初めて巡見した。

手前（北）が多良郷にあたり、そこから延びる「大道」が伊勢街道である。左奥の「大道」の先が伊勢国になる。多良郷との境および伊勢国古田村との国境に木柵と門がみえ、中世以来の郷としてのまとまりがうかがえる。中央を流れる川は牧田川で、上流の先は近江国である。右手にそびえる山は烏帽子嶽であり、「至而《いたって》名山也、熊坂山トモ云」との注記がある。絵図には、社寺のほかに、馬・鹿・兎などの動物や生活感あふれる人々が牧歌的に描かれる。また、烏帽子嶽のシャクナゲ群生や櫃岩のツツジ群生が描写されるなど、地域の特色がよく示されている。

（石川 寛）

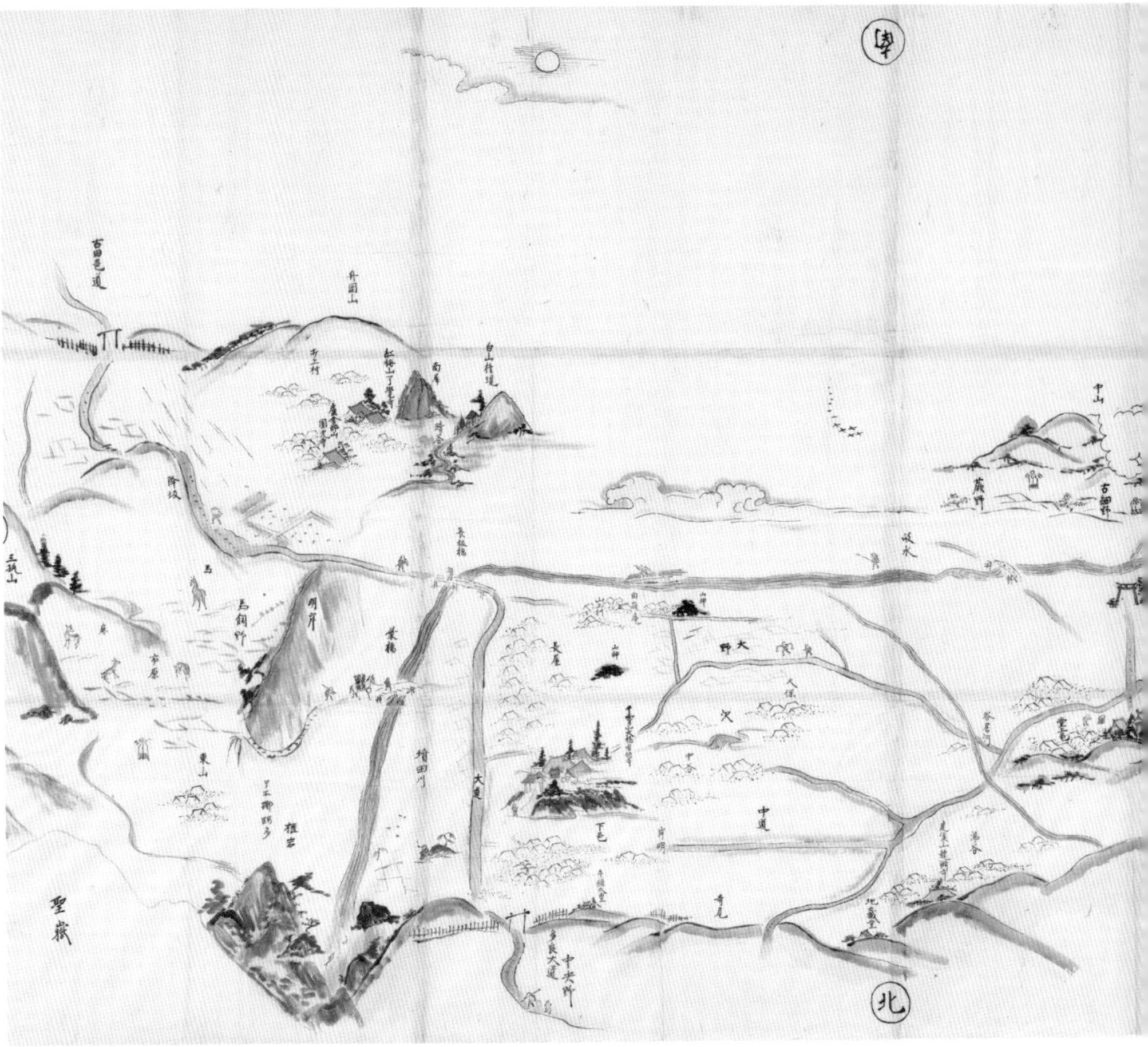

土岐郷風景　高木家文書

山が生み出す富とそのゆくえ

南谷山絵図

南谷山は多良郷の東側にある山で、養老山地の一部である。安政2年（1855）以来山の用益をめぐって争論が起きていたが、慶長年間以来諸役免除として伝えられてきた所有権に証文の存在を確認できなかったため、安政6年（1859）8月に高木家が没収した。図1はその直後に作成された絵図で、木々の生い茂る様子などが描かれ、これまでの所有者や境界も表示されている。境界は尾根や谷川、道筋などに定められており、場所によっては松や檜を植えて境界線が明示されていた様子も描かれている。

また、区画ごとに松や杉など描かれている樹種が異なり、

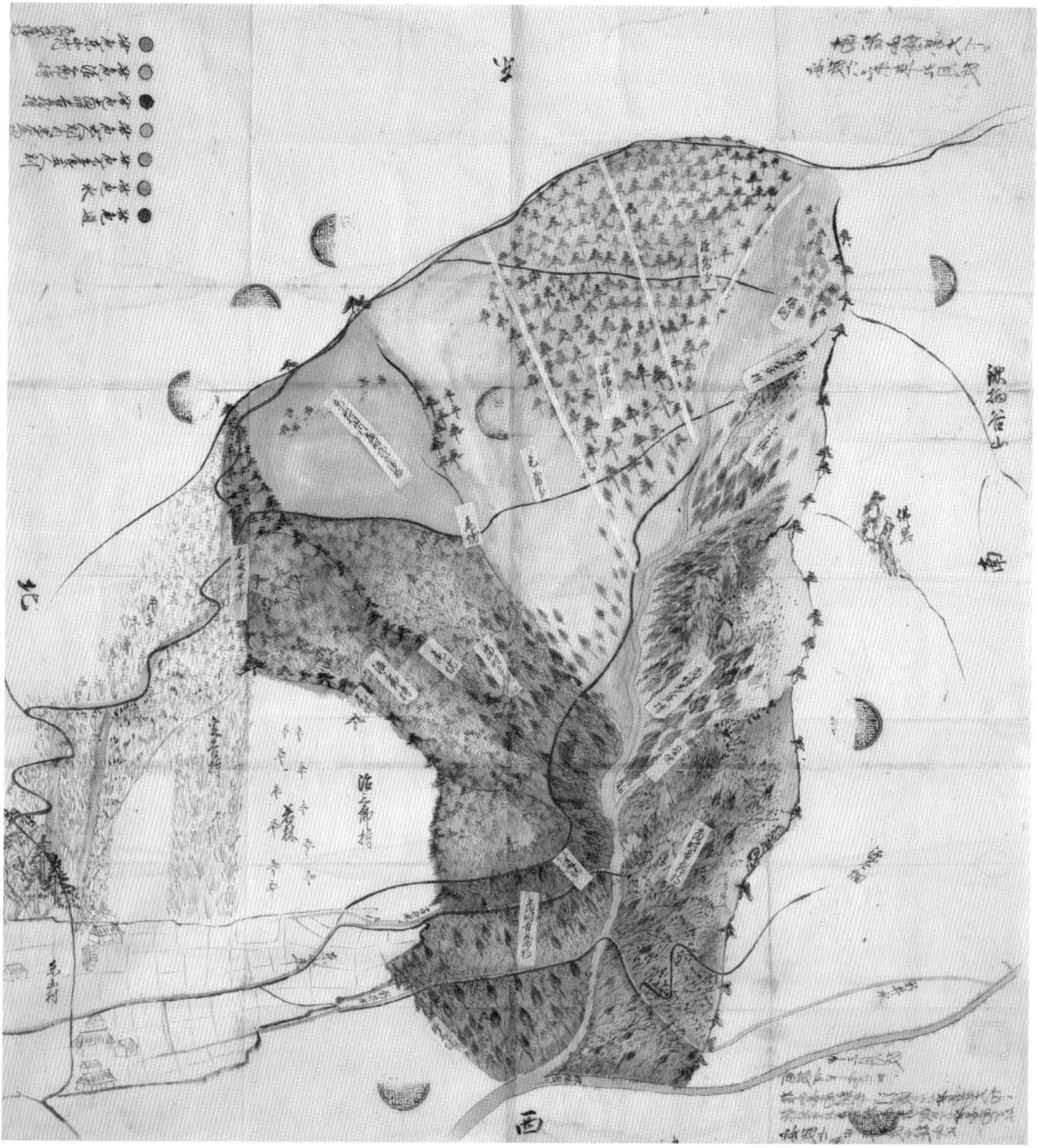

図1　南谷山絵図大下タ　安政６年（1859）９月　高木家文書

中には樹木を描いていない区画もある。所有者ごとに刈敷の採取や材木の販売など用益の内容が異なり、それに合わせた管理がおこなわれていた様子がうかがえる。

翌年以降高木家は、冥加金上納と引き換えに領民や家臣へ所有権を与えていった。引き渡しに伴って、本資料をもとに対象地を示した絵図を作成・交付しており、両者を照合させられるように契印が押してある。所有権を与える前に立木を払い下げている場合もあり、高木家にとって南谷山の没収は、貴重な収入源が転がり込んできた思いがけない幸運だったといえる。

図2は、安政6年10月に改めて作成された南谷山の絵図である。南谷山内部よりも、南谷山と周囲との境界が重点的に描き込まれている。松に加えて立札や、市之瀬村（尾張藩家老石河家領）が境界に建てた天神堂も描き込まれている。さらに、尾根が黄色く塗られているため、緑色で塗られた斜面との明暗差で立体的に見え、視覚的にも美しい。実際の土地管理にはこれより先に作成された図1が利用されていることもあり、こちらはより観念的な領域把握の性格が強いといえよう。

（鈴木 雅）

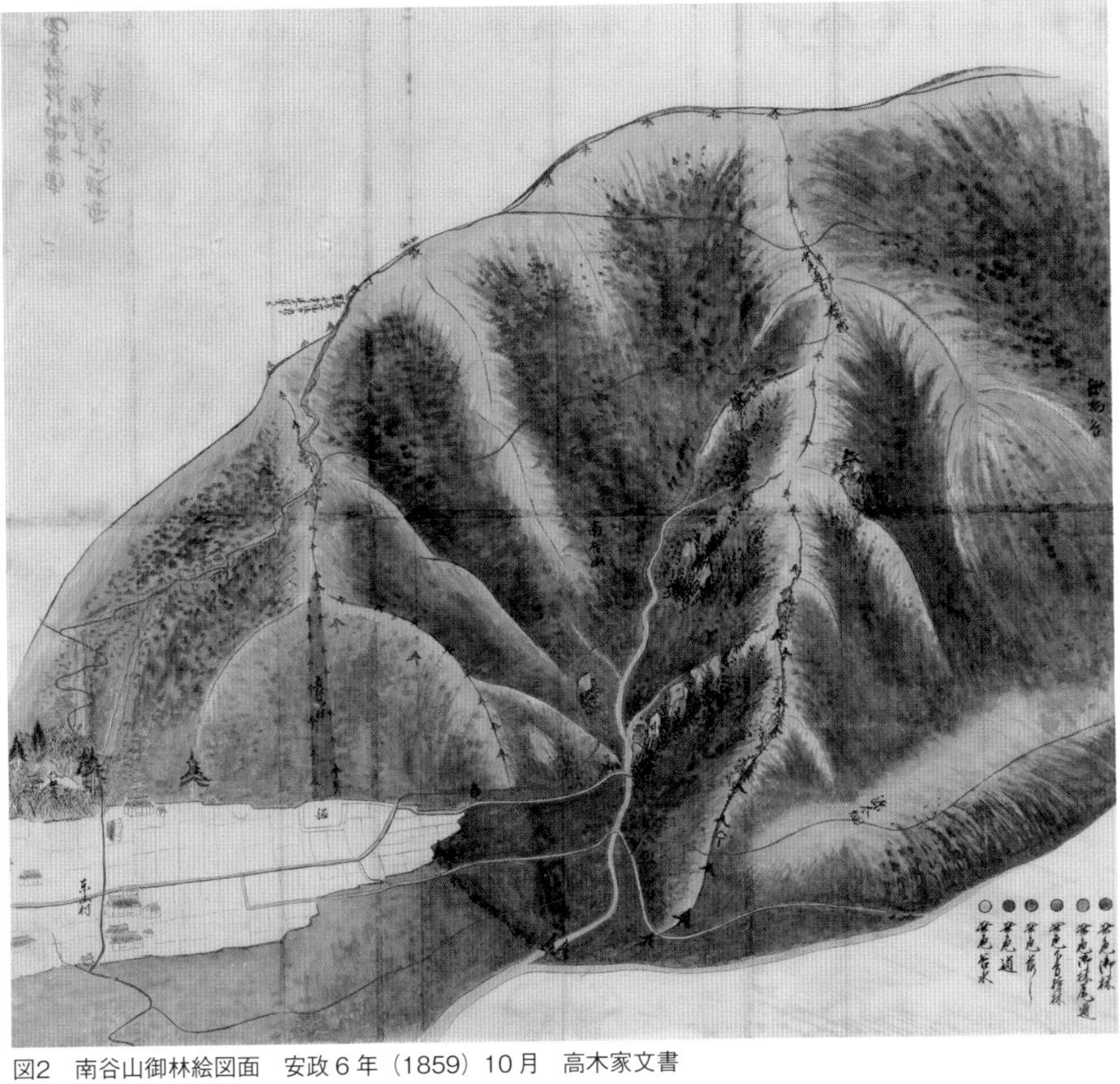

図2　南谷山御林絵図面　安政６年（1859）10月　高木家文書

山村の暮らしを支えた炭焼の山

幾里山細絵図

時郷の盆地から時山村へ向けて山道を登っていくと、右手に分かれる谷川沿いの山道がある。その先に続くのが幾里山である。奥深い山だが谷川沿いには細長く平地が開け、この絵図によればそこには田とわずかながら家屋もある。谷川を遡っていった先には、滝や洞窟も描かれている。

重要なのは、谷筋ひとつひとつに名前が付けられているところで、こうした谷筋ごとに入札で請負に出され、炭焼がおこなわれた。領内はもちろん近江からも応札があり、山村の生活を支えていた。領内ではとくに時山村で炭焼が盛んで、製品の多くが彦根城下で販売された。（鈴木 雅）

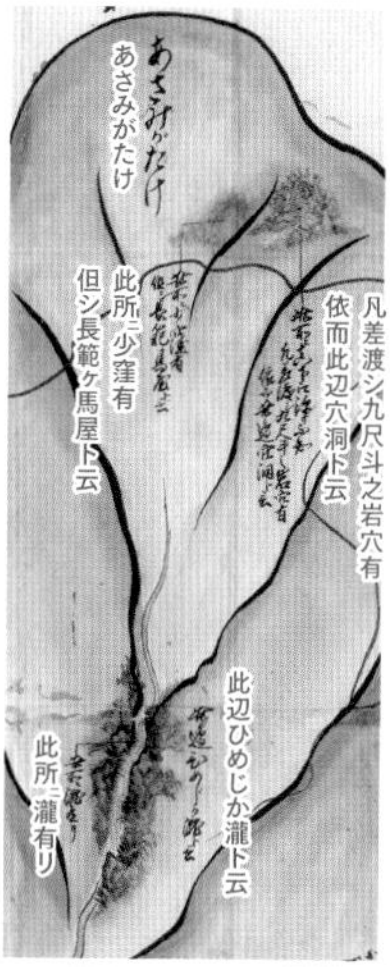
此所ニ真下江深サ不知

滝と洞窟（右上部分拡大図）

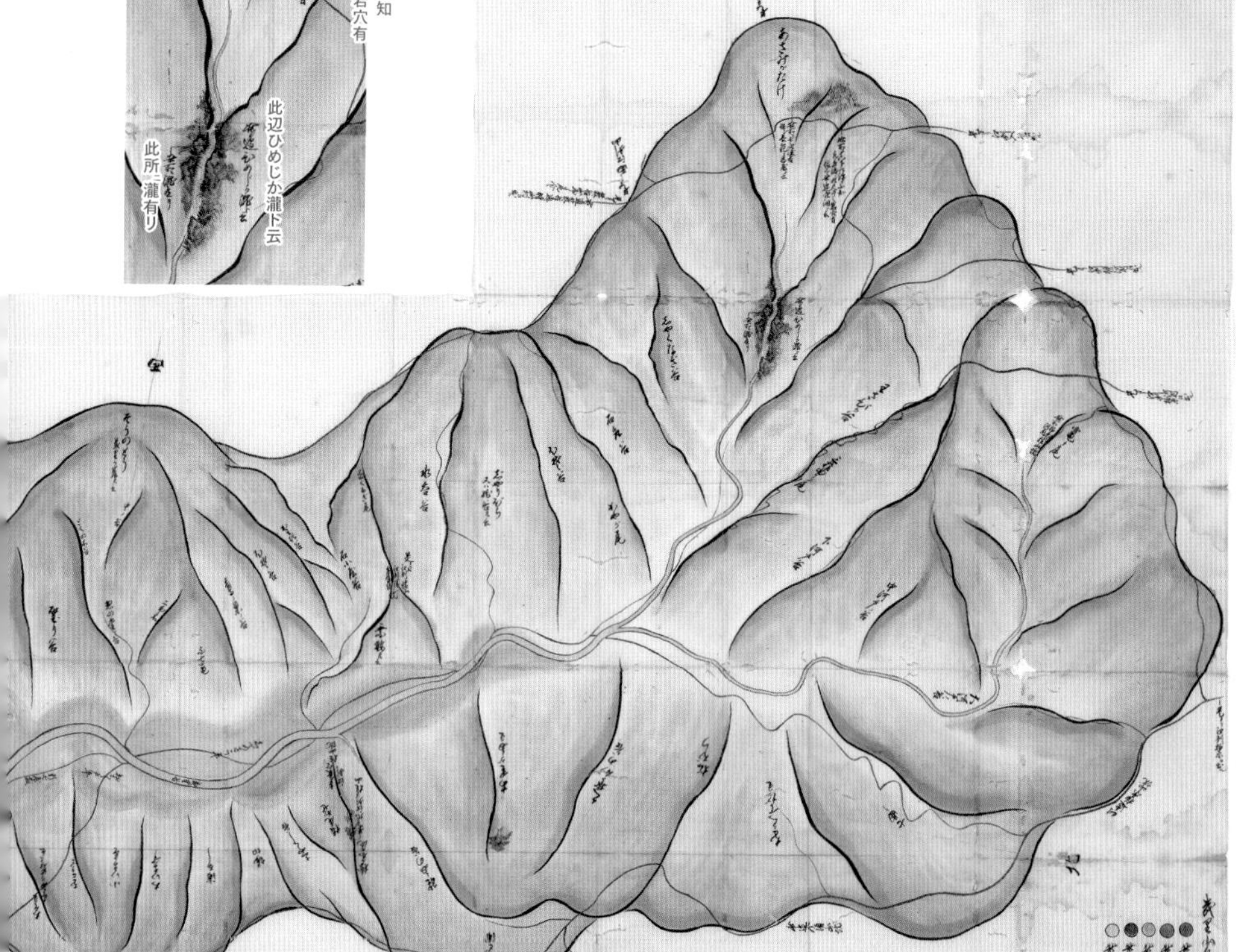

幾里山細絵図　嘉永４年（1851）　高木家文書

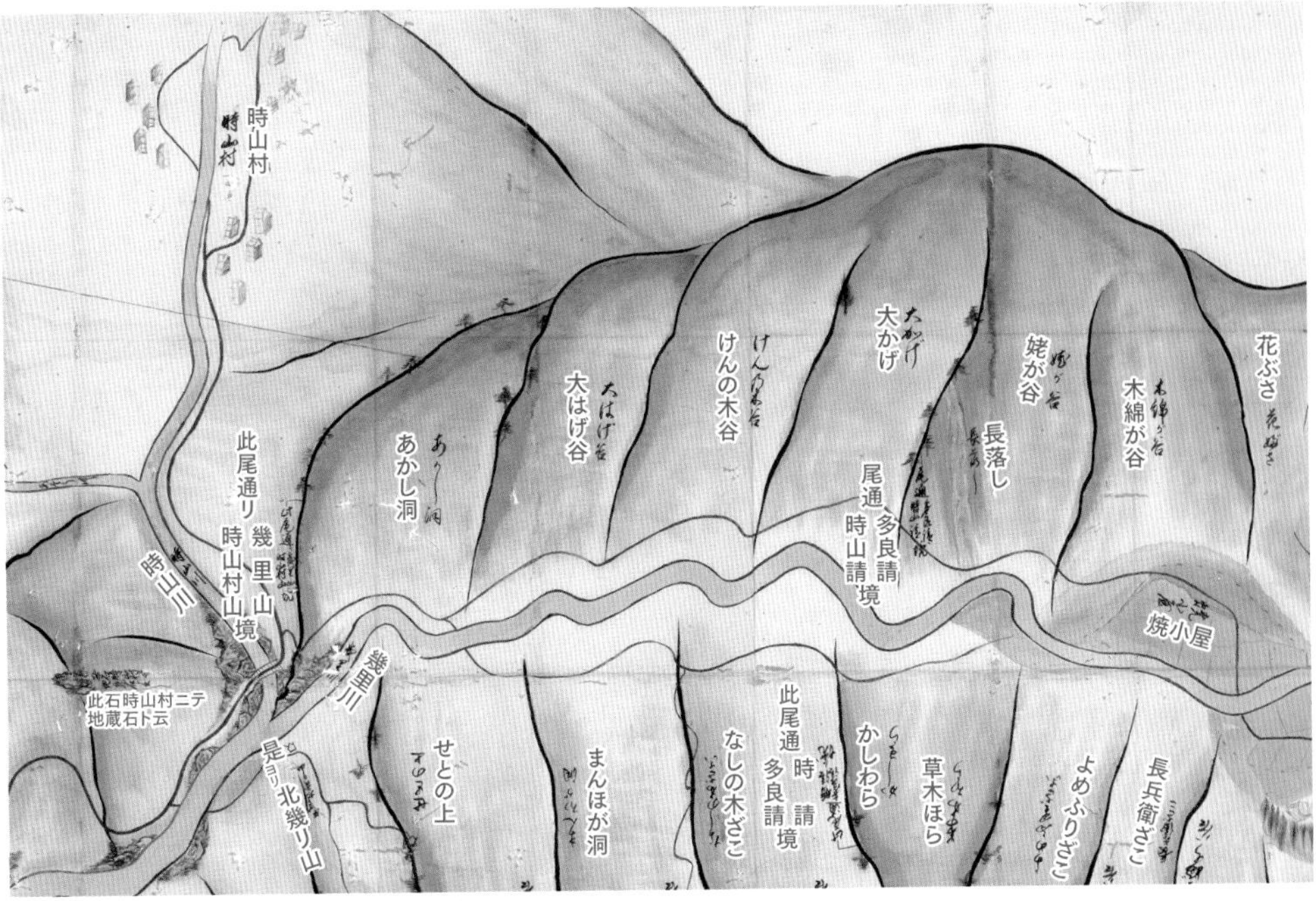
時山村
此尾通リ幾里山
時山村山境
時山川
此石時山村ニテ地蔵石ト云
あかし洞
大はげ谷
けんの木谷
大かげ
姥が谷
長落し
尾通多良請
時山請境
木綿が谷
花ぶさ
焼小屋
幾里川
是ヨリ北幾リ山
せとの上
まんほが洞
なしの木ざこ
此尾通時請
多良請境
かしわら
草木ほら
よめふりざこ
長兵衛ざこ

左端部分拡大図

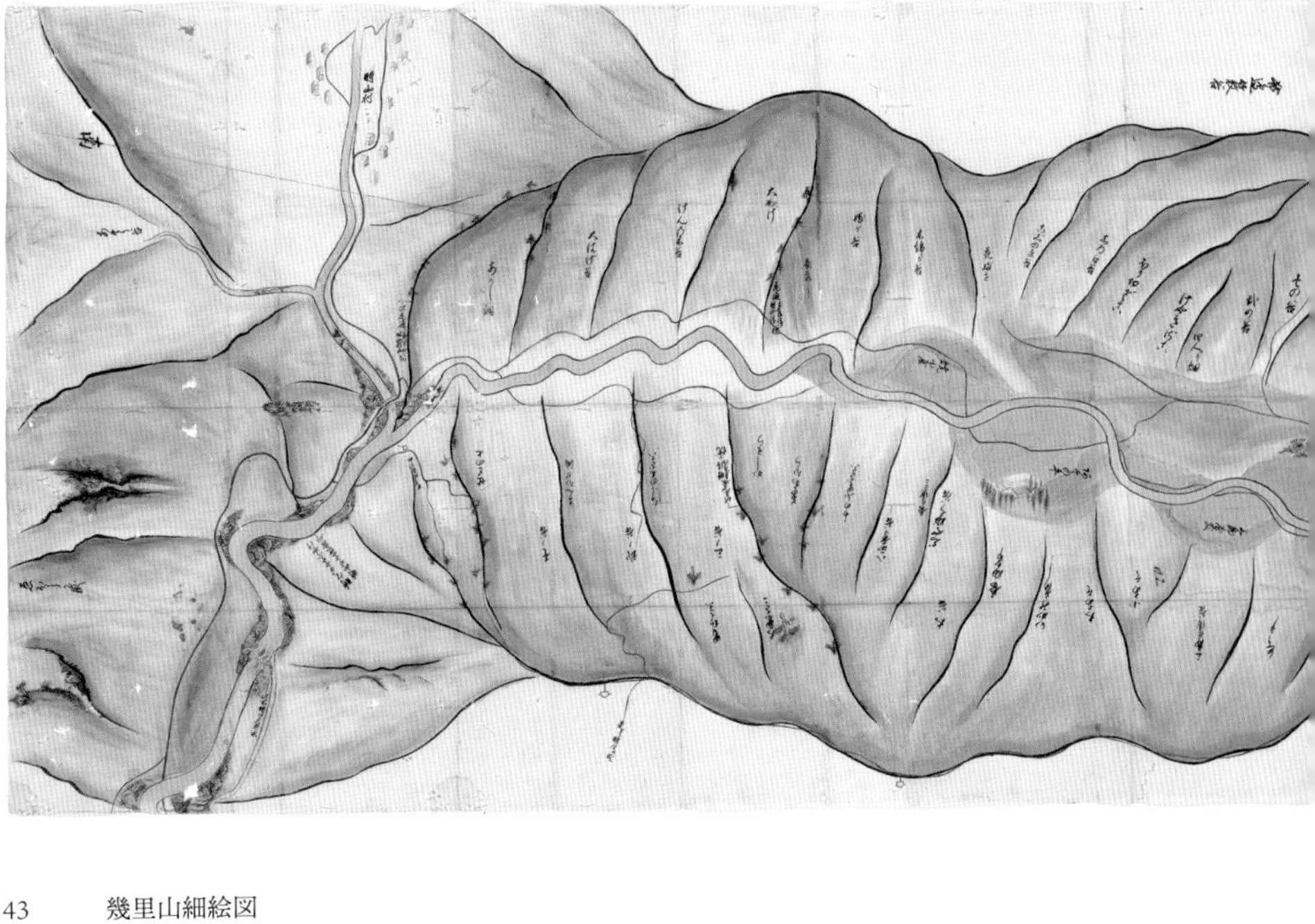

山奥の国境を確定せよ

藪谷山小絵図

江戸幕府は、全国で国単位の絵図（国絵図）を作成する大事業を数回おこなっている。本資料は、そのうちの元禄国絵図を作成する過程で必要とされた、国境の情報を確認するための絵図（国境小絵図）である。

ここに描かれているのは、美濃と近江の国境となる藪谷山である。藪谷山を越えた近江側は中河内山と呼ばれ、国境は分水嶺であることが記されており、内容を保証するため美濃国時山村（高木家領）と近江国河内村（彦根藩領）の村役人7名が押印している。剥離してしまっているが、本来は証文と継がれていた。証文の宛先は大垣藩と加納藩（美濃における国絵図作成のとりまとめ役）で、領主を飛び越えて直接国絵図作成の事務局へ提出する形式となっている点が特徴である。

ただし、実務は大垣藩と領内の各村を仲介しながら高木家がおこなっている。完成した正本は大垣藩へ提出されたため現存しないが、高木家領の国境小絵図・証文は2回作り直されたため、写や廃案になった原本が伝来している。本資料も、提出後に大垣藩が再作成を依頼して返却してきたため、高木家に伝わったものである。失効を保証するため、証文の河内村押印部分は切り取って同村に返却されている。

（鈴木 雅）

藪谷山小絵図　元禄 13 年（1700）　関ケ原町歴史民俗学習館所蔵

III

屋敷絵図を読む

大橋正浩

旗本領主の実相

高木家陣屋の立地と遺構

高木家陣屋の立地

岐阜県大垣市上石津町宮《かみいしづちょうみや》に位置する高木家陣屋は、東に牧田川、西から北にかけて中谷川と加龍谷川が流れる河岸段丘上に構えられた（図１）。中世の多良（多羅）城が築かれた場所ともされる。

高木家陣屋は、交代寄合美濃衆として大名と同等の格式を許された高木家が在地支配をおこなった在所である。分枝する三家はそれぞれが陣屋を構え、その位置関係から西高木、東高木、北高木と呼称された。周囲の川に臨んで北東に突き出した段丘の最上段に西高木家、一段下がって東高木家、北高木家の三家がまとまって位置した（図２）。西高木家、北高木家と東高木家の陣屋の間には伊勢街道が通り、交通の要所を押さえる役割も担った。

高木家陣屋の遺構

伊勢街道を臨む西高木家陣屋の敷地は広く平坦地であり、上屋敷の南限は現存表門の南、現資料館の北辺りである。上屋敷の南には馬場があり、下屋敷は現資料館の南、現在は空地である一画にあった。その西には家臣の屋敷地などが設けられた。

図1　高木家陣屋跡と周辺環境　大垣市教育委員会提供の航空写真（東上空から撮影）に加筆

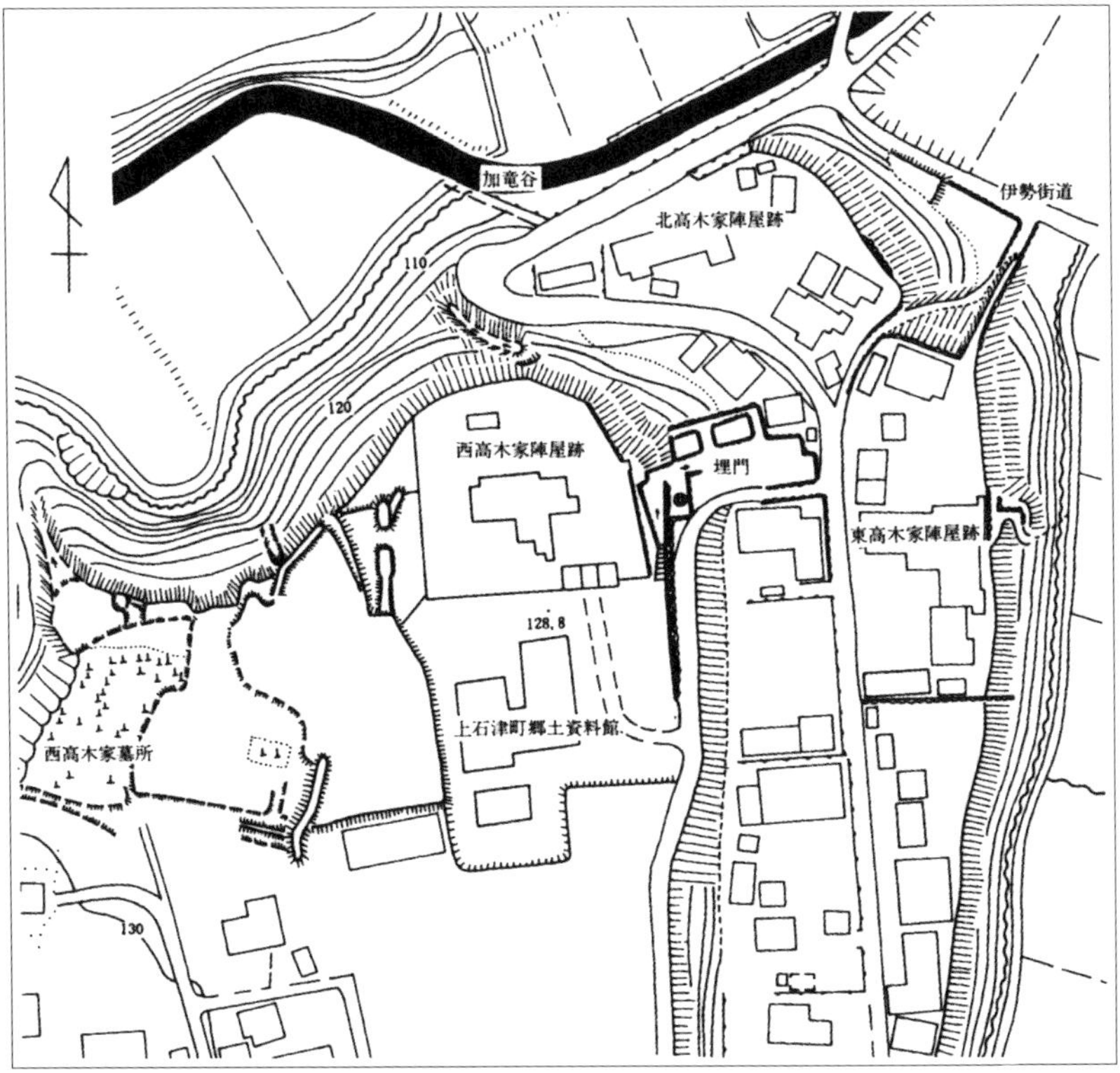

図2　旗本西高木家陣屋跡略測図　大垣市教育委員会提供

図4　埋門石垣　大垣市教育委員会提供

図3　西高木家陣屋跡東面石垣　大垣市教育委員会提供

図5　埋門石垣実測図　南面　『岐阜県史跡西高木家陣屋跡―測量調査・発掘調査報告書』所収

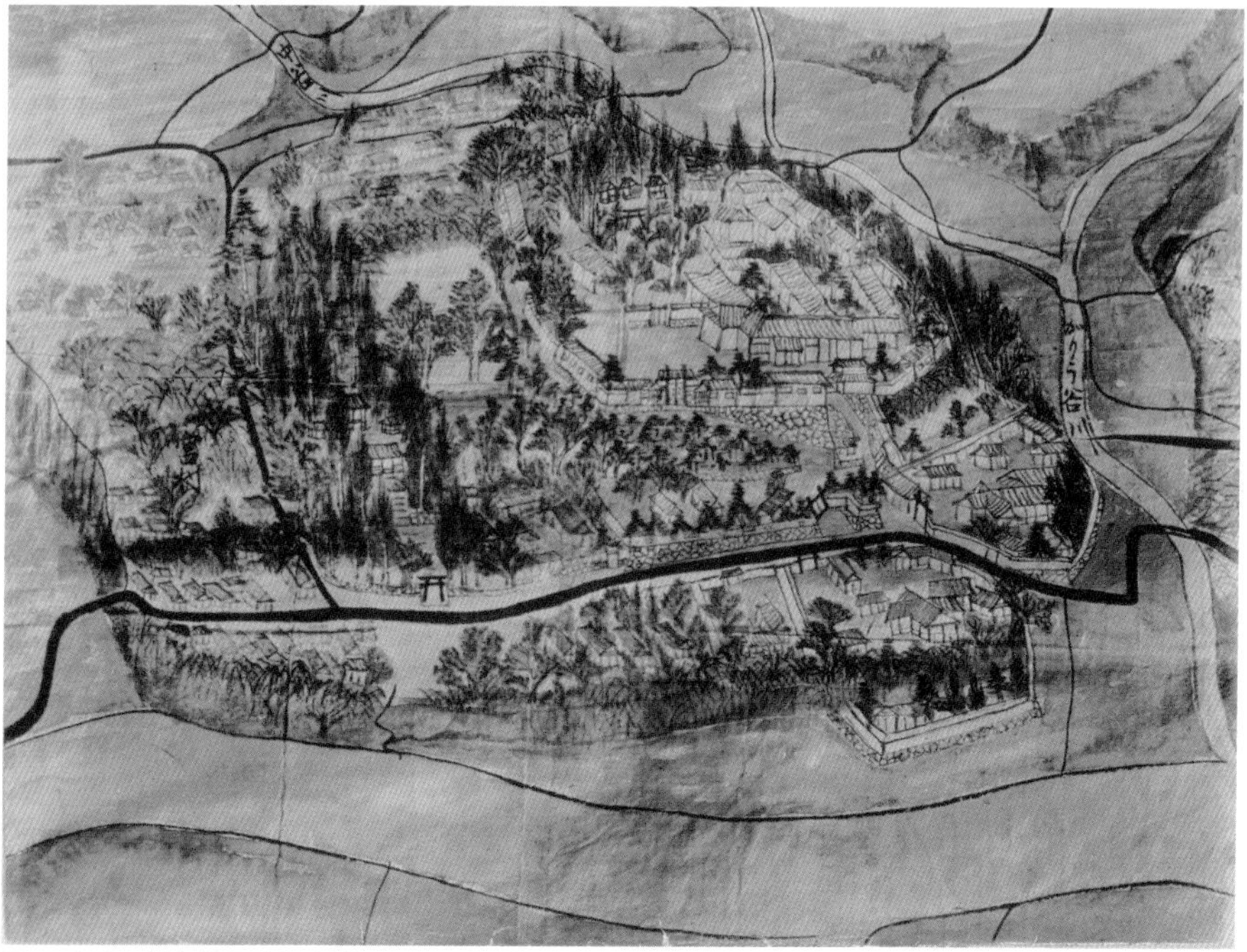

図6　高木三館鳥瞰図（右が北）　天保８年（1837）頃から嘉永５年（1852）頃　高木家提供

　西高木家陣屋の東面には高大な野面《のづら》石を積み上げた石垣や（図3）、櫓門に相応する埋門《うずみもん》の石垣などが残る（図4、図5）。また、激しく落ち込む断崖の北面にも、野面積みの石垣が築かれている。石垣は基本的に自然石を積むが、補修や積み直しが推定できる場所では、一部加工が施された石材が確認できる。石材は硬質砂岩が多く、そのほかには花崗岩やチャートなどが使用された。以上のように城郭ともいえる構成を現在もよく残しており、寛政年間（18世紀末）の『濃州徇行記』にも、「館を山の峰に構え下よりみあげ、殆《ほと》んど城郭に彷彿たり」とその様子が記されている。また、この様子は天保8年（1837）頃から嘉永5年（1852）頃の高木家陣屋を俯瞰して描いた「高木三館鳥瞰図」（以後、鳥瞰図）からも確認できる（図6）。敷地北から東にかけての馬蹄形の外形が、近世以来、大きな改変を加えられてこなかったことがわかる。

　遺構としては石垣のほか、西高木家の旧上屋敷地北部に、天保3年（1832）建造の上屋敷御殿の一部が現状主屋として（図7）、嘉永5年建造の下屋敷表門が現状表門として（図8）、近代におこなわれた屋敷整備を経て現存する。

　旧上屋敷の北部に該当する居宅周辺でおこなわれた発掘調査では、古い地層から、現存遺構とは異なる角度の軸線に沿って並ぶ石列と、焼土層が確認されている。天保3年に北高木家陣屋で起きた火災は西高木家陣屋に類焼し、陣屋内のほとんどの建物は焼失したとされてきた。発掘調査の結果は、天保3年の類焼が実際に起きたことを裏づけるものであり、類焼前と屋敷再建後では異なる軸線で建物が配置されていたことを示すものでもある。

図7　西高木家現状主屋

その他の遺構として、居宅の西方には「西之岡」と呼称される高木家歴代の墓地があり、一族が祀られている。

文化財としての高木家陣屋

以上のような、現存する石垣群、建造物、石造物、埋蔵文化財などについて、詳細な

図8　西高木家現状表門

調査を経た西高木家陣屋の旧上屋敷地は、2014年に国の史跡に指定された。また、東高木家陣屋の旧伊勢街道に面する場所に残る土蔵は大垣市の指定文化財となっている（図9）。

これらの遺構は高木家文書とともに近世における旗本領主の実態を明らかとする歴史資料として、極めて重要な存在といえる。

図9　旧伊勢街道からみた東高木家土蔵

陣屋建築の変遷をたどる

西高木家陣屋の近世と近代

西高木家陣屋と屋敷絵図

高木家文書には西高木家陣屋に関連した建物が描かれる屋敷絵図が数多く存在する。これらの図には、造営後の建物の実態を記録したものだけではなく、計画段階のものも含まれる。実在した西高木家陣屋の建物を具体的に知るために前者が重要であることはもちろんのこと、後者も造営の方針を知るうえで貴重な手がかりとなる。また、屋敷絵図については屋敷内でおこなわれた儀式や年中行事、日常生活等を記した資料と比較することで、屋敷内での暮らし向きをより具体的に知ることができる。このように幅広い分析に活用できる可能性も含め、その資料的価値は他の資料群と共に非常に重要な存在といえる。

以上のような屋敷絵図について、ここでは近世から近代における西高木家陣屋を象徴する代表的なものを取り上げて、西高木家陣屋の建築とその変遷についてみていきたい。

天保類焼屋敷絵図

西高木家陣屋については、天保3年（1832）の火災を期に、主要な建物を建て直したことが、資料から明らかとなっている。

火災について記した「御焼失一件日記」によると、天保3年3月4日、西高木家陣屋は、隣接する北高木家陣屋の火災に類焼し、上屋敷の表・奥の住居と下屋敷を焼失した。焼失箇所は、幕府と尾張藩にそれぞれ報告している。

報告には、表奥御住居、表御門、埋御門、裏御門、御土蔵、御長屋（3カ所）、御厩、御作事小屋、御稽古小屋、御下屋敷御住居、同所御門、御家中屋敷などの焼失した建物の名前がみられる。また幕府宛ての報告とともに西高木家の江戸屋敷に送った書状には主要な殿舎はほぼ焼失したこと、土蔵2、3カ所と客屋が類焼を免れたことが記されている。

以上の建物については、類焼以前の様子を描く屋敷絵図にその存在が確認できる。このうち、181・7×304・9㎝の大きさを誇る無題の屋敷絵図（図1、天保類焼屋敷絵図）は、建物の名称、部屋の名称、間取り、敷かれた畳の枚数、柱や建具の位置など各建物を知るうえで重要な情報をはじめ、周囲の高塀や石垣、土手などについては色を分けて彩色する。また、この図には実際に建って

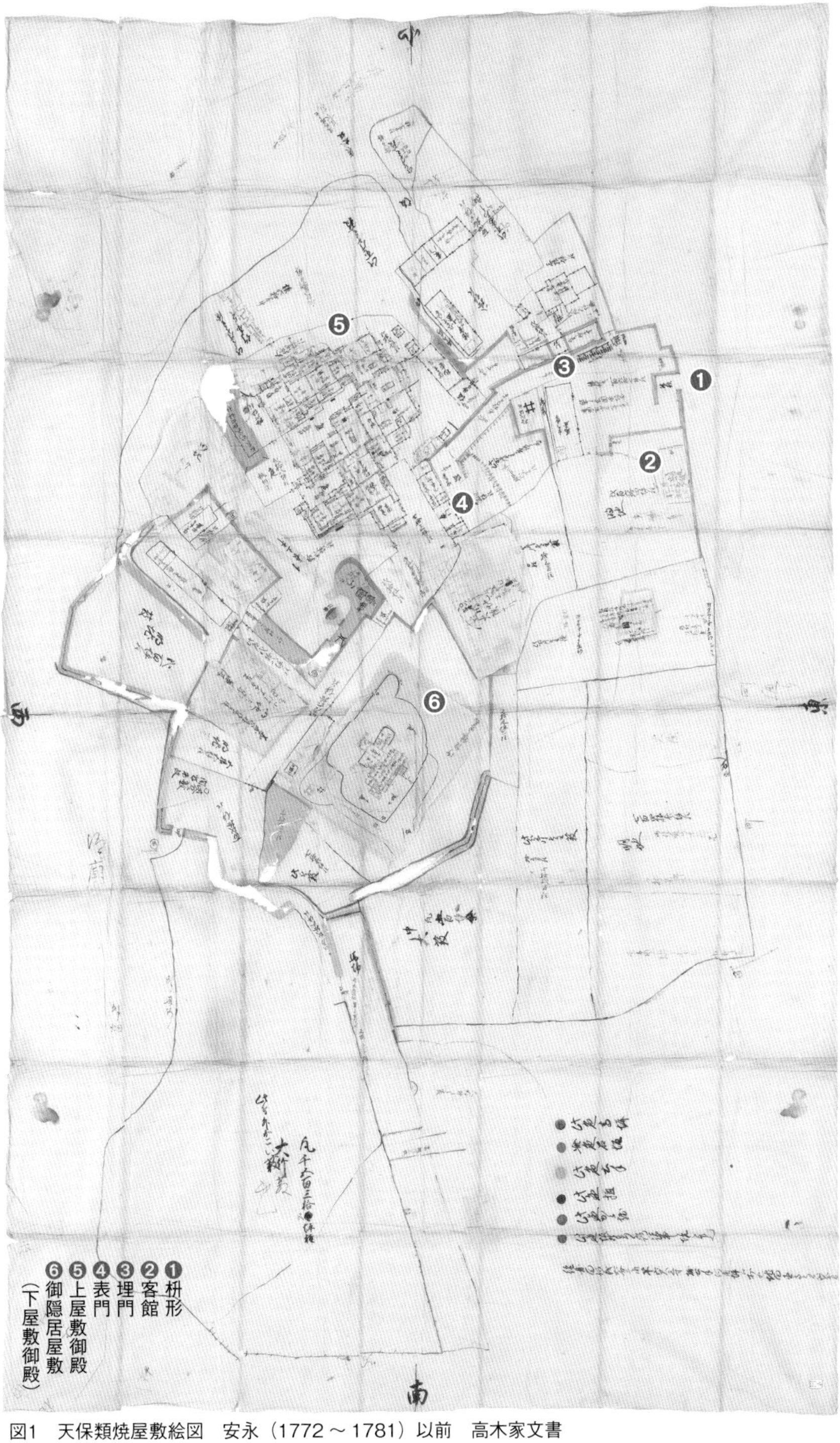

図1　天保類焼屋敷絵図　安永（1772～1781）以前　高木家文書

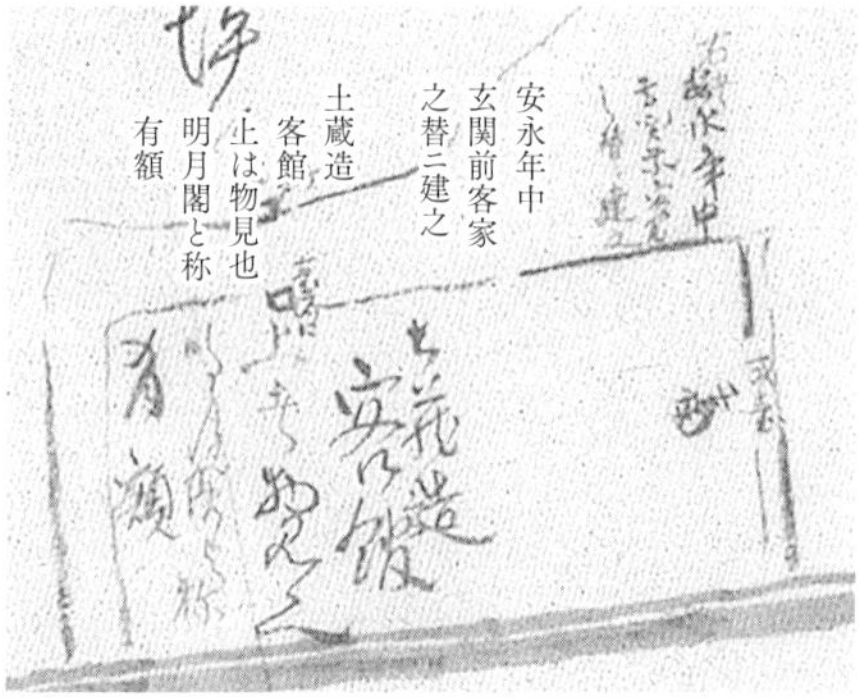

図２　天保類焼屋敷絵図　客館（右が北）

いる建物を6尺3寸（＝1908・9㎜）の間竿《けんざお》で実測して描いたことが記載されており、ある時点での実態を描いている。貼紙による修正や朱墨による追記があることから、建物の数次の改変が確認できる。陣屋の入口となる桝形虎口の南には客屋と記載のある建物の間取りが描かれるが、その側にみられる「安永年中玄関前客家之替《かわり》ニ建之」という書き込みから、この図が安永年間（1772〜81）以前に描かれたものであることがわかる（図2）。

　天保類焼屋敷絵図は敷地東部に桝形虎口、敷地北部に敷地内最大規模の上屋敷御殿、敷地南部に下屋敷御殿に該当すると考えられる御隠居屋敷などを描く。このうち、御殿の間取りに注目してみると、上屋敷と下屋敷それぞれの特徴がみえてくる。

天保類焼屋敷絵図にみる上屋敷と下屋敷の御殿

　上屋敷御殿（図3）は、まず式台から玄関、使者ノ間と続き、左手に書院の室群が上ノ間から三ノ間まで並ぶ。また、庭を挟んで北側には居間の室群を中心とした諸室、さらに庭を挟んだ北側には奥の諸室が並ぶ。以上の玄関・書院、居間、奥の諸室が属する各棟は東側で土間、茶之間、女中部屋などからなる台所に接続される。これは、主人が政務をおこなう書院、主人の居室となる居間、主人とその家族が居住する奥を、主人の生活を支える家臣たちが勤務する台所でつなぐ構成である。間取りは、それぞれ中心となる室群が一列に並び、周囲に付属する部屋や縁側などを配置して、雁行状の平面を構成する。

　一方の下屋敷御殿（図4）は、使者ノ間、広敷、茶ノ間、女中部屋など上屋敷御殿と同じ名前の部屋を有しつつも、中心となるのは居間と座敷の室群であり、隠居家として先代の主人やその家族の居住に重点を置く構成である。そのため公的な部屋は使者ノ間など最小限でよく、各部屋は複数列で整然と配置され、上屋敷御殿よりも建物規模が小さくなっている。

天保再建屋敷絵図

　上屋敷御殿の再建工事を焼失後程なく開始したことが、造営の入札に関する資料に記される。具体的には、屋敷類焼から1カ月半程後の天保3年（1832）4月20、21日頃に、御殿や御門などの建物を対象とした屋敷造営の入札をおこない、その約2週間後の5月7日には造営開始の儀式である釿始《ちょうなはじめ》をおこなっている。

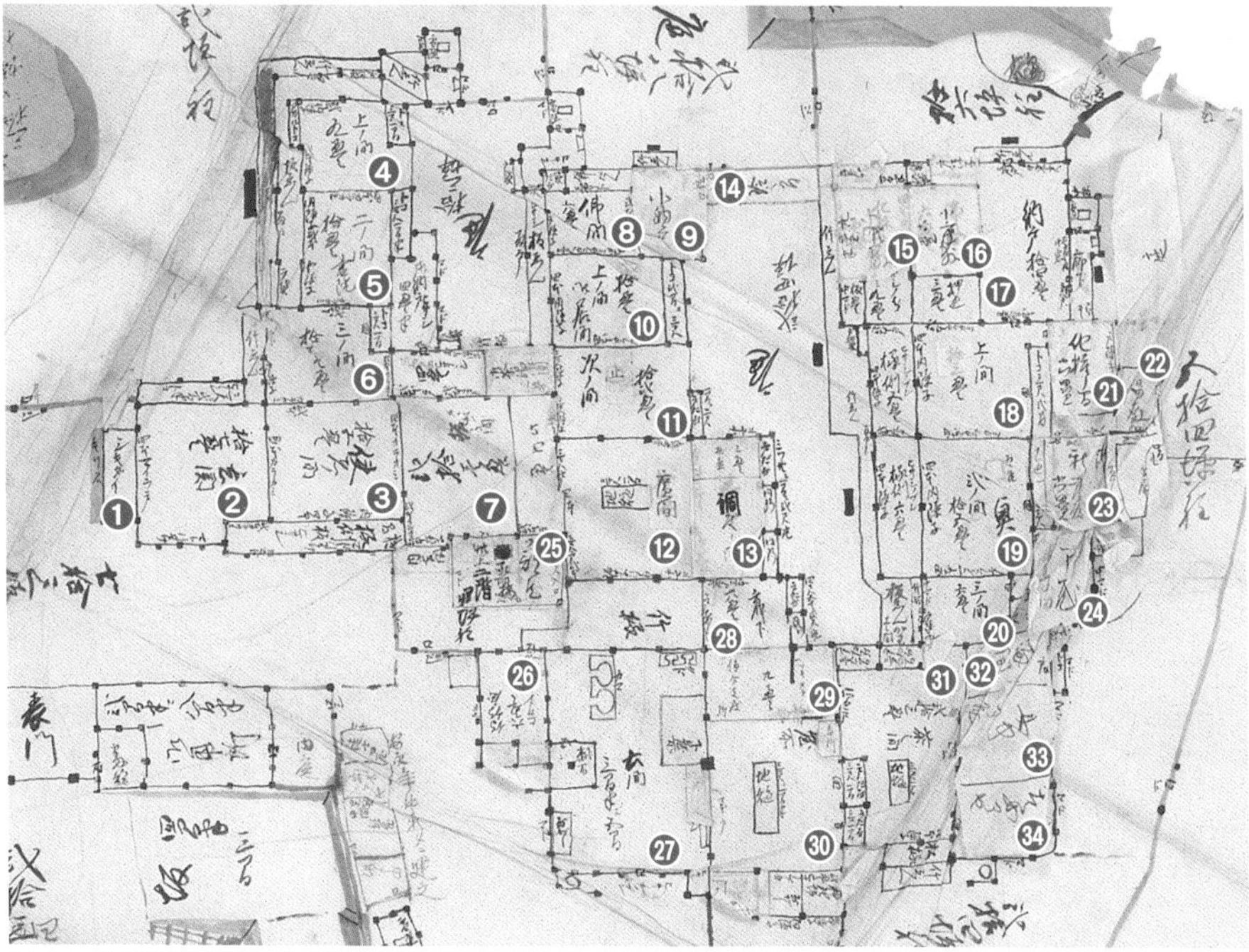

図3　天保類焼屋敷図 上屋敷御殿（右が北）

❶式台
❷玄関
❸使者ノ間
❹上ノ間
❺二ノ間
❻三ノ間
❼鏡之間
❽仏間
❾小納戸
❿上ノ間御居間
⓫次ノ間
⓬広間
⓭調度ノ間
⓮鈴之間
⓯小座敷
⓰小座敷
⓱納戸
⓲上ノ間
⓳奥二ノ間
⓴三ノ間
㉑化粧ノ間
㉒湯殿
㉓新座敷
㉔休息の間
㉕御部屋
㉖侍部屋
㉗土間
㉘廊下
㉙侍分支度所
㉚台所
㉛茶之間
㉜溜間
㉝女中部屋
㉞老女部屋

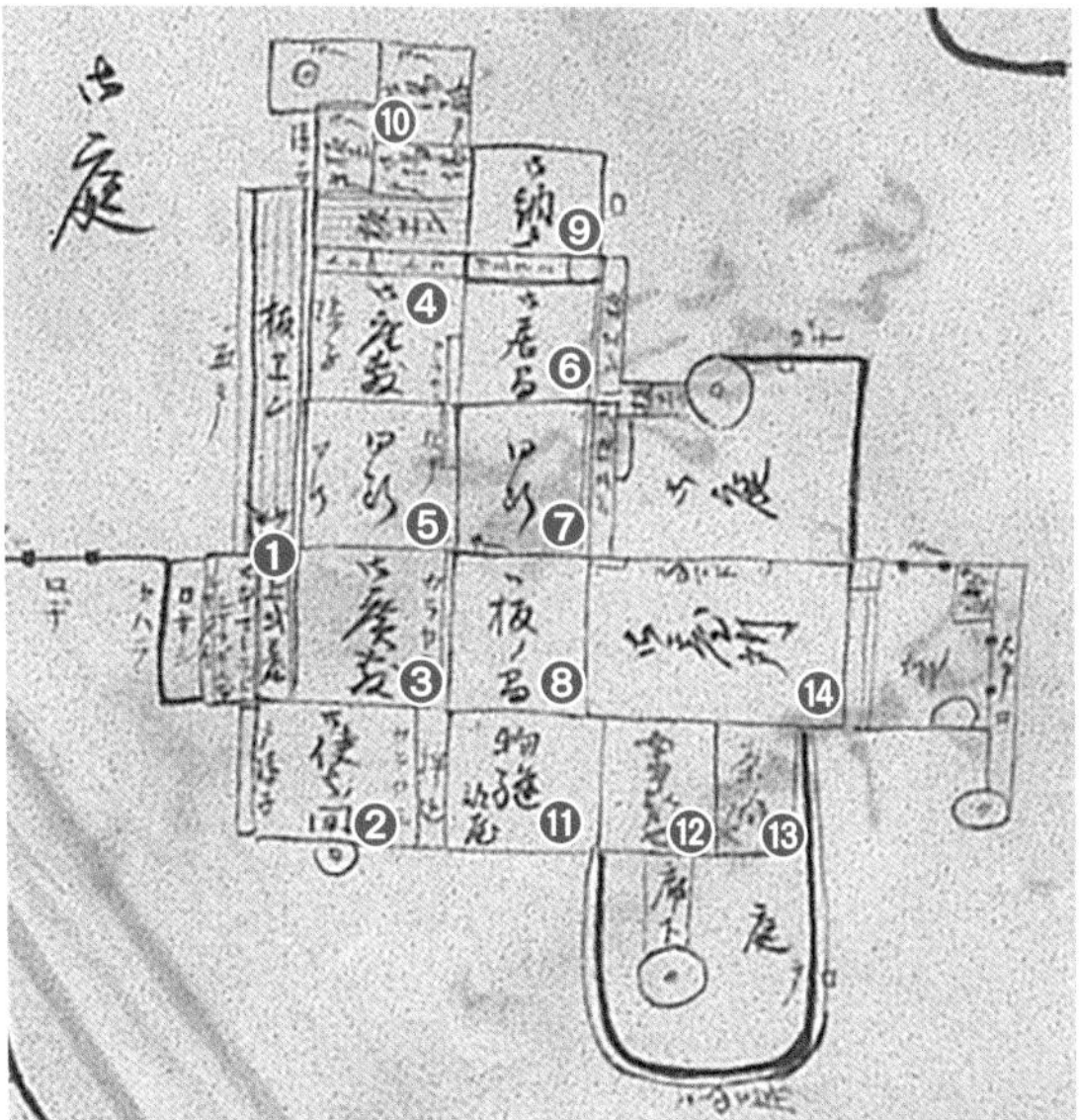

図４　天保類焼屋敷図
下屋敷御殿（下が北）

❶上式台
❷御使者ノ間
❸御広敷
❹御座敷
❺同所
❻御居間
❼同所
❽御板ノ間
❾御納戸
❿御湯殿
⓫物縫部屋
⓬女中部屋
⓭茶ノ間部屋
⓮御台所

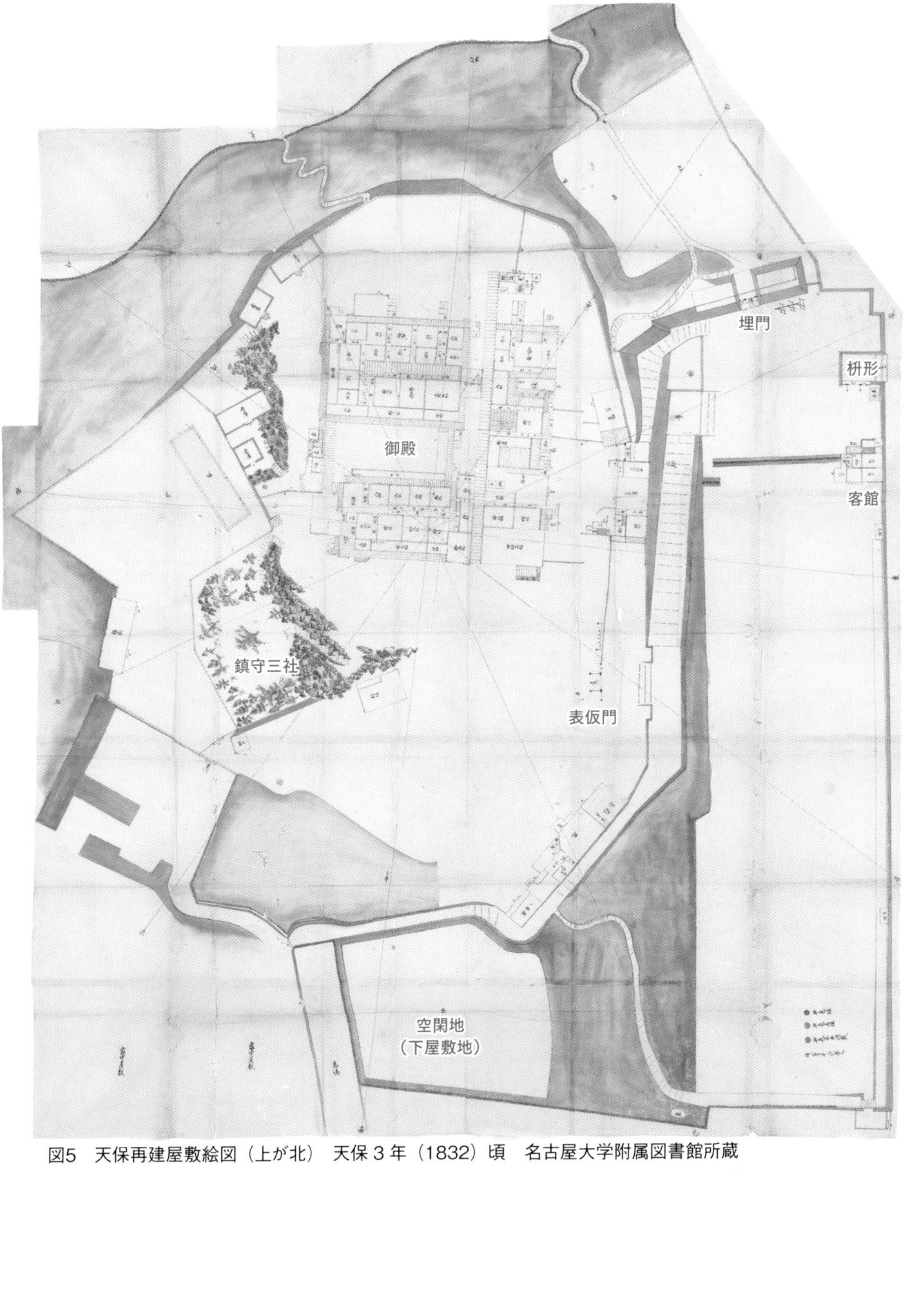

図5　天保再建屋敷絵図（上が北）　天保３年（1832）頃　名古屋大学附属図書館所蔵

「御普請中諸職人諸色勘定帳」には、造営した建物、建坪、担当した大工の名前などが記される。また、入札文書の表具師、畳職人、左官職人の事項には多数の部屋名称が記される。これらの記載からは、類焼直後に造営された御殿（上屋敷御殿）が、御台所棟、大奥（奥棟）、表御座之間（表棟）という3棟の建物で構成されていたこと、各棟の坪数、さらに各棟に属する部屋の概要がわかる。以上の記載情報との対応が確認できる屋敷絵図が図5の天保再建屋敷絵図である。

天保再建屋敷絵図は196×163㎝の家相図で、外題や内題、奥書、年紀などの記載はない。絵図には彩色が施され、石垣や土手に囲まれた敷地全体の様子がわかる。敷地には主屋となる御殿のほか表仮門、台所門、埋門、中間部屋、薪部屋、番所、蔵、倉庫、物置、厩、雑蔵、道具入など複数の建物の名称と間取りが記載される。また、敷地南側には後に再建される下屋敷地の一部が空閑地として描かれる。

このような空閑地や表仮門などの再建の途中段階を示す内容、経年の改修を示す朱墨や貼紙がほとんどない状況から、天保再建屋敷絵図は上屋敷再建直後の陣屋全域を記録した敷地図であると考えられる。

天保再建屋敷絵図にみる上屋敷御殿

上屋敷御殿の間取り（図6）には、式台を備えた表の仮玄関をはじめ、台所棟の東面中央に位置する奥の玄関、そして各部屋には床、床脇、押入、神棚、仏壇、湯殿、竈などの記載がみられる。部屋名は基本的に記載せず、納戸などの一部のみに確認できるが、先述の造営文書による比定から各部屋名がほぼ明らかとなる。また、部屋の規模を表す畳の枚数、床板の描写、土間の記載からは、床の仕様がわかる。さらに、部屋境を示す線にはその本数によって建具、壁、框《かまち》と柱間装置の描き分けがなされており、隣接する部屋との関係が理解できる。

矩形の3棟をコの字型に配置し構成される御殿は、南北棟の台所棟西側に、庭を挟み南に位置する東西棟の表棟と、北に位置する東西棟の奥棟を接続する。

台所棟は中程を境に南北2つの領域に分かれる。この領域区分について、台所棟の西側を通る大廊下の中央部には建具で仕切る描写が確認できる。なお、御錠口《おじょうぐち》という名称が文書の記載にみられ、先の描写からこの位置が表向と奥向の領域を区分した御錠口と考えられる。南側は仮玄関、御玄関御使者之間の表の玄関機能と、侍部屋、御台所など家臣たちの働く場となる。同様に北側には玄関、御広敷など奥の玄関機能と、御老女部屋、女中部屋、御茶之間、御台所など女性たちの働く場となる。

台所棟の南部に接続する表棟は、棟のほぼ中心を東西方向の壁で隔てて並ぶ南北2列の室群を中心に構成される。南側は主人が政務や公的な対

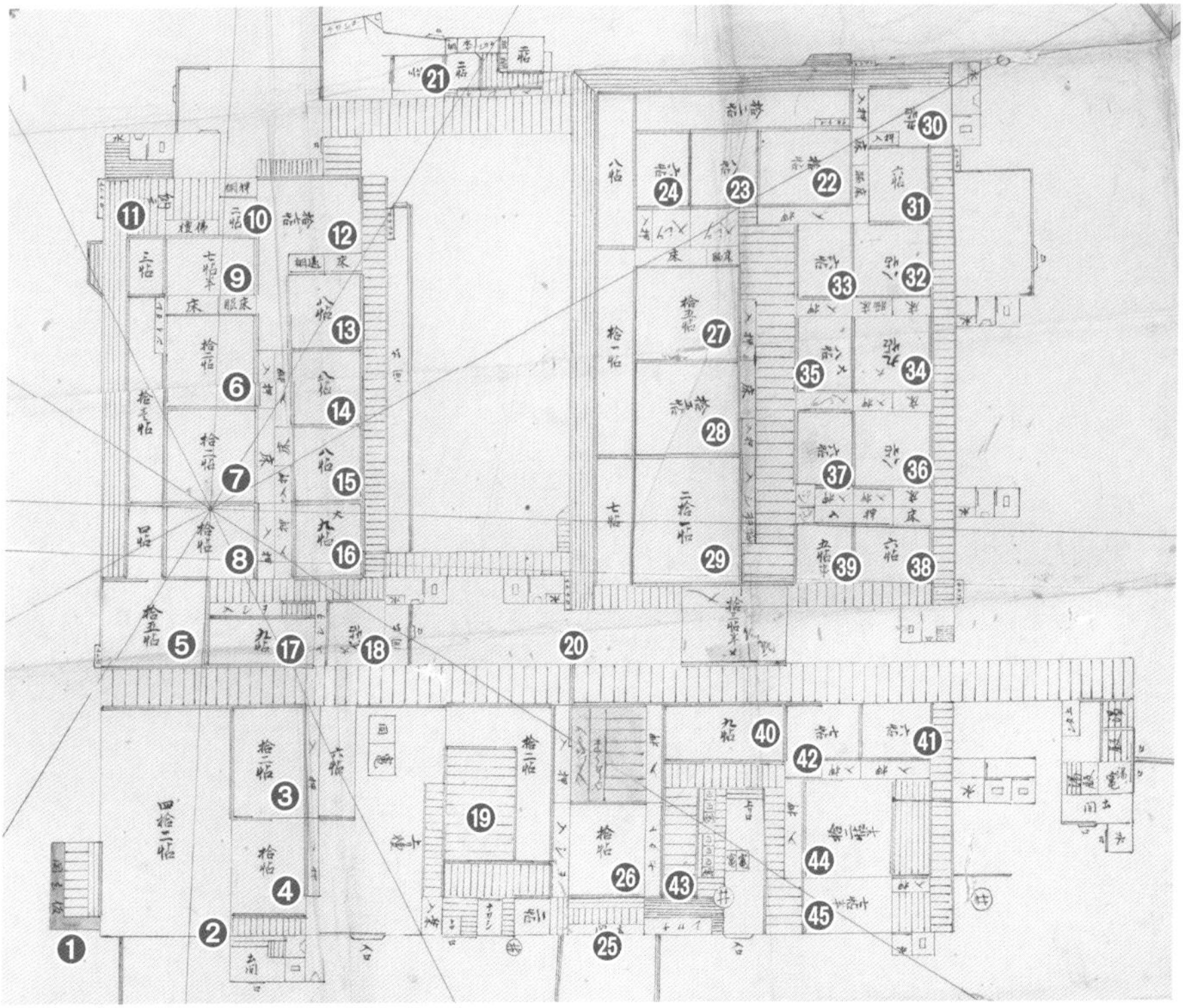

❶仮玄関
❷御玄関 御使者ノ間
❸紅葉之間
❹侍部屋
❺竹之間
❻表御居間 御上之間
❼表御次之間
❽表三之間
❾御仏間
❿御神前之間
⓫納戸
⓬表御小納戸
⓭北御座之間
⓮北ノ御座之間 御次
⓯表御子様方 御部屋
⓰表御子様方 御部屋御次之間
⓱詰所
⓲御祐筆部屋
⓳御台所
⓴御錠口
㉑御中奥御茶所
㉒御中奥御居間
㉓御中奥御次之間
㉔御中奥御三之間
㉕玄関
㉖御広敷
㉗大奥御対面所 上ノ間
㉘御対面所御次
㉙御対面所三ノ間
㉚御鈴之間
㉛御化粧之間
㉜奥様御居間
㉝奥方様 御居間御次
㉞鶴之間
㉟鶴之間御次
㊱菊之間
㊲菊之間御次
㊳鷺之間
㊴鷺之間御次
㊵御茶之間部屋
㊶御老女部屋
㊷御老女部屋 御次之間
㊸御台所
㊹女中部屋
㊺御茶之間

図6　天保再建屋敷絵図　上屋敷御殿部分（右が北）

面接客をおこなう表御居間、北側は若殿様たち男子の居室となる表御子様方御部屋が配置される。

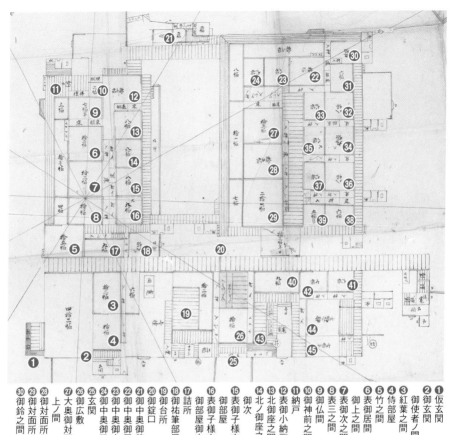

台所棟の北部に接続する奥棟は大奥御中廊下を囲むように、西側に御中奥御居間、北側に奥様御居間とそれに並ぶ鶴之間、菊之間、鷺之間の3室、南側に御殿内最大規模の大奥対面所が並ぶ。それぞれ、主人となる殿様の居室、奥様と姫様たちの居室、殿様の家族や近しい家臣との対面をする室群が配置される。

以上の間取りから天保度上屋敷御殿では、公的な対面接客の場である表、当主の居住空間である中奥、女性の居住空間や私的な対面の場である大奥という領域を設定していることがわかる。この領域設定は天保類焼屋敷絵図の上屋敷御殿と共通するが、棟内を区分したり横断したりする形で設定する点は類焼以前の上屋敷御殿と異なる。表・中奥・大奥という空間構成は、江戸城の御殿をはじめとする大名屋敷とも共通する。それを示す間取りの特徴として、規模構成が相違するとはいえ中奥と大奥をつなぐ御鈴之間などは江戸城本丸御殿の御鈴之廊下に該当する構成としてあげられる。

安政屋敷絵図

　再建された西高木家陣屋ではその後、表門、上屋敷御殿などの改修、焼失後しばらく再建されていなかった下屋敷の造営などがおこなわれている。これら天保再建以降の建物の変遷を描くのが図7の安政屋敷絵図である。

　安政屋敷絵図は「家敷全図」と記された包紙に収納される、大きさ220×265㎝の家相図である。天保再建屋敷絵図と同様、上屋敷御殿をはじめとする複数の建物名称や間取りなどを記載するものの、部屋の名称の記載はない。一方で、天保再建屋敷絵図には記載のない下屋敷関連建物の間取りを含む陣屋全域を描いている。

安政屋敷絵図にみる上屋敷の改修

　安政屋敷絵図に描かれる表門は、天保再建屋敷絵図には表仮門と記載された簡易的な門塀から、門の両脇に見張がついた長屋状の建物が取り付く形式になっている。また、天保再建屋敷絵図では仮玄関と記載され玄関の東面と南面のみだった敷石が、安政屋敷絵図では、玄関周囲に敷かれ、玉石敷や表門まで続く延段などとともに外構を整備している。この改修がおこなわれた時期について、表門の間取りに対応する外観が鳥瞰図（48ページ）に描かれる。鳥瞰図は天保8年（1837）頃から嘉永5年（1852）頃までの様子を描くことから、改修は天保8年以前とみられる。

　上屋敷御殿は安政4年（1857）に改修された。このときの改修は「新規御普請下絵図入」に納められた図面一式によると、女性家族が生活する奥棟北面の諸室、表棟と奥棟の間に位置する中庭、奥棟の殿様の居室に面する庭などが検討されたようである。なお、天保再建時では鷺之間だった部屋は、安政改修時に梅ノ間に名称が変更される。図7にはこの改修後の様子が描かれている。安政の屋敷改修がおこなわれた経緯については、安政4年9月に12代当主貞広が後妻を迎えていることに起因すると考えられる。

安政屋敷絵図にみる下屋敷の再建

　天保3年の類焼以後、文書に下屋敷の造営について確認できるのは嘉永に入ってからである。「御下屋敷御普請中日記」には、嘉永4年（1851）11月付の下屋敷の造営に関する大工の請負書が掲載される。請負書には、天保度上屋敷御殿の台所棟を請け負った大工と同じ吉田武太夫、三輪弥五郎という名が確認でき

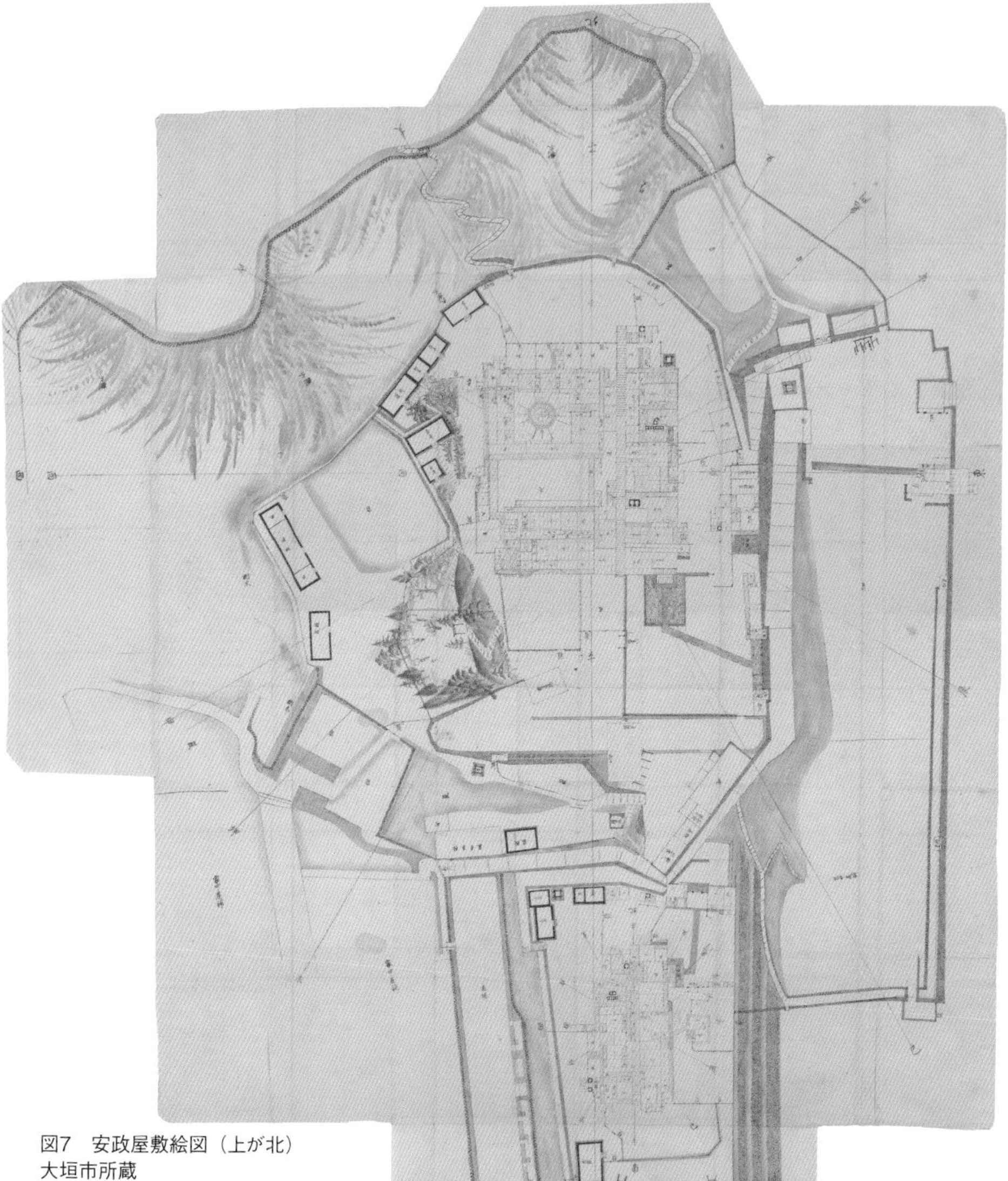

図7　安政屋敷絵図（上が北）
大垣市所蔵

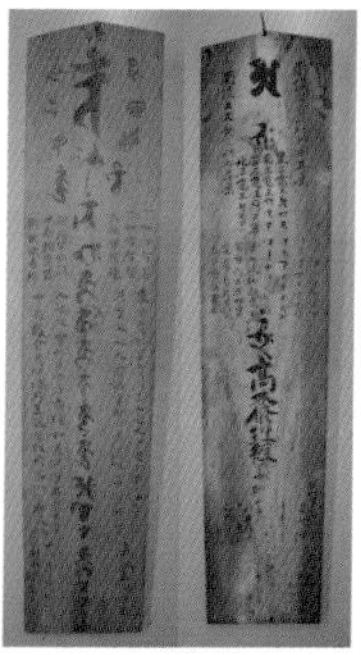

図8　嘉永度下屋敷表門棟札（現状西高木家屋敷表門）裏（左）表（右）
大垣市教育委員会提供

る。この2名の名前は下屋敷御門を曳家《ひきや》した現存表門の棟札にも確認でき、棟札には嘉永5年11月の年紀が入る（図8）。棟札や造営文書などから、下屋敷御殿とその御門は嘉永5年の再建とみられる。

　このような嘉永度下屋敷御殿の平面を描く屋敷絵図は、現時点で図7の安政屋敷絵図のみである。

下屋敷部分の記載については、主屋となる御殿のほか、御門、土蔵などの建物を記し、建物内には畳の枚数、床・棚・押入などの設《しつら》えを書き込む。記載のない部屋名については、部屋名が散見できる資料との比定から、その配置がほぼ明らかとなる。

安政屋敷絵図にみる下屋敷御殿

嘉永度下屋敷御殿は大きく2棟の建物からなる（図9）。西側に位置する建物は南北方向に棟が延び、間取りは中央を通る中廊下を挟み、大きく東側と西側の室群に分けられる。式台玄関・御使者之間・御書院・御対面所・御居間などを配置する東側が表向の場、御台所・御茶之間・茶之間部屋・女中部屋・御老女部屋・奥様御居間などを配置する西側が奥向の場となる（書院棟）。一方、書院棟東側に廊下で接続される建物は、御席・御席三畳御間などからなる茶室である（数寄屋棟）。また、屋敷絵図に記載はないが、造営に関する資料には位置不明な二階座敷、別の資料には詳細不明な御舞台の存在が確認できる。このような数寄屋棟、舞台、眺望可能な二階座敷などの遊興機能を備えた点が上屋敷御殿とは異なる下屋敷御殿の特徴である。

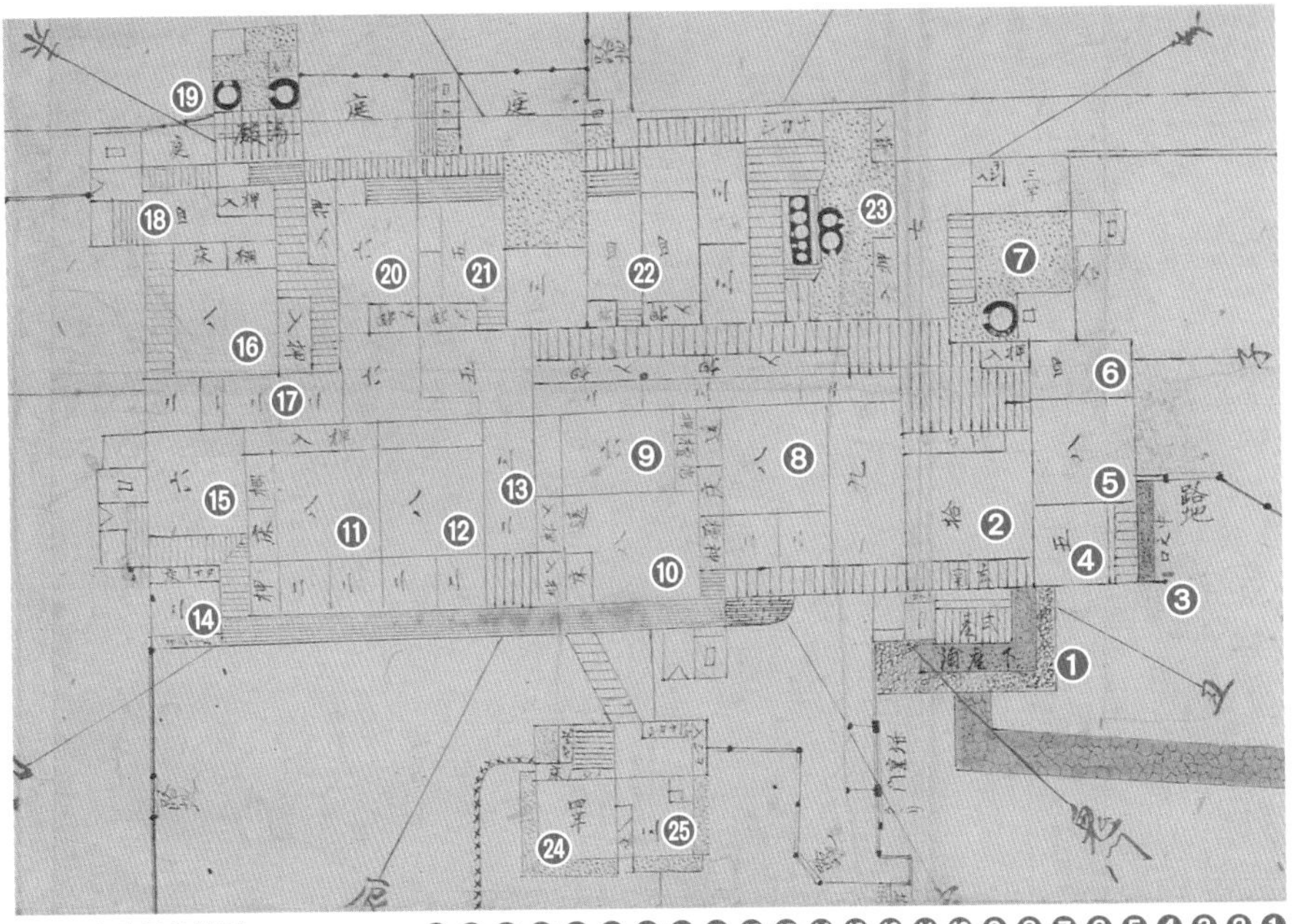

図9　安政屋敷絵図
下屋敷御殿部分（右が北）

❶式台玄関
❷御使者之間
❸中之口
❹侍部屋
❺御玄関北御客之間
❻北御次之間
❼表御台所
❽御書院
❾御仏間
❿御対面所
⓫御中奥御居間
⓬御次之間
⓭御三之間
⓮御二畳敷
⓯御納戸
⓰奥様御部屋
⓱奥御次之間
⓲御化生之間
⓳湯殿
⓴老女部屋
㉑女中部屋
㉒御茶之間
㉓御台所
㉔御席
㉕御席三畳御間

嘉永度下屋敷御殿は、天保8年（1837）頃に上屋敷御殿の奥棟北側に新御殿として増築された若殿様御部屋を曳家《ひきや》し、改修を加えて再建された経緯が造営に関する資料から明らかとなっている。以上から下屋敷は若殿様（12代貞広）の独立した屋敷や、類焼下屋敷と同様に殿様（11代経貞）の隠居家として造営されたと考えられる。

明治期の屋敷再編

明治2年（1869）、西高木家は所領を返上した。この時期西高木家は官職を得るため新政府に対し、さまざまな働きかけをおこなったが叶わなかった。明治4年（1871）8月には貞広が死去。養子の貞正が跡を継ぐ。この後、屋敷は再編されることとなる。「御屋敷御主法之覚」という資料には、上屋敷御殿の奥棟を住居とする内容のほかに、表棟などを取り払うこと、下屋敷も取り払い、下屋敷の御門を上屋敷へ曳《ひ》くべきことなどを記し、屋敷地再編の計画図であるスケッチを挿入する（図10）。また、養蚕や桑・茶の木の栽培を進めることなど、生業を含む屋敷全体の再編計画が示されていた。

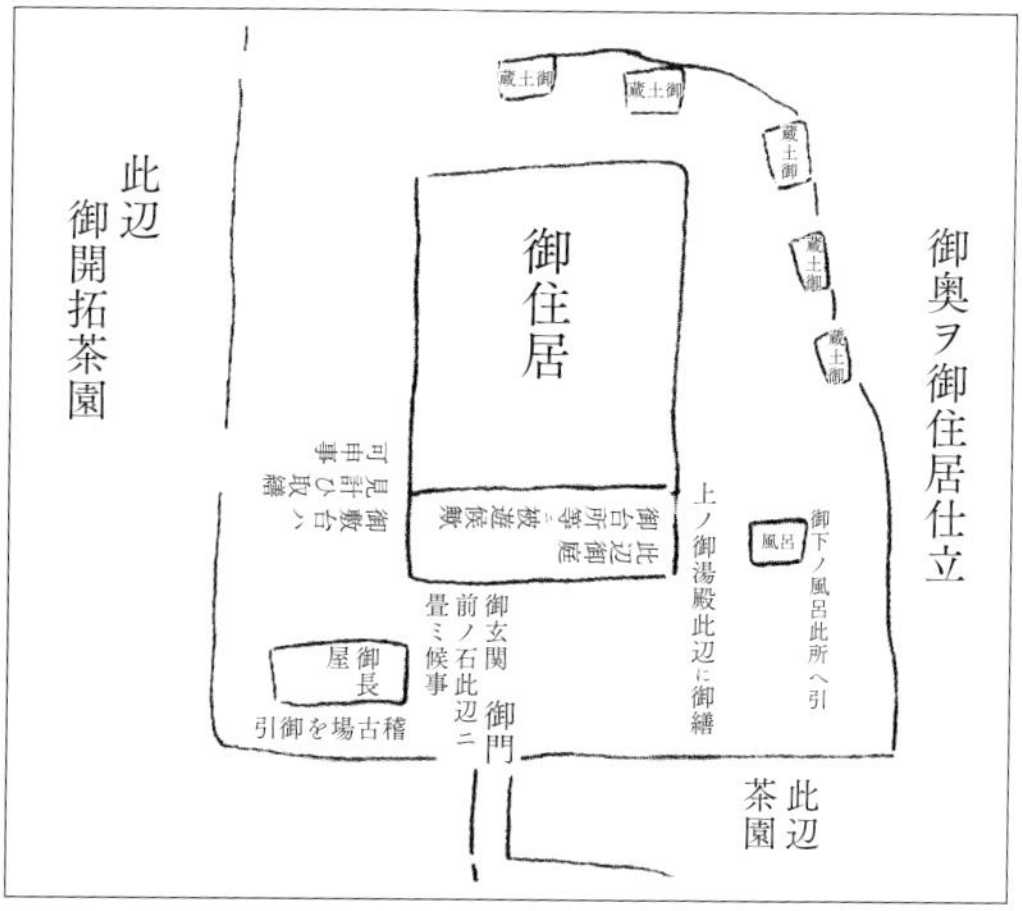

図10　御屋敷御主法之覚（高木家文書）より屋敷再編の計画図（書き起こし、右が北）

明治5年以降進められた屋敷の再編は、旧奥棟を中心に屋敷規模を縮小していった。屋敷再編後に関連する屋敷絵図に「五百分一ノ縮図」と記される配置図がある（図11）。この図に描かれる中央の主屋は規模や形状から天保3年（1832）造営以来の奥棟と考えてよい。奥棟の位置に変更はないが、外形線で記される屋敷地は、安政屋敷絵図の上屋敷の北半部に相当し、門の位置も安政屋敷絵図とは異なり、新たに設定された敷地の南面に位置する。

主要な建物については、旧建物を改修・曳家して造営されたと考えられる。曳家した建物は下屋敷から曳いた表門が該当するほか、主屋南西の位置に正方形に近い外形で描かれる茶席もそのひとつである。また、屋敷地東端に養蚕室を描くが、他の絵図にも同じ建物が描かれることから、実際に建造されたと考えられる。

屋敷再編後とみられる古写真（図12）には、奥から明治御殿、表門、茶畑が写っている。「御屋敷御主法之覚」によって提案された、生業も含む再編計画が現実に実行されたことがわかる。

屋敷再編から約20年後、御殿は再び規模を縮小して改修された。このとき御殿を一部切り組み直すことにより縮小したものが現存主屋である。

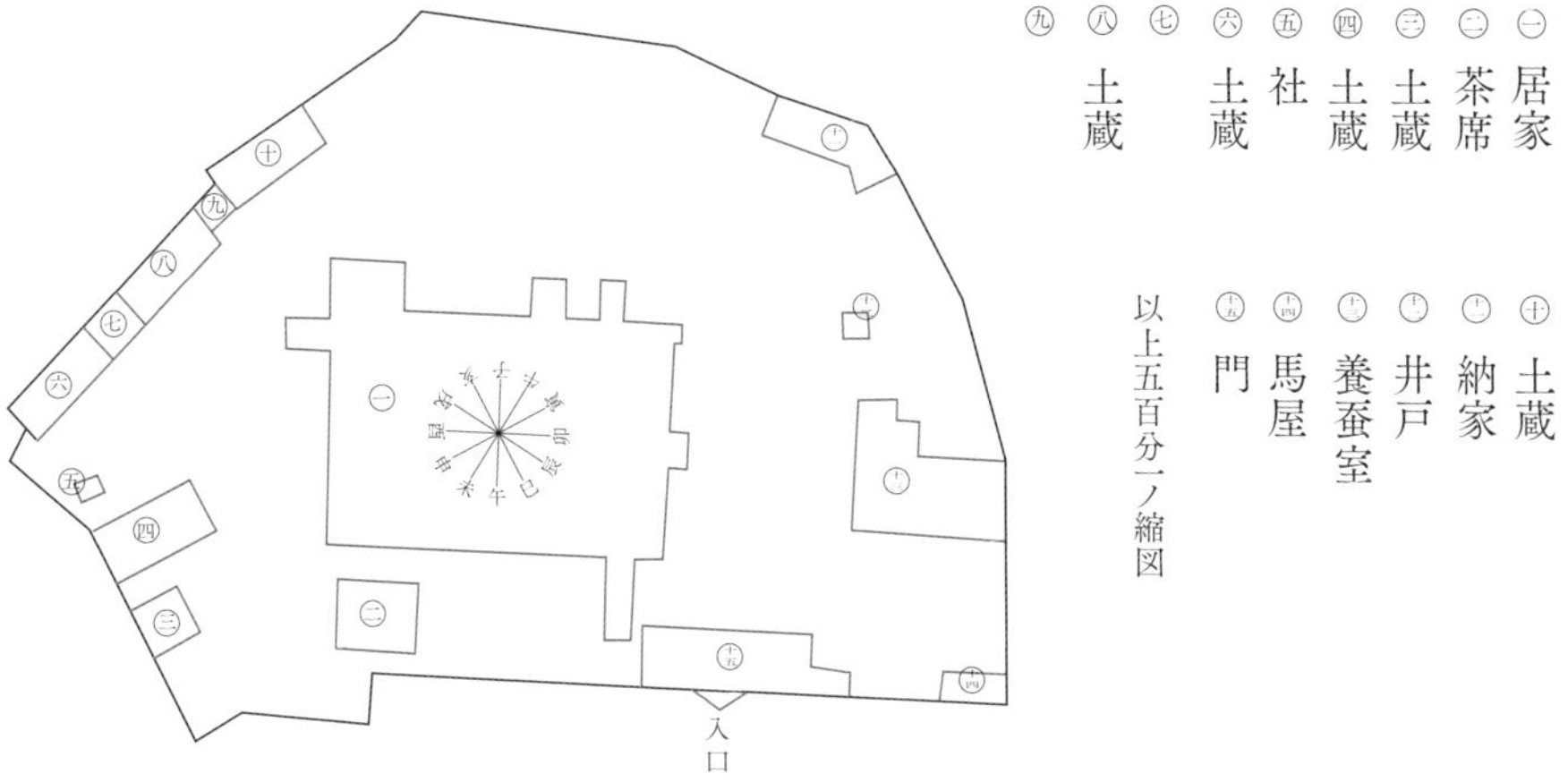

図11　五百分一ノ縮図　高木家文書（書き起こし、上が北）

現存主屋は、10畳・8畳・6畳に床・付書院を構え入側《いりがわ》がつく書院座敷と台所部分を備えた東西棟の建物（書院座敷棟）に、式台玄関・茶室・10畳二間の座敷を備えた南北棟の建物（南座敷棟）が南に取り付く構成である。

地鎮時のものと考えられる現存主屋の棟札には「明治廿九年八月廿二日」（図13）、上石津郷土資料館に所蔵される上棟棟札には「明治廿九年十一月十一日」の年紀が入り（図13）、工事の進捗状況がわかる。また発見棟札には大工棟梁を「吉田鎌三郎」と記す。明治の一連の作事に関わる吉田鎌三郎は、先述した天保3年類焼後の造営において台所棟、嘉永5年の造営では下屋敷および御門に携わった吉田武太夫の後裔である可能性が高い。

貞正は明治26年（1893）まで多芸・上石津郡長をつとめ、翌年には第3回衆議院選挙に当選する。屋敷地の整備はこのような要因に基づきおこなわれた可能性がある。

図12　屋敷再編後の古写真　明治7年（1874）頃
高木家提供

図13　現状主屋棟札（右）
上石津郷土資料館所蔵棟札（中・左）
いずれも大垣市教育委員会提供

陣屋の建築から探る暮らし向き

東高木家陣屋の近世

東高木家陣屋と屋敷絵図

東高木家は、高木家二代貞久の五男貞友にはじまる家系である。西高木家陣屋の東側に伊勢街道を挟み、南北に細長い敷地に陣屋を構えた。敷地は御殿が位置する北部、別荘の景雲亭が位置する中央部、長屋状の建物が建ち並ぶ以外詳細不明な南部の3つの区画で構成された（図1）。

東高木家の旧蔵文書は、現在、名古屋市蓬左文庫、徳川林政史研究所、個人などによって所蔵される。このうち筒井氏所蔵東高木家文書には、東高木家陣屋に関係する屋敷絵図が伝わっている。ここでは東高木家陣屋を描く代表的な屋敷絵図2点を取り上げ、陣屋の北部と中央部における様相と建築についてみていきたい。

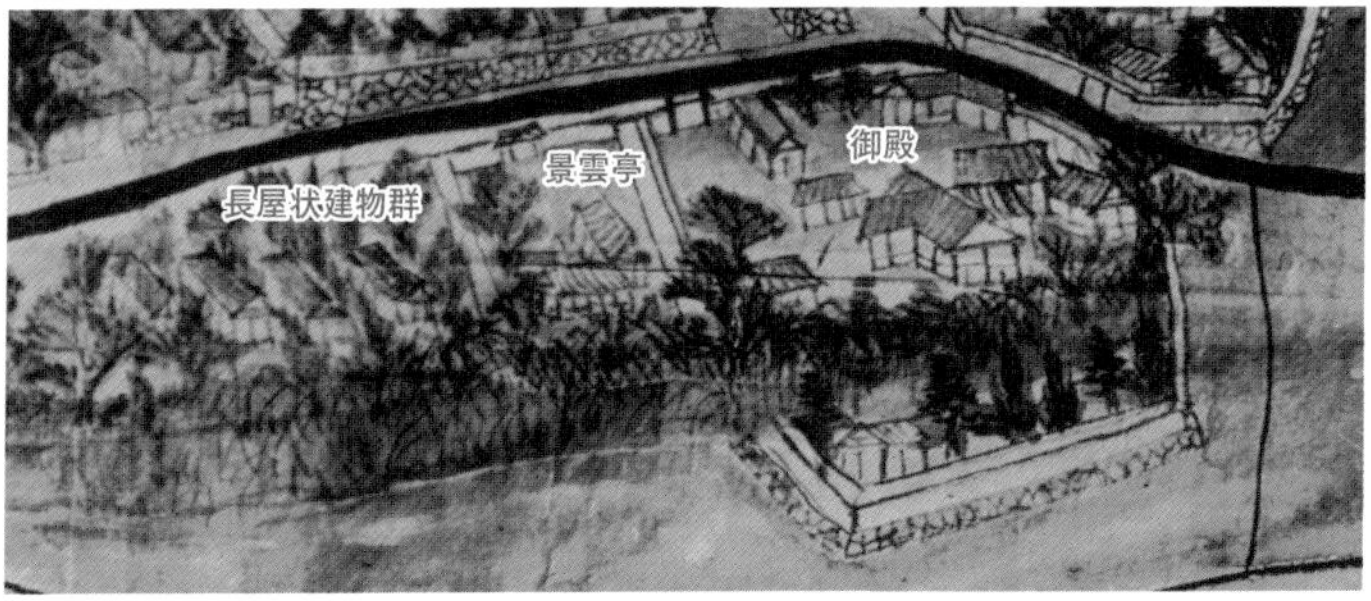

図1　高木三館鳥瞰図の東高木家陣屋部分（右が北）

文政3年屋敷絵図

「上下御館内御絵図弐枚入」と記された紙袋に入れられる、大きさ113・2㎝×58・6㎝の屋敷絵図には「文政三年之頃マテ此之通」と年紀が入る（図2）。文政3年屋敷絵図は陣屋の北部を描いたものであり、図の四方には方位が入る。屋敷中央部には主屋となる御殿、北部には二階建ての離れ、伊勢街道に面する西部には長屋を構えるほか、南西部には枡形と門が描かれる。各建物には柱、床、押入の位置、畳割と畳の枚数、部屋の名称を記載し、棟筋の位置には朱線が引かれる。畳敷は黄色または茶色、板敷を赤色で塗り分ける。訂正箇所のほか、離れの二階部分の表記に貼紙を用いる。

御殿（図3）は、玄関、使者間、書院からなる表の部分、広間に隣接する仏間や2つの座敷からなる部分、その奥に奥居間を中心とする部分、これらの室群が台所や茶之間などからなる台所部分に接続す

図2　文政３年屋敷絵図（上が北）　文政３年（1820）　東高木家文書（個人所蔵）

る構成となっている。台所と茶之間の間に位置する錠口と広間は、西高木家の御殿と同じく表と奥の領域を区分する境界であったと考えられる。

注目できるのが御殿北側に廊下で接続される離れの存在である。炉を切った四畳半の茶室と、竹垣に囲まれ庭を見下ろせる二階座敷という構成からは、離れが遊興的機能をもった建物であったことが考えられる。一方、台所、仏間、神棚など、独立した住居としての機能も備えている。以上は、西高木家の嘉永度下屋敷御殿と共通する特徴であり、東高木家の離れも前当主の家族が住む隠居家に用いられたと考えられる。

景雲亭屋敷絵図

御殿が建てられた敷地北部を描く文政3年屋敷絵図に対

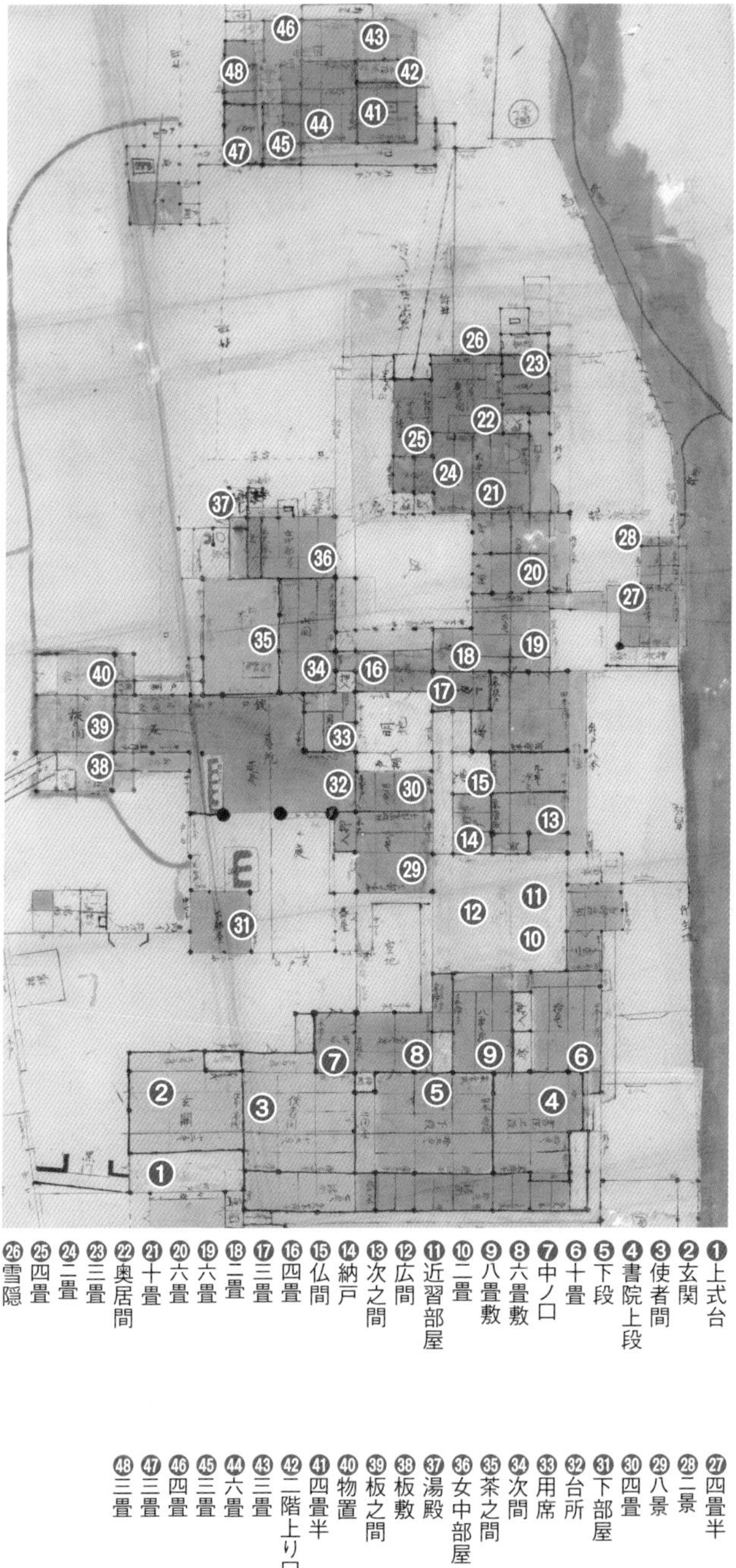

❶上式台
❷玄関
❸使者間
❹書院上段
❺下段
❻十畳
❼中ノ口
❽六畳敷
❾八畳敷
❿二畳
⓫近習部屋
⓬広間
⓭次之間
⓮納戸
⓯仏間
⓰四畳
⓱三畳
⓲二畳
⓳六畳
⓴六畳
㉑十畳
㉒奥居間
㉓三畳
㉔二畳
㉕四畳
㉖雪隠
㉗四畳半
㉘二景
㉙八景
㉚四畳
㉛下部屋
㉜台所
㉝用席
㉞次間
㉟茶之間
㊱女中部屋
㊲湯殿
㊳板敷
㊴板之間
㊵物置
㊶四畳半
㊷二階上り口
㊸三畳
㊹六畳
㊺三畳
㊻四畳
㊼三畳
㊽三畳

図3　文政３年屋敷絵図　御殿部分（上が北）

し、別荘が建てられた敷地中央部を描く屋敷絵図が図4の景雲亭屋敷絵図である。

景雲亭屋敷絵図は、「景雲亭別荘也東館南焼失後暫之借用住之者也」、「文政丁亥十年弥生書」など、建物名と来歴、年紀が記載される、大きさ69・8×69・4㎝の屋敷絵図である。正方形に近い敷地に、主屋のほか浴室2棟と無名の建物1棟の外形線が記される。主屋には方位、床や押入の位置、畳の枚数を記入する。主屋はコの字型をしており、玄関から6畳、6畳、床を構える8畳からなる室群が続き、向かい合う床を構える8畳間と仏壇を構える8畳間、仏間に接続する6畳間と続く7畳半間、台所部分などから構成される。

屋敷絵図に記載される来歴によると、景雲亭は東高木家陣屋が火災にあった際に仮住居として用いられた別荘である。このことから、非常時には御殿の代わりを果たす機能を有した施設であったと考えられる。

❶玄関
❷六畳
❸六畳
❹八畳
❺八畳
❻八畳
❼二畳
❽三畳
❾六畳
❿七畳半
⓫浴室
⓬浴室

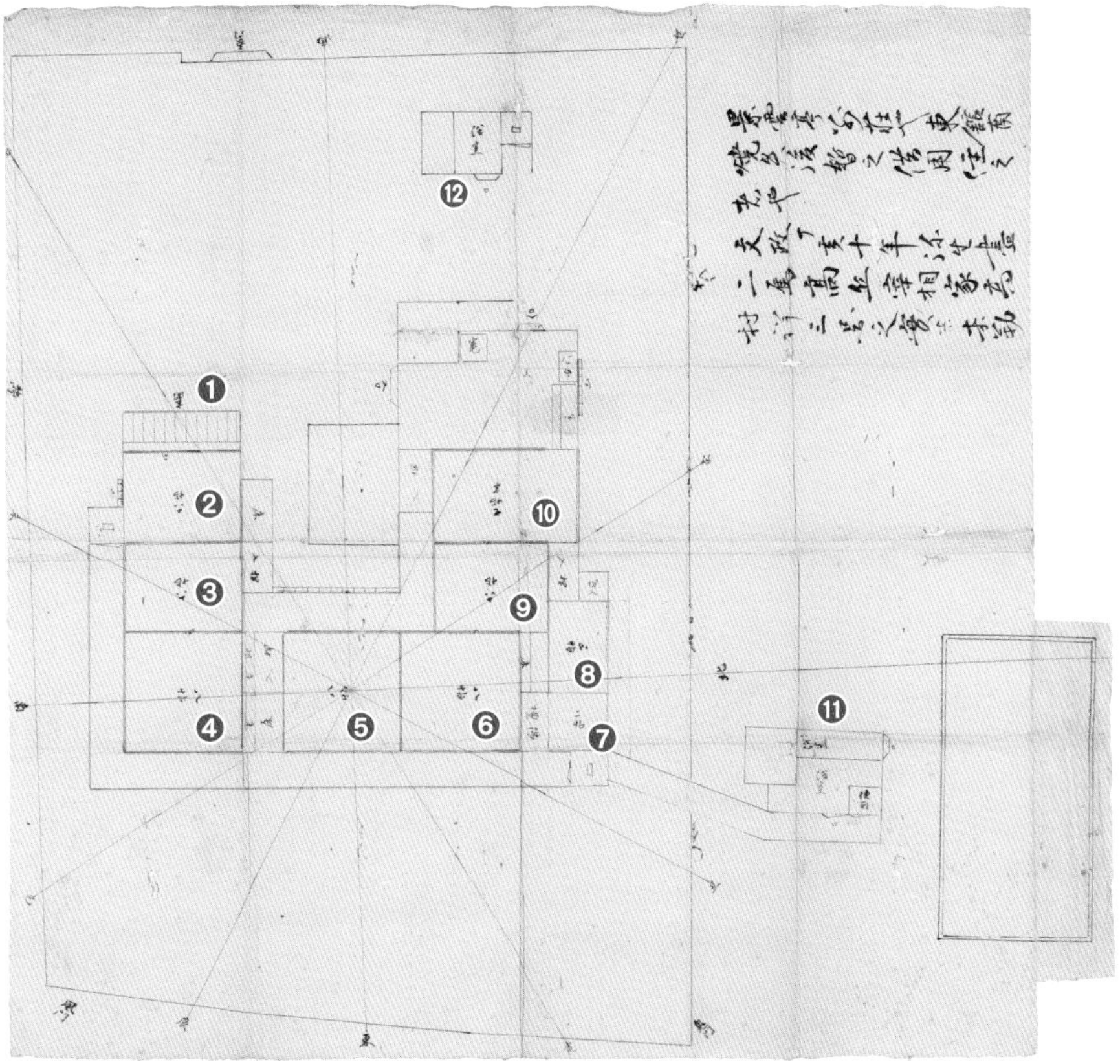

図4　景雲亭屋敷絵図（右が北）　文政10年（1827）　東高木家文書（個人所蔵）

屋敷庭園の空間を読み解く

高木家陣屋の建築と庭

高木家陣屋の庭

近世の武家屋敷、とくに大名が構えた屋敷の庭園は、大きな池を中心に配して周囲に園路をめぐらす池泉回遊式庭園や、茶室などの数寄空間に植栽や飛石などを配置する露地などで構成される。高木家陣屋に関する屋敷絵図からも庭に関する描写が確認でき、建物の室空間との結びつきが非常に強い特徴を有していることがわかる。

ここでは、高木家陣屋の御殿および遊興施設と、これらに付属する庭および眺望できたであろう景観との関係について、描写される屋敷絵図からみていきたい。

天保度上屋敷の庭

表棟に付属する庭

西高木家の天保度上屋敷御殿には表棟南側、中奥西側、奥棟南側と北側の大きく4カ所に庭が位置する。

安政屋敷絵図によると表棟南側の庭は3つの空間に分けられる（図1）。1つ目は竹之間と表御居間の御三之間前の塀で囲まれた空間、2つ目は表御居間の御上之間と御二之間に面する、竹で組まれた矢来垣《やらいがき》で囲まれた空間、3つ目が矢来垣の向こうに位置する秋葉宮・八幡宮・稲荷宮の三社を祀る築山上の空間である。先の2つの空間については、安政屋敷絵図にも庭の構成を把握できそうな詳細な描写はない。一方で、三社を祀る築山は植栽や階段、鳥居などを詳細に描写する。このような築山を、表御居間の御上之間と御二之間からは、前面

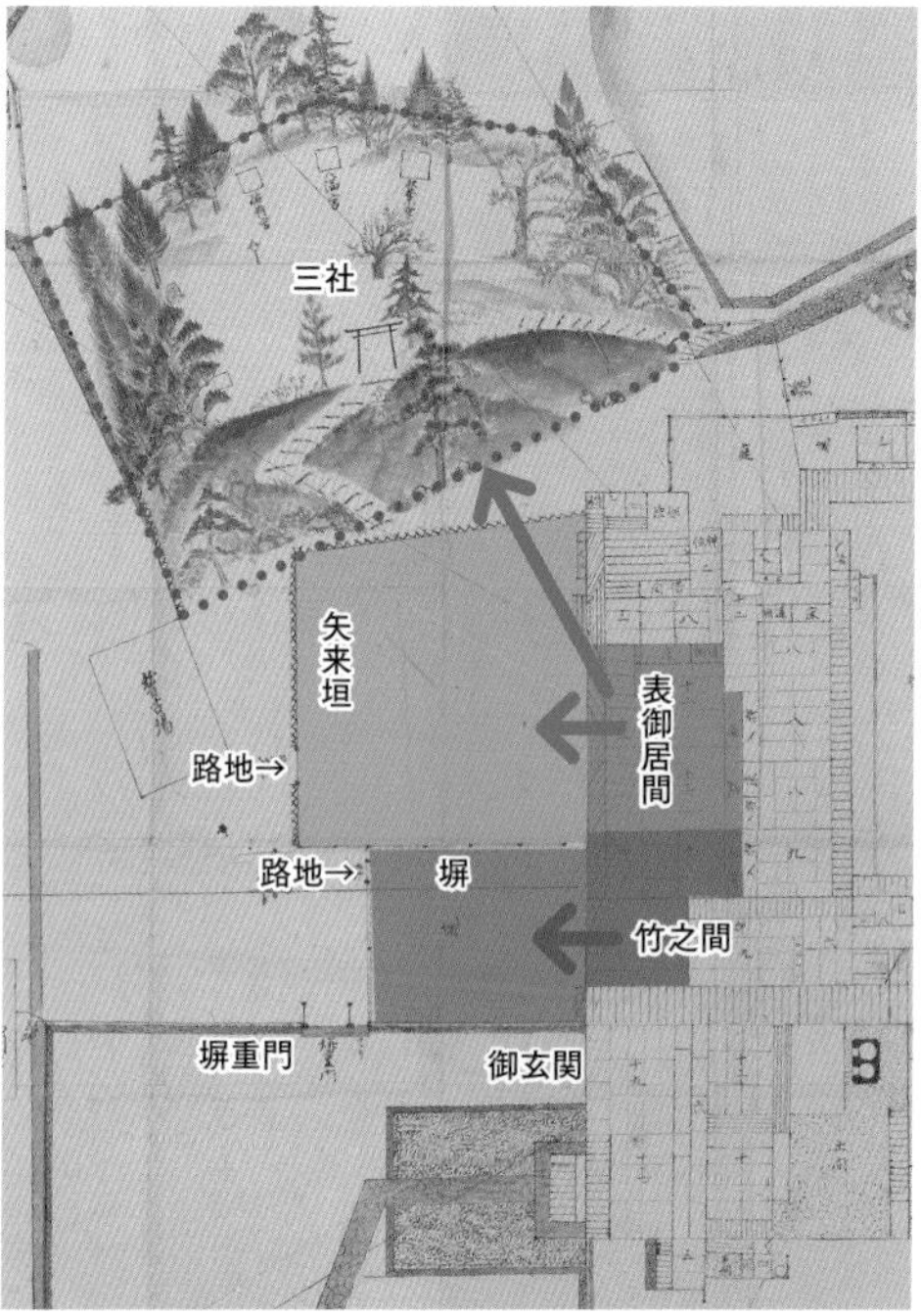

図1　表棟に付属する庭　安政屋敷絵図に加筆・着色

の庭越しにみていたと考えられる。

御殿を訪れた客人や家臣は、御殿の主人との関係により応対する室が区分される。これに伴い室空間に属する庭も区分され、室からみる庭の景色にも差異が生まれたのである。

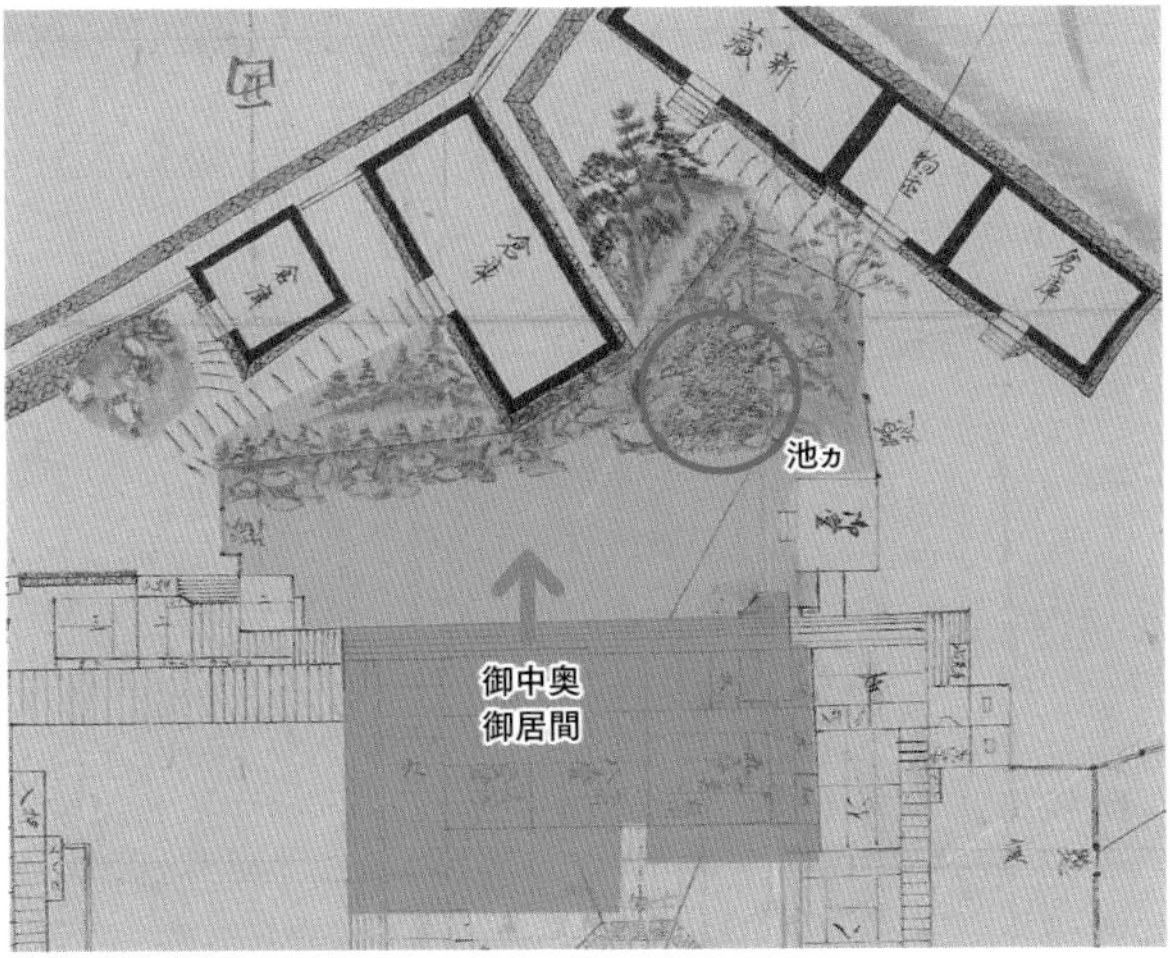

図2　中奥御居間に付属する庭　安政屋敷絵図に加筆・着色

中奥御居間に付属する庭

西高木家の天保度上屋敷御殿において最も重要視されたと考えられる庭が中奥の庭である。安政屋敷絵図には、植栽、池、築山が揃った築山泉水庭の姿が確認できる（図2）。この構成は大名家の庭園などでは大規模に造園されることが多い。

一方、高木家の庭では、安政屋敷絵図の時点で唯一池を配置した庭であり、殿様の居住空間である中奥御居間は、部屋の意匠も格式が高く、明治の屋敷再編でも残されるなど、天保度上屋敷御殿において最も大切に扱われた室群である。その室群に属する庭を含め、重要な空間として位置づけられたのであろう。

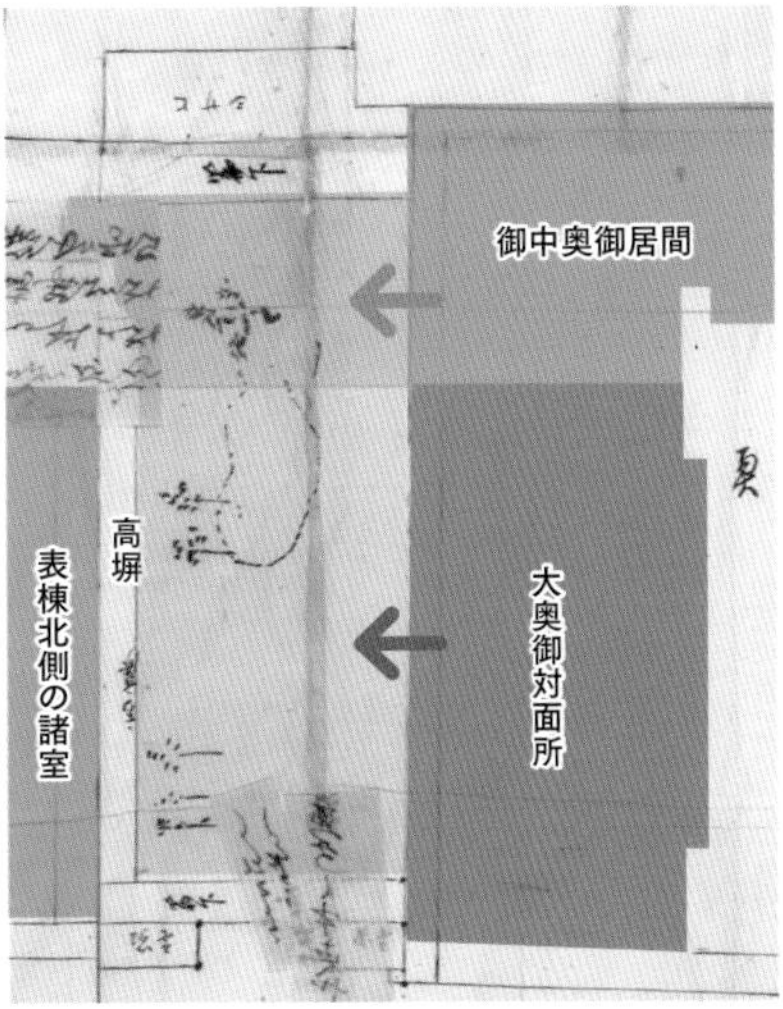

図３　大奥御対面所に付属する庭　新規御普請下絵図（高木家文書）に加筆・着色

大奥御対面所に付属する庭

奥棟南側に位置する庭については、安政の改修に関連する「新規御普請下絵図」に唯一描写がみられる（図3）。「此所庭緑水有之《これあり》、右取払埋土之義庭ニ致度」と注記する付箋が貼られることから、安政の改修までは「新規御普請下絵図」に描かれるように植栽と池を配置し、その後、注記のように池を埋め立てたことになる。表棟と奥棟の間に位置することから一見中庭にみえるこの庭は、表棟北側の諸室からは塀で塞がれ見ることができず、奥棟南側の大奥御対面所に付属する庭であった(図3)。同じ私的空間でも居室に用いた表棟北側より、対面に用いた大奥御対面所を重要視していたことがわかる。また、大奥対面所の次之間には庭を向いて床が設置され(図4)、床を背に庭を向いて座視していた様子もみえてくる。

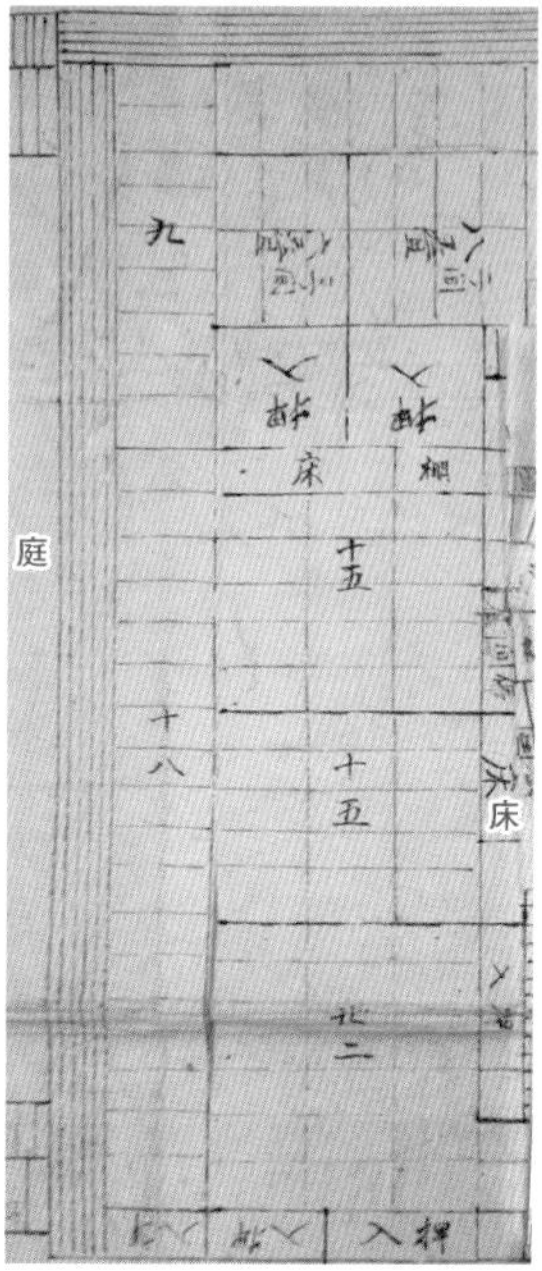

図4　庭を向く大奥対面所次之間の床　安政屋敷絵図より

大奥の居室に付属する庭

奥の北側には、西から奥様御居間、鶴之間、菊之間、梅ノ間が並ぶ。これら奥棟北側の諸室には安政の改修以後、各室ごとに塀で囲まれた小規模な庭が整備された(図5)。庭の詳細は不明だが、各室に付属し、それぞれに出入り口となる路地を設けることから、私的性格の強い庭であったと考えられる。

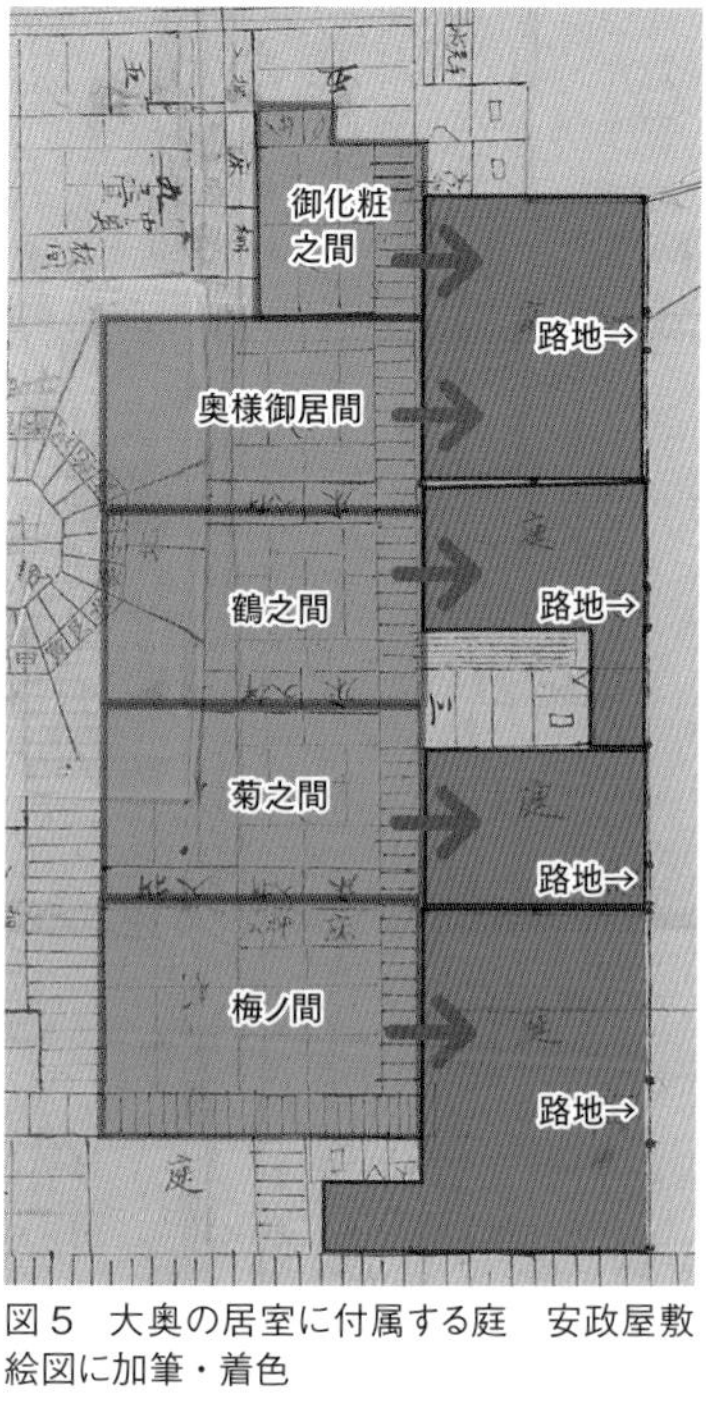

図5　大奥の居室に付属する庭　安政屋敷絵図に加筆・着色

嘉永度下屋敷の庭と遊興施設

茶室に付属する庭

安政屋敷絵図には、下屋敷の玄関前左手の塀重門《へいじゅうもん》を抜けると塀に囲まれた御書院に付属する庭が描かれている(図6)。そこからさらに路地を抜けると、塀と矢来垣に囲まれた茶室である御席に付属する庭がある。双方の庭について具体的な様子を知る描写はないが、茶室の庭は御書院の庭よりも広く、植栽や飛石が配置された露地空間として茶室に相応しい庭が整備されていたことが想像できる。

居室に付属する庭

御居間と奥様御居間に付属する庭は下屋敷の中でも最大の規模を有する(図6)。このうち御居間の庭については、植栽や飛石の配置などの詳細は不明であるものの、隣接する茶室の庭につながらない一方、鎮守につながることから私的な庭といえ、奥様御居間の庭も同じと考えられる。また、室ごとに区切られる老女部屋と女中部屋に付属する庭も、上屋敷御殿奥棟の居室部分や下屋敷御殿の御居間と奥

図6　嘉永度下屋敷の庭（右が北）
安政屋敷絵図に加筆・着色

敷地外（河岸段丘下）

二階座敷想定範囲

様御居間と同じく、私的な庭と考えられる。

二階座敷からの眺望

二階座敷については、安政屋敷絵図上に間取りは確認できないものの、造営に関する文書や年中行事について記した資料から、御居間の上部に数寄屋風意匠の座敷が存在していたことが明らかとなっている。手摺りなどを有した意匠からは、眺望を目的とした室であったと想定できる。ここから眺望できる景色は御居間前の庭だけではなく、段丘上の屋敷、伊勢街道、田畑、向かいの山々など広範囲に及ぶ。眺望できる景色は御居間の庭に取り込まれ、借景の役割を果たしたことであろう。

東高木家陣屋の庭と遊興施設

文政期御殿の離れと庭

御殿の二階建ては東高木家陣屋の文政期御殿の離れにも確認できる。離れを囲む庭のうち、とくに南側の庭は二階座敷の八畳間からも眺望できたと考えられる（図7）。文政3年屋敷絵図には庭の植栽などは描かれておらず詳細は不明であるが、茶室を有する離れの露地空間として植栽や飛石などで構成されたと想定される。

高書院と月見台

包紙に「大正三年三月十六日仮写」と年紀が入った大きさ50・5×26・3㎝の屋敷絵図に描かれる主屋（図8、大正3年仮写屋敷絵図）には、御殿東面に嘉永以降の増築である高書院と月見台という室名が記される。具体的な間取りは不明だが、敷地東端の河岸段丘の崖際に配置する点と室名からは、眺望を目的としたと考えられる。

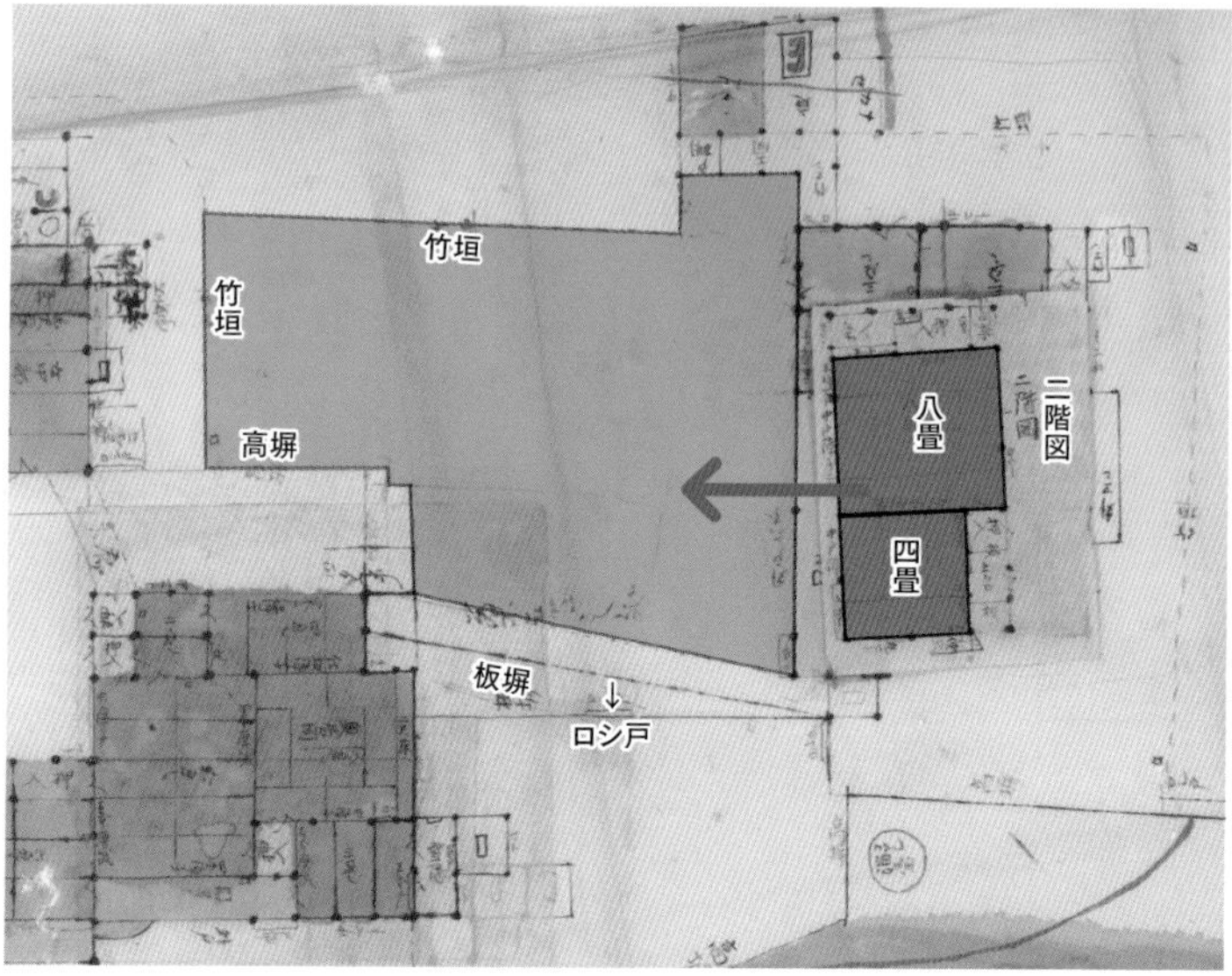

図7 東高木家陣屋文政期御殿の離れと庭（右が北） 文政３年屋敷絵図上に加筆・着色

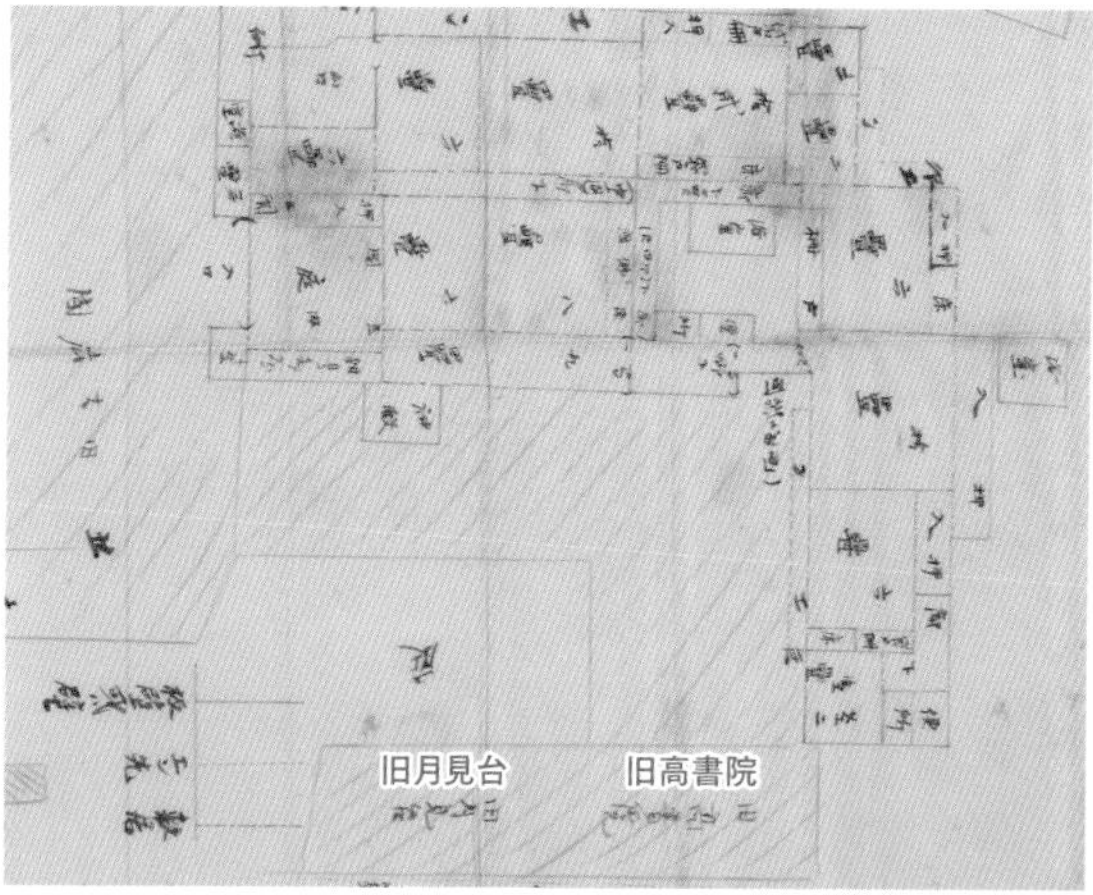

図8 大正３年仮写屋敷図（部分） 東高木家文書（個人所蔵）

西高木家陣屋の遊興施設

明月閣と耕遠楼

　ここまで述べた通り、西高木家と東高木家の御殿には庭や景色を眺望できる室が存在した。御殿はただの執務空間や居住空間ではなく、遊興空間としての役割を含んでいたのである。また、西高木家には御殿以外にも、眺望を目的とした遊興のための複数階建物として明月閣と耕遠楼の存在が確認できる。これら2棟からの眺望はどのようなものであっただろうか。

　西高木家陣屋の桝形虎口南には、天保類焼屋敷絵図に記されるように、天保3年の類焼前から二階建て土蔵造の明月閣が存在した（52ページ）。明月閣の間取りについては、天保再建屋敷絵図と安政屋敷絵図に詳しく、とくに安政屋敷絵図には一階の間取り上に二階の間取りが貼紙される。間取りからは湯殿を備えたこと、二階は伊勢街道に面する東面が床と押入で塞がれ、南面が開放となっていたことなどが確認できる（図9）。湯

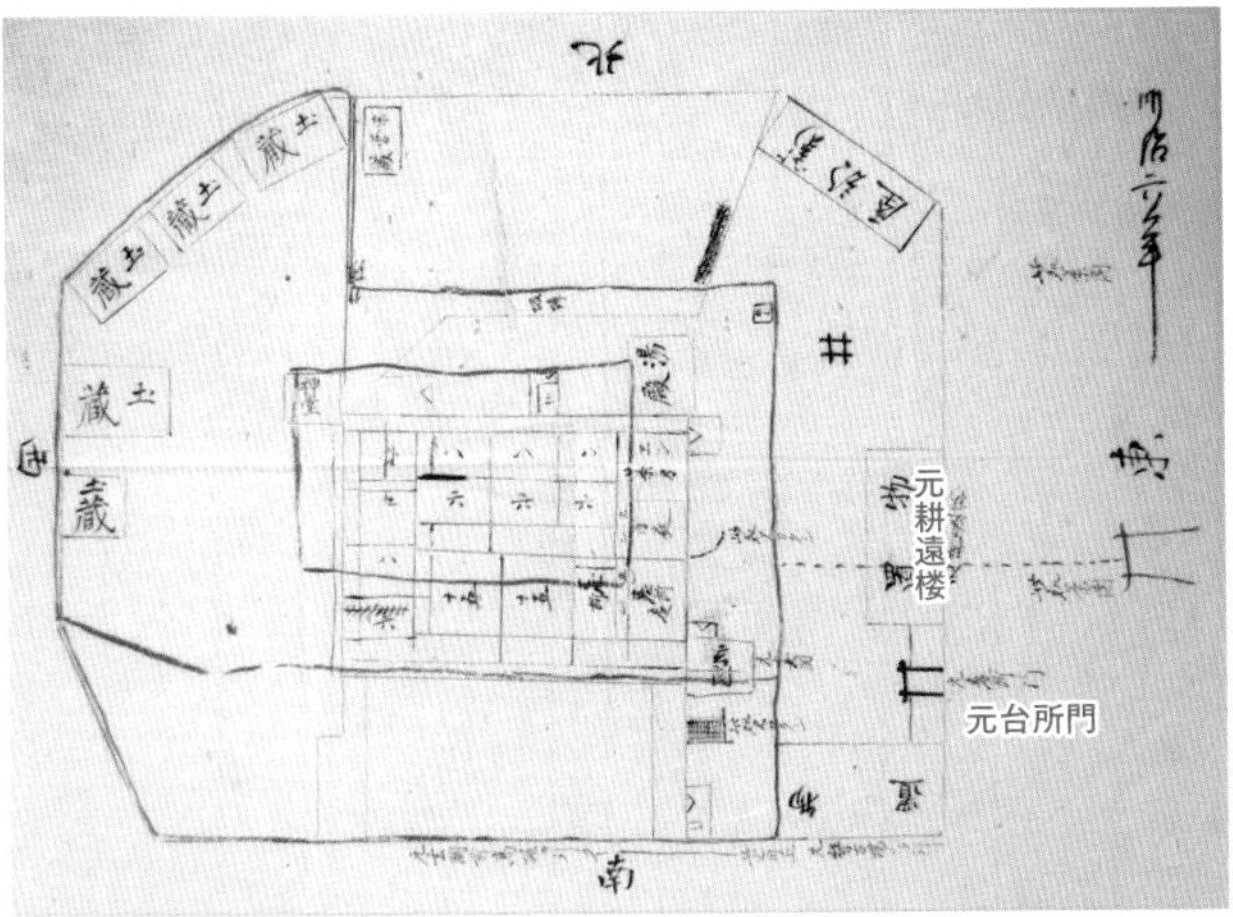

図 10　東面に耕遠楼を配置する屋敷絵図　高木家文書

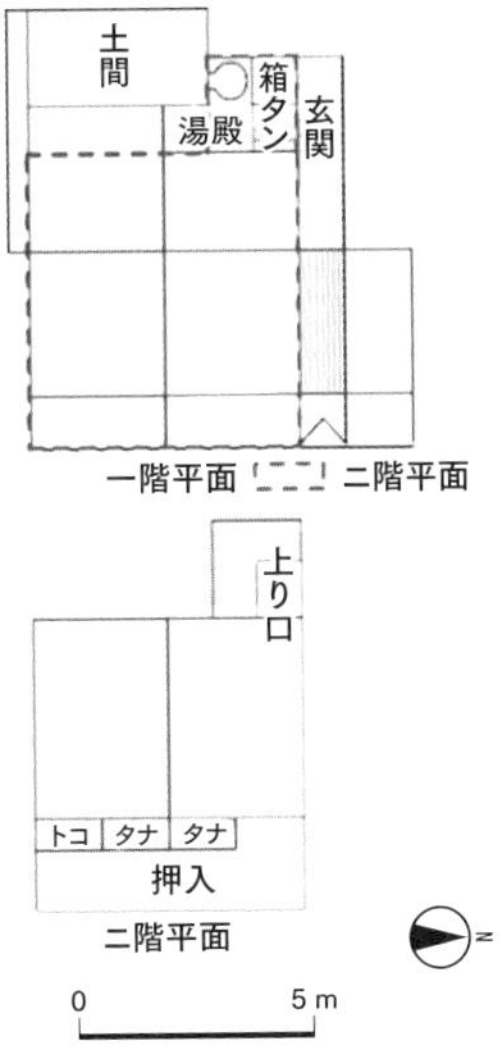

図9　明月閣平面図（書き起こし）
安政５年（1858）頃

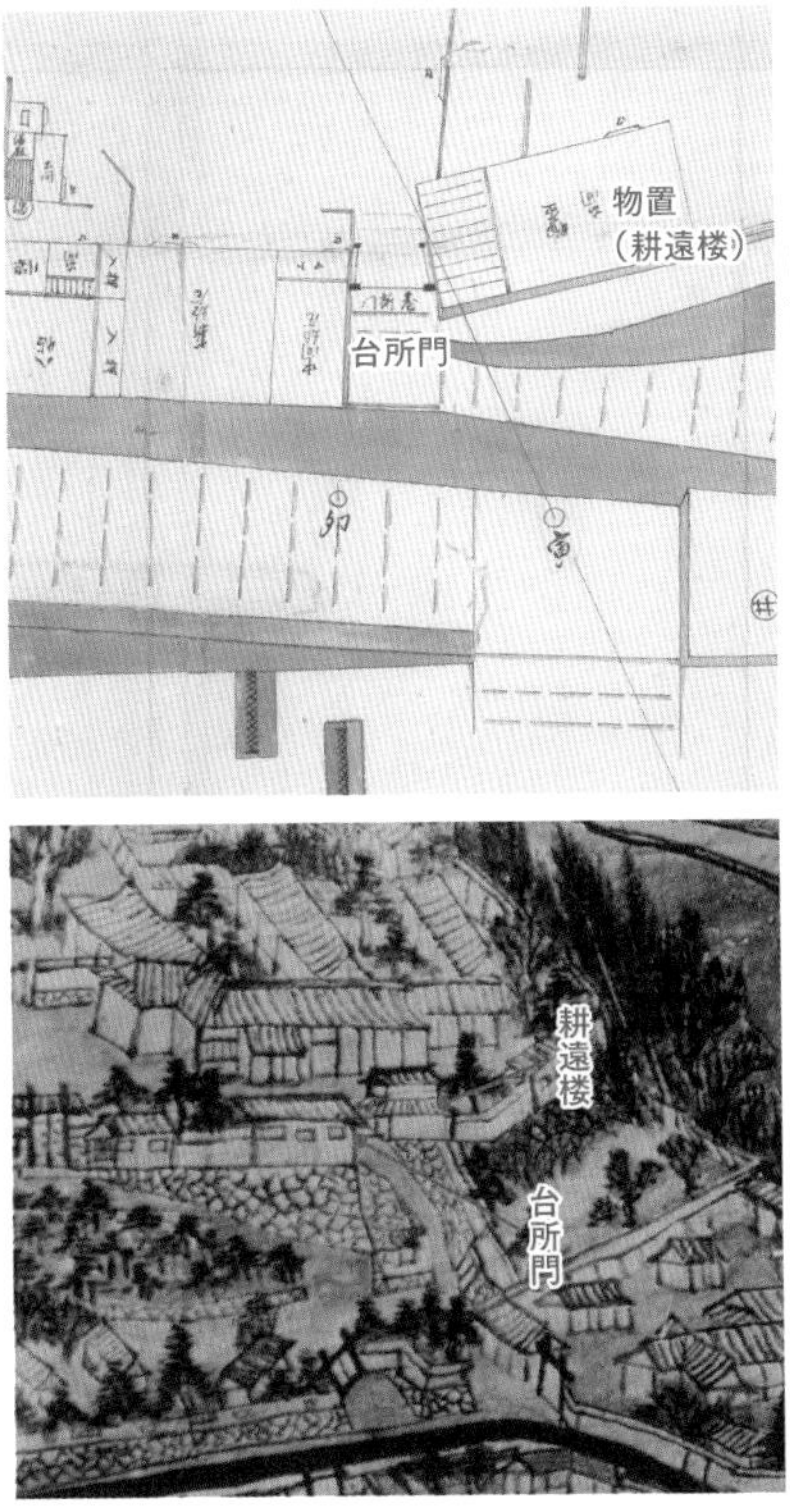

図 11　天保再建屋敷絵図（上）と
高木三館鳥瞰図（下）に描かれる耕遠楼

殿を備えた客館が、具体的に誰を招いたかは不明である一方で、南面に上る月の鑑賞を目的としていたことが、明月閣という名から想像できる。

耕遠楼は明治5年（1872）からはじまる屋敷再編について検討をおこなった屋敷絵図に確認できる（図10）。旧台所門の脇に位置したこの建物は、鳥瞰図にも同様の位置に二階建て建物の描写が確認できる。天保再建屋敷図にも同位置に建物の間取りが描写されることから、耕遠楼は少なくとも天保再建以後から存在したと考えられる（図11）。最終的には明治の屋敷再編で取り払われた耕遠楼だが、遠くを耕すという名からは、東面に広がる河岸段丘下の風景や、向かいの養老山を眺望することができたと考えられる。

西高木家屋敷　長屋門　大正末頃　高木家提供

西高木家屋敷　多門　昭和 30 年頃　高木家提供

IV

高木家の川通御用

石川寛

争論のゆくえと分水技術

席田・真桑の用水争論

席田用水と真桑用水

高木家と河川の関わりは、寛永年間に席田《むしろだ》（莚田）・真《ま》桑《くわ》の用水争論において御用をつとめたのが最初とされる（図2）。江戸時代前期、高木家は幕府評定所の指示で紛争地へ赴き、実地検証や裁許結果の見分をおこなった。このため17世紀の用水争論や境界争論に関わる資料が170点ほど伝わっている。その中でとくに有名な席田・真桑用水に関する資料をここではみていきたい。

席田用水と真桑用水の起点は、根尾川が谷から平野へと

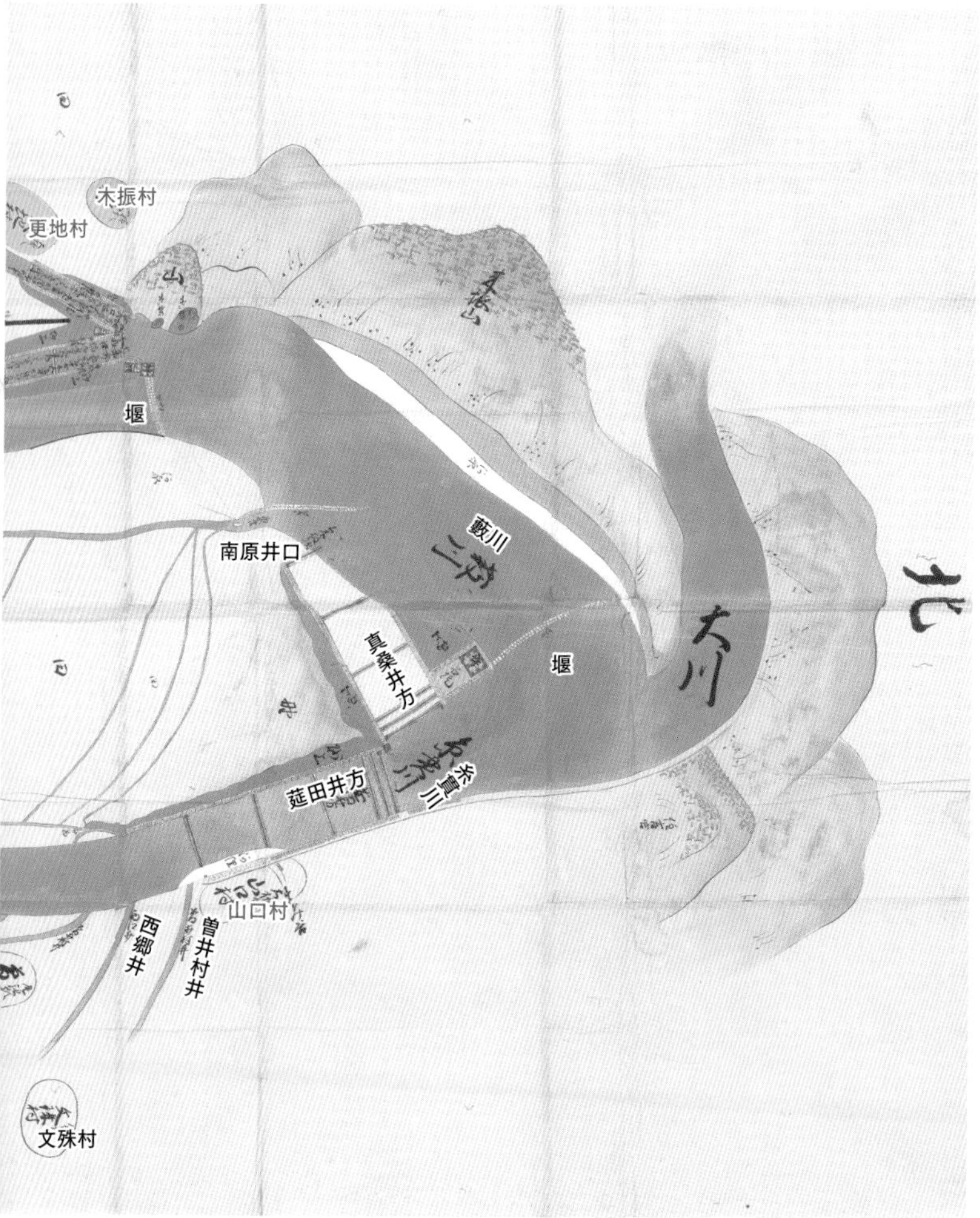

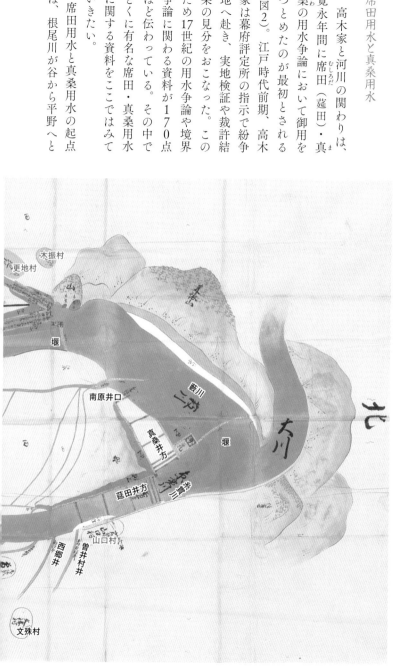

流れ出る本巣市山口の地である。図1の絵図にみえる「大川」が根尾川になる。現在の根尾川は山口の地からさらに南流して揖斐川に注ぐが、かつては絵図のように山口から下流を藪川と呼び、東の糸貫川と分流していた。この山口において根尾川の水を取り入れる用水は席田・南原井・真桑の三水系があった。このうち南原井は小規模な地域を灌漑し、席田・真桑用水は旧本巣・席田両郡にまたがる根尾川扇状地を広範囲に灌漑した。

山口に「大堰」（一ノ井、山口井堰）を築いて取水口とし糸貫川筋から引水を図ったのが席田用水であり、藪川筋から用水を引いたのが真桑用水である。真桑用水は更地井・上秋《かんだけ》井・高屋井・真桑井の支線に分かれ、席田用水も

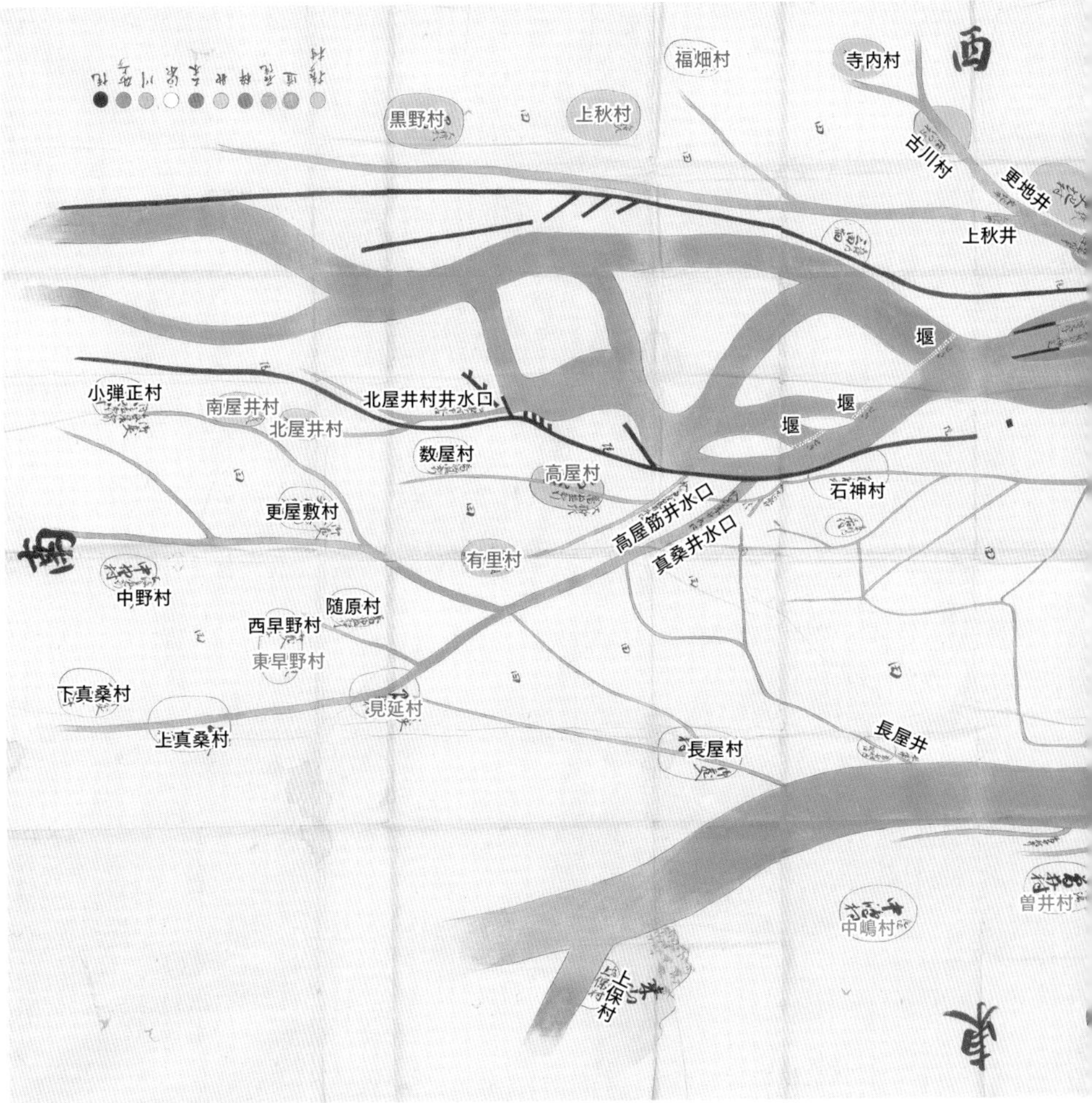

図1　席田真桑更地井用水堰絵図　天和２年（1682）　高木家文書

曽井村井や長屋井などの複数の支線に分かれて村々に水を供給した。用水がかりの村高は、席田方が2万4000石余、真桑方が1万3000石余であった。

図1は高屋・更地両井組の10カ村に着色がみられるので、天和2年（1682）に10カ村が南原井組を訴え出たときに作成された用水堰絵図とされる。複雑に分かれる用水路が描かれるとともに、導水のための堰や枠・石堤・井桁籠などが描かれており、当時の用水の有り様を伝えている。

寛永の用水争論

席田・真桑両用水の起源は不明であるものの、16世紀にはすでに存在していたことが古文書から判明する。かつて根尾川は糸貫川を流路としていたが、享禄3年（1530）6月の大洪水により藪川が出現して以降、藪川が本流となった。それまで山口の最上部に席田用水の取入口（山口一ノ井）があり、真桑用水の取入口（二ノ井）はそれより下流に位置したが、大洪水による流路の変動を機に真桑方が対等な水の取り入れを主張した。これに対し守護土岐氏は席田井水の山口における既得権を認め、享禄5年（1532）に真桑方が山口堰を崩す実力行使に出たときも修復を命じた。こうして席田用水の優位性が守護土岐氏によって確認されたが、それを打ち破ろうとする真桑方との対立はその後も続いた。

江戸時代になると、両用水がかり村は加納・大垣・尾張藩領、御料、岡田氏などの旗本知行所に分かれていたため、用水争論は幕府へ持ち込まれ評定所が裁定した。そこに検使役として高木家が登場する。

寛永3年（1626）の大日旱《ひそん》、同13年（1636）の日旱の際、真桑方は山口井堰を少し落とすことを求めたため、領主である岡田氏が席田方の領主である加納藩へ掛け合ったが、これまでの経緯を踏まえ加納藩は席田方の既得権を支持した。

寛永14年（1637）、幕府は高木藤兵衛貞友（東家）、高木権右衛門貞勝（西家）、高木次郎兵衛貞元（北家）および岡田将監善政・市橋下総守長政を検使として現地へ派遣し調整を図った。ここで岡田氏が主張する山口井堰で真桑方4分・席田方6分に分水することを提案したが、席田方は現状でも半分が干割れするとして代々取水してきた山口一の井について何かと申すのは迷惑と反論した。

寛永16年（1639）、加

図2　先祖代々川通持場其外御用勤書　安政2（1855）7月　高木家文書。高木家の治水に関係した経歴を書きあげた御用勤書。

納藩主が大久保氏から松平氏に代わると状況に変化が生じる。老中は、岡田将監善政、大垣藩主戸田左門氏鉄、加納藩主松平丹波守光重へ、席田・真桑の井水論について相談して落着するよう命じた。これを受けて翌17年、戸田・岡田氏は席田方へ「堰之内ニてもり水真桑方へ四分、莚田方へ六分取候へと」仰せ付けた。幕府の決定には席田方も従わざるを得ず、すなわち山口井堰で4割の「もり水（漏水）」を真桑方へ配分することになったのである。

明けて寛永18年（1641）8月20日、再び高木三家と岡田善政が現地に派遣され、漏水4分は量りがたいため、時間によって4分6分に水を分ける「番水」をおこなうことを双方の百姓たちに伝えた。その内容は、一ノ井口（大堰）より20間余（約36m）下流に新溝を掘り（図1に「真桑井方」とある溝）、渇水の時は真桑方へ12時間（1日1夜）、席田方へ18時間（2夜1日）ごとに水を流すというものであった。この番水制により真桑方は、渇水時には新溝を取入口として4対6の時間比率で水を取り入れる権利を得たのであった（以上『岐阜県史　史料編　近世五』より）。

寛文の用水争論

番水制によって取水をめぐる対立はいったんは解決したが、その後洪水からの復旧工事もあり、番水口の規模をめぐって再び真桑方が席田方を訴える事態となり、争論へと発展した。

真桑方の主張は次の通りである。近年、席田方が糸貫川筋を深く掘り下げ、番水口を15間（約27m）から25間（約45m）に広げたが、真桑方の番水口は南原井堰につかえて拡張することができず、そのため番水ができない。そこで糸貫川と藪川の分かれ目で分水し、取水条件を同じくしてほしい。

寛文4年（1664）10月、双方を呼び出して意見を聴取した幕府評定所は、双方の番

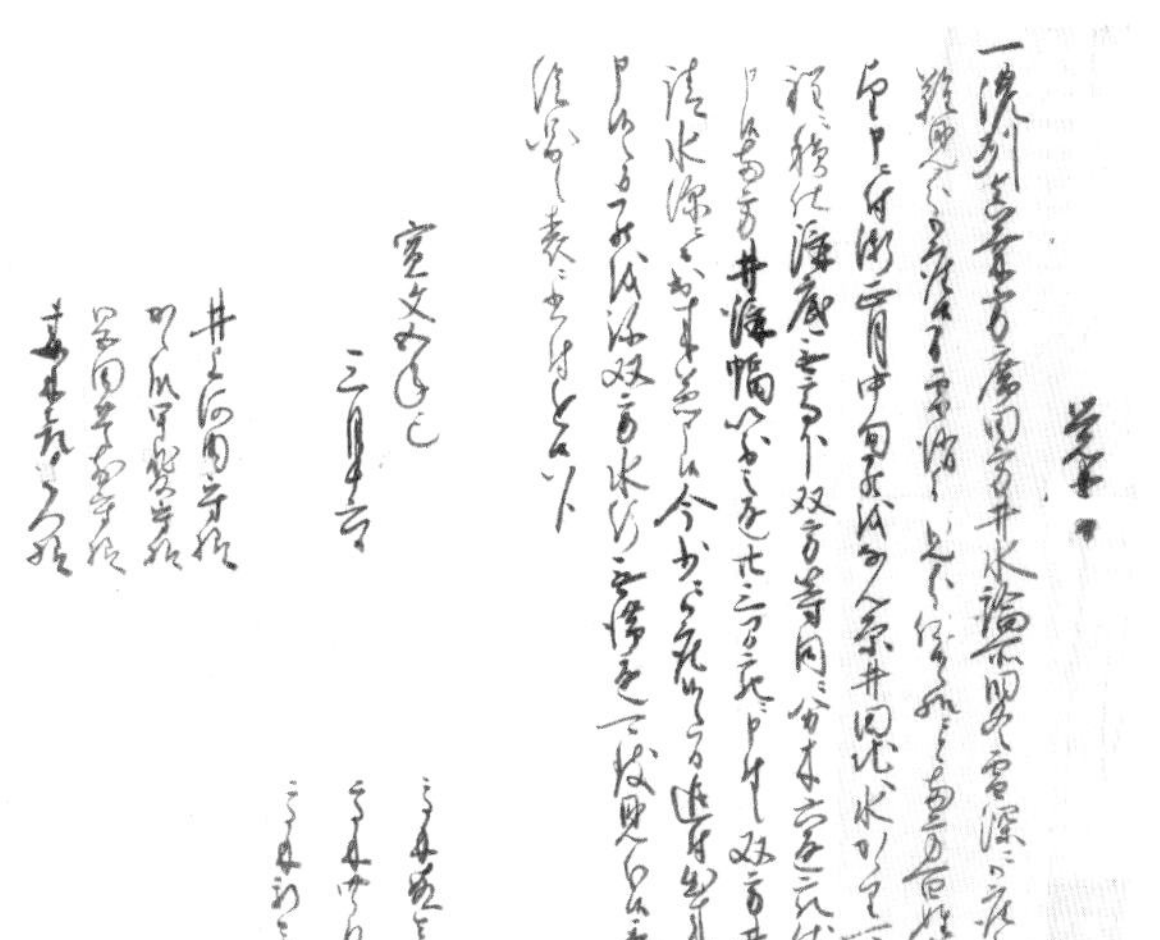

図3　真桑方席田方井水論所見分につき覚書　寛文５年（1665）３月16日　高木家文書

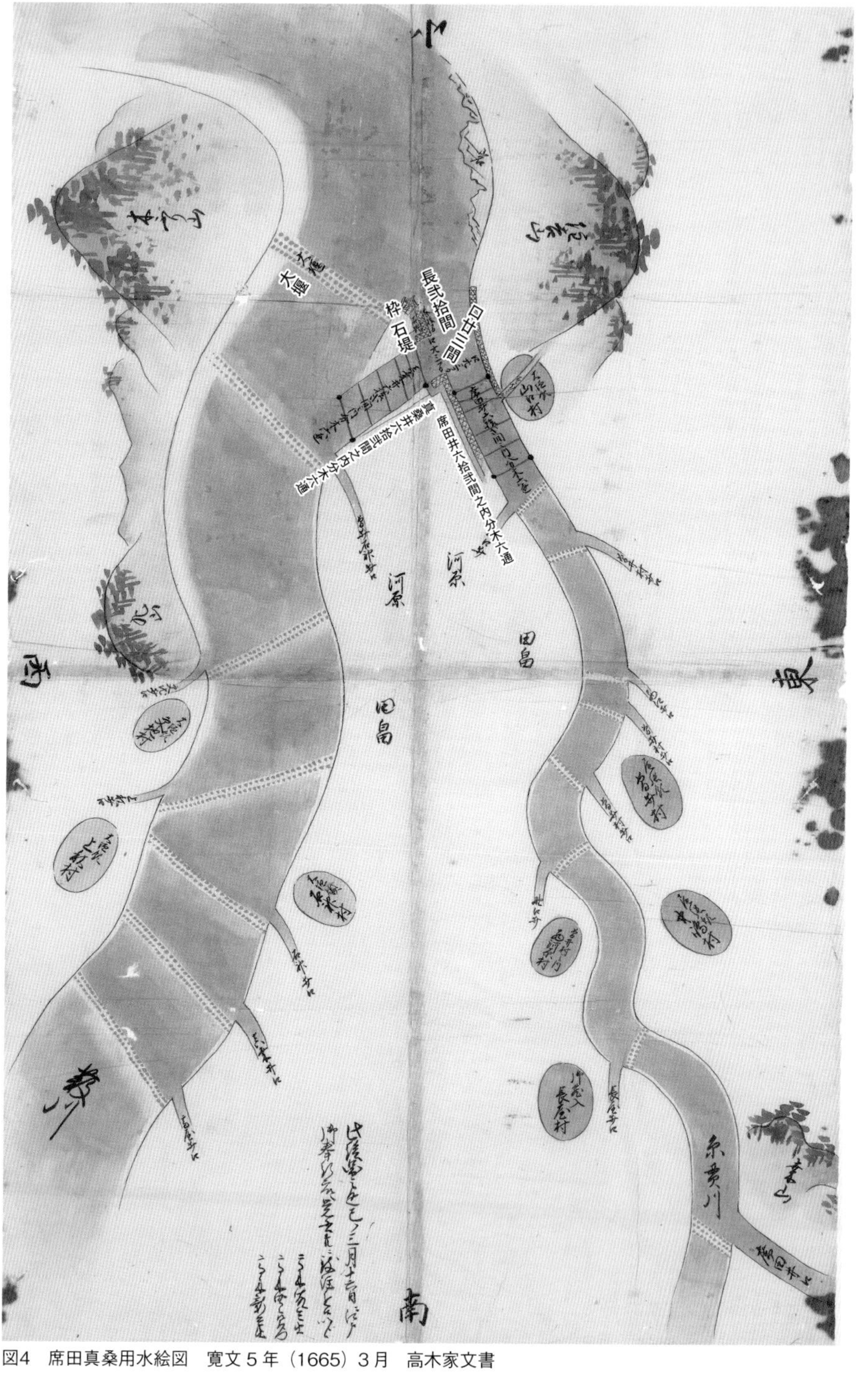

図4　席田真桑用水絵図　寛文５年（1665）３月　高木家文書

水口の川底に同木（胴木）を伏せて、深さを一定にすることを提案した。これに対し席田方は、自分たちの井口は常水の取入口でもあるので、胴木を伏せると水量の多い常水時に大堰から藪川筋への漏水が多くなると反論し、番水の時だけ胴木を伏せたいと申し出た。また、井口の広さについては23間（約42ｍ）ずつであると主張した。

そこで評定所は、論所は高木三家が存知の場所なので高木三家を検使として派遣することに決めた。高木家は翌寛文5年（1665）正月に現地に赴いて紛争を処理し、3月に復命書（図3）と裁許後の用水の様子を描いた絵図（図4）を評定所に提出した。

ここで高木家は、番水口の幅を双方23間（約42ｍ）ずつとし、井溝底62間（約112ｍ）の間に分木を6通り設置して、席田方は地形に高下があるので分木通り均《なら》すこと、真桑方は高くなっているので分木通り浚《さら》うことを命じ、井溝の底を双方高下なく同等にした。これにより真桑方の取入口は幅・深さともに席田方と同じ規模となり、中世以来の席田方の優位性が破られることになった。

紛争処理の結果を示した図4をみると、席田方と真桑方の井口の幅が23間と揃えられ、目盛りとなる分木（胴木、朱線で描かれる）を6通り設置して、長さ62間にわたって井底を一定に保っている。また、その場所が変更しないよう1番目と6番目に印杭（墨点で示される）が打ち込まれている。胴木は水の勢いが強い取入口近くには短い間隔で3通り伏せてあり、さらに井口の周囲には水圧に耐えられるよう石堤が施されている。高い土木・測量技術をもっていたことがわかる。

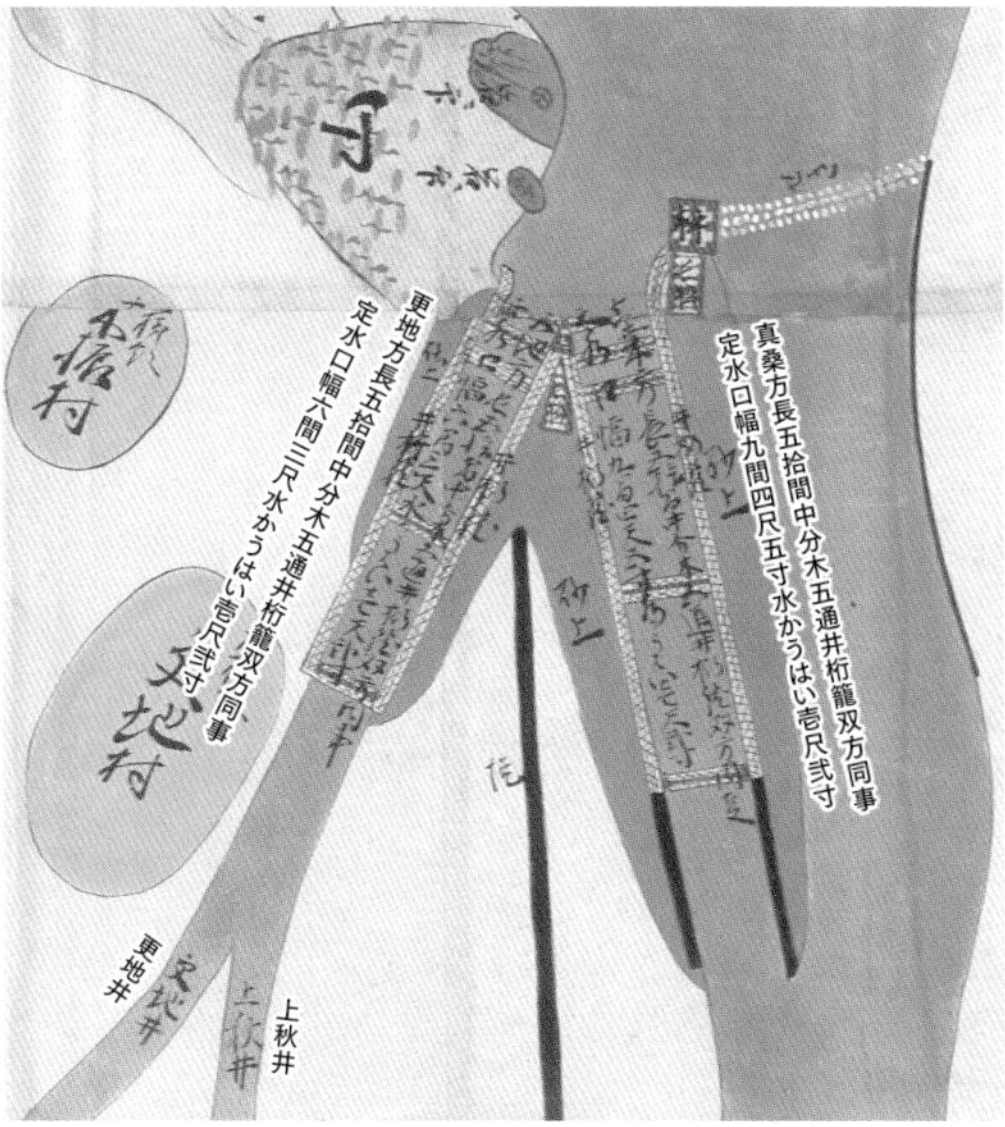

図5　真桑井・更地井を分ける分水施設（図１の部分）

真桑井組と高屋井組の争論

寛文年間の用水争論により山口分水所における争いは終結し、席田用水系と真桑用水系の分水量が決定すると、これ以降は同一水系内での水の分配が争点となっていった。

真桑用水系でみると、寛文年間（1660年代）の争論を経て藪川における更地井・上秋井・真桑井の分配が2対

2対6と定められた。双方の取入口（図5）は、長さ50間（約91m）、勾配1尺2寸（約36㎝）と統一され、井口幅は真桑方9間4尺5寸（約18m）、更地方6間3尺（約12m）となっている。1間は6尺であるので井口幅の割合は58・5尺対39尺＝6対4となり、分配比率に対応している。また、双方に高下がないよう分木（胴木）が5通り伏せられており、席田・真桑用水の番水口と同様の技術が使われている。

　真桑用水系では次に延宝年間（1673〜81）の真桑井・南原井の争論により、南原堰の位置と長さが確定され、貞享年間（1684〜88）の更地方の寺内《じない》村と古川村の争論では村高に応じた用水配分が採用された。そして、宝永年間（1704〜11）の争論の結果、図6にみられるように高屋井と真桑井は高割に応じた分水をおこなうことになった。

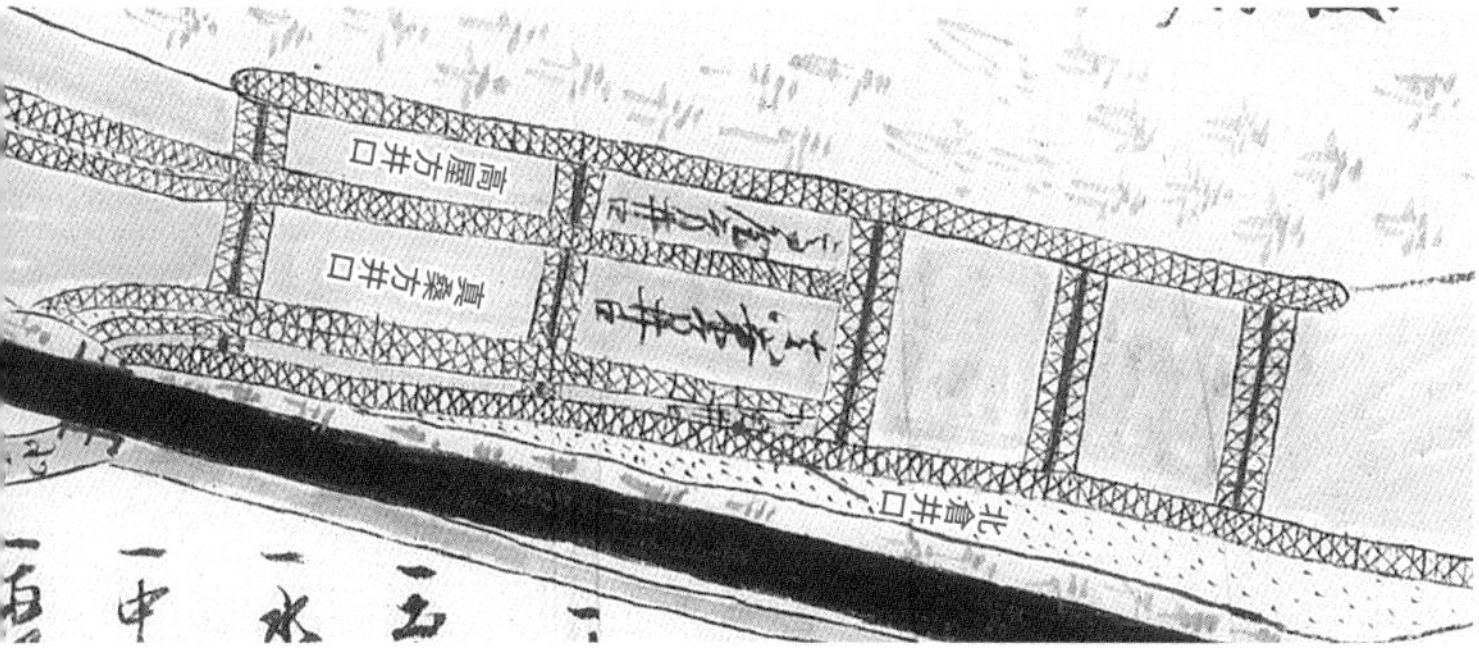

❶

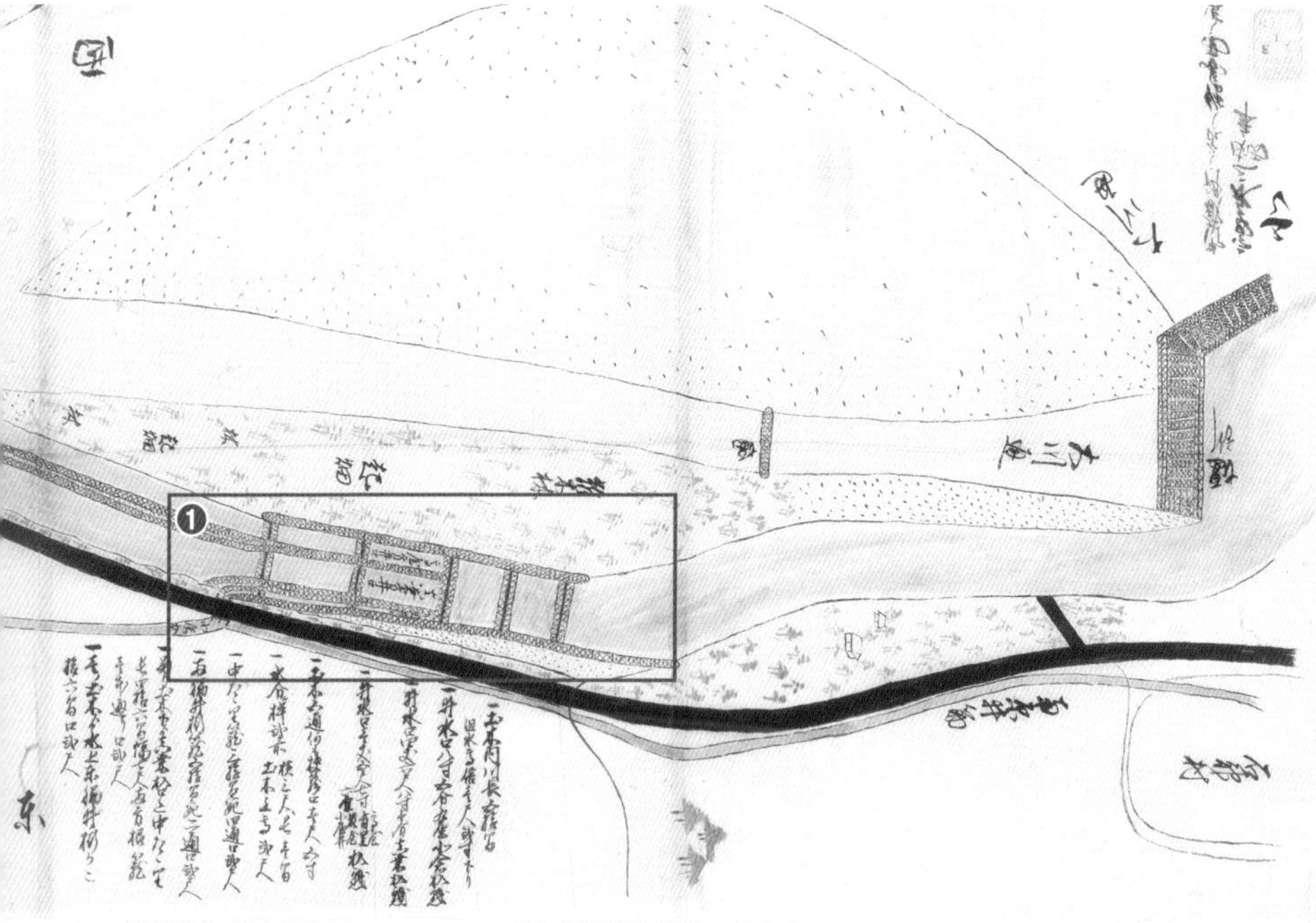

上流で更地井と分流した真桑井は、北倉井口・真桑方井口・高屋方井口で分水し、高屋方井口はさらに下流で北屋井井口と分水した（図6）。それぞれの用水がかり集落の村高は、北倉方96石5斗5升、真桑方5262石5升、高屋方1765石6斗8合であり、高屋方は高屋・有里・数屋の3カ村1466石2斗2升4合と北屋井村299石3斗8升4合に分かれる（図1も参照）。

　この村高に応じて用水の取入口が設定された。その普請結果を描いたのが図6になる。それぞれの取入口の幅は、北倉方8寸5分9厘（約26㎝）、真桑方4丈6尺8寸1分（約14m）、高屋方1丈5尺7寸6厘（約5m）、高屋・有里・数屋3カ村1丈3尺4分3厘（約4m）、北屋井村2尺6寸6分3厘（約80㎝）となっている。これは高100石につき口幅8寸8分9厘5毛余（約27㎝）という基準で定められたものである。緻密に計算された基準で用水を分配するため取入口が井桁籠によって分けられ、その普請に高木家が立ち会ったのである。

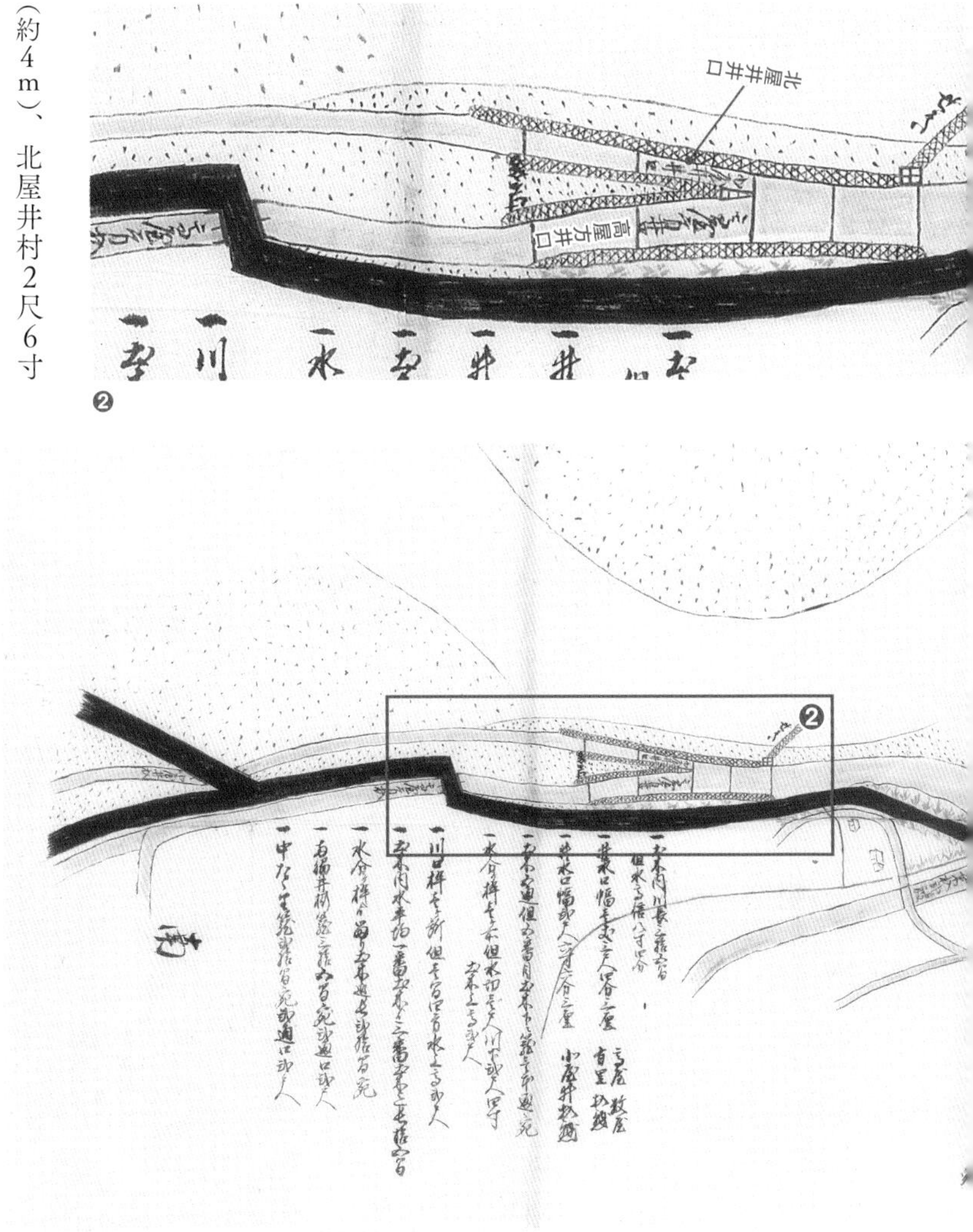

図6　御裁許之節之絵図面之写　宝永３年（1706）　高木家文書

赤坂村・市橋村・大墓村山論絵図

高木家は用水争論のみならず山をめぐる争論の検使役もつとめることがあったため、高木家文書の中にはいくつかの山絵図も伝わっている。

84〜85ページの絵図は、市橋村（現池田町）・赤坂村（現大垣市）と大墓村（同、青墓《あおはか》村とも称す）が山の境界をめぐって争った際に作成された絵図である。

寛文5年（1665）正月18日、高木三家に対し、右の山論および楡俣《にれまた》村（現輪之内町）と堀津《ほっつ》村（現羽島市）の境論について現地に赴き論所を見分するよう老中奉書が出された（図1）。翌日には三奉行より、双方の百姓の申し分を聞き届け、論地の絵図を仕立て、証拠証文等があれば取り調べたうえで存寄の趣（意見、見込み）を覚書に記して提出するよう指示があった（図2）。

これを受けて高木家は現地を訪れ、論所見分をおこなった。このとき作成された山論絵図が図1になる。南側に中山道がはしり、東から赤坂村・昼飯《ひるい》村・大墓村が位置する。市橋村は北東の麓に位置する。絵図の向かって右上に3月6日に3カ村が立ち会い山の字《あざな》を書き入れたことが、右下に高木三家が3月16日に覚書（図3）に添えて注進した旨が記されている。裁許状は6月12日に出され、幕府は青墓村の申し分が理運である（道理にかなっている）とした（図4）。

なお、楡俣・堀津村の境論については5月22日に裁許が申し渡されたが、絵図は伝わっておらず、その裏書写のみが残っている。

寛文5年の高木家は席田・真桑用水の見分もおこなっており（79ページ参照）、並行して3件の争論の検使役をつとめていたことになる。

さて図1は、山論絵図として巧みな色使いが注目される。大きく描かれた山については、市橋村赤坂村山は「わうと色」（黄土色）、大墓村山は「草之汁色」、昼飯山は「うす墨色」、青野山は「ゑんじ色」で区別され、論所となっている場所は「あいろう（藍蝋）にて影色」とした。また、字《あざな》などを記した文字は、市橋村・赤坂村は朱を、大墓村は墨を用いた。藍蝋で示された論所山を拡大してみると、朱

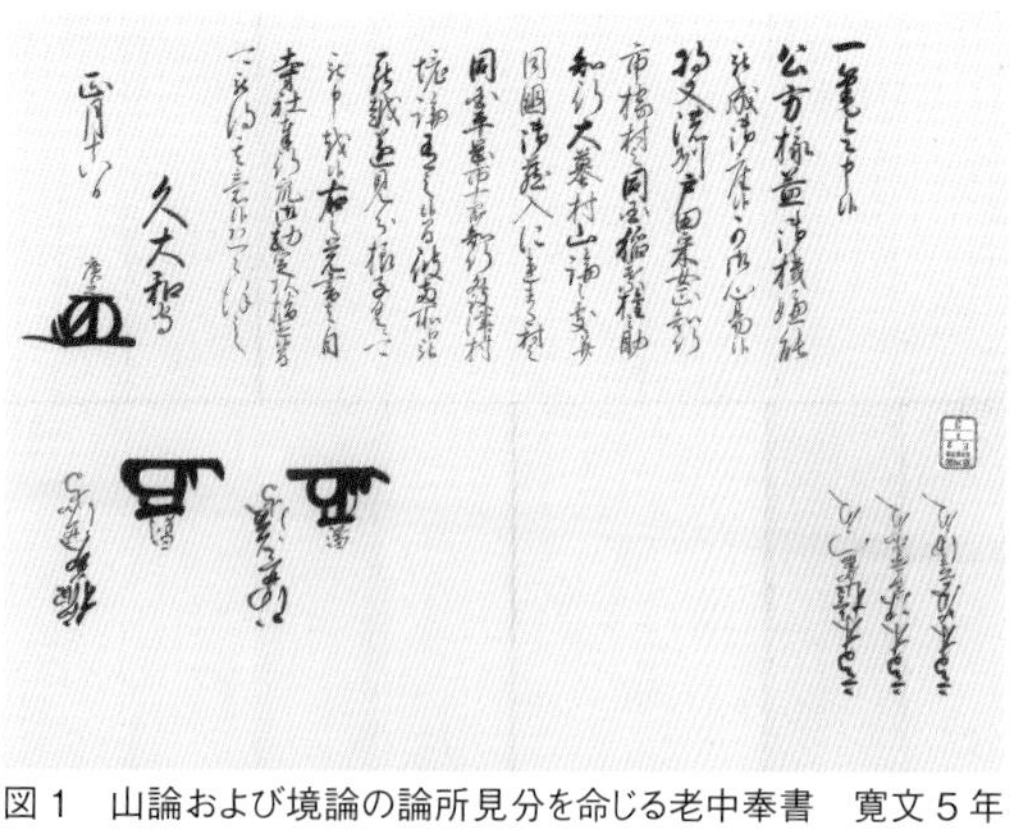

図1　山論および境論の論所見分を命じる老中奉書　寛文5年（1665）正月18日　高木家文書

と墨で複数の字《あざな》が書き込まれている。文字の色を使い分けることで山の境界をめぐる争いを表現したのである。

また、本来の目的とは違うが、金生山《きんしょうざん》の景観は興味深いものがある。山の東には、本尊虚空蔵菩薩を安置し、「こくぞうさん」として親しまれている明星輪寺がみえる（絵図では朱で「虚空蔵」と書かれる）。その境内上方には、現在は名勝岩巣公園となっている、群立する奇石怪石も描かれている。これは、石灰岩層が露出し溶食したものである。明星輪寺がある金生山は石灰岩から成っているため、同寺の周辺にはこうした岩石がみられ、絵図にも描かれて独特の景観を形成している。

中央山頂付近にみえるのは円興《えんこう》寺の跡であろう。円興寺は伝教大師を開基とする古刹であり、現在は西麓に存在する。この絵図が描かれたのは、円興寺が焼失し、西麓に再建された時期にあたる。したがって山頂付近に描かれているのは、焼失後に残った礎石と思われる。

その伽藍跡の側に「とも長ノ石塔」と注記された石塔群がみえる。「とも長」は源義朝の次男・朝長のことである。平治の乱で敗れた義朝らと共に東国へ向かう途中、矢傷を受け歩行困難となったため、青墓で果て、円興寺に葬られたという。石塔はこの源朝長の墓を指しているのであろう。

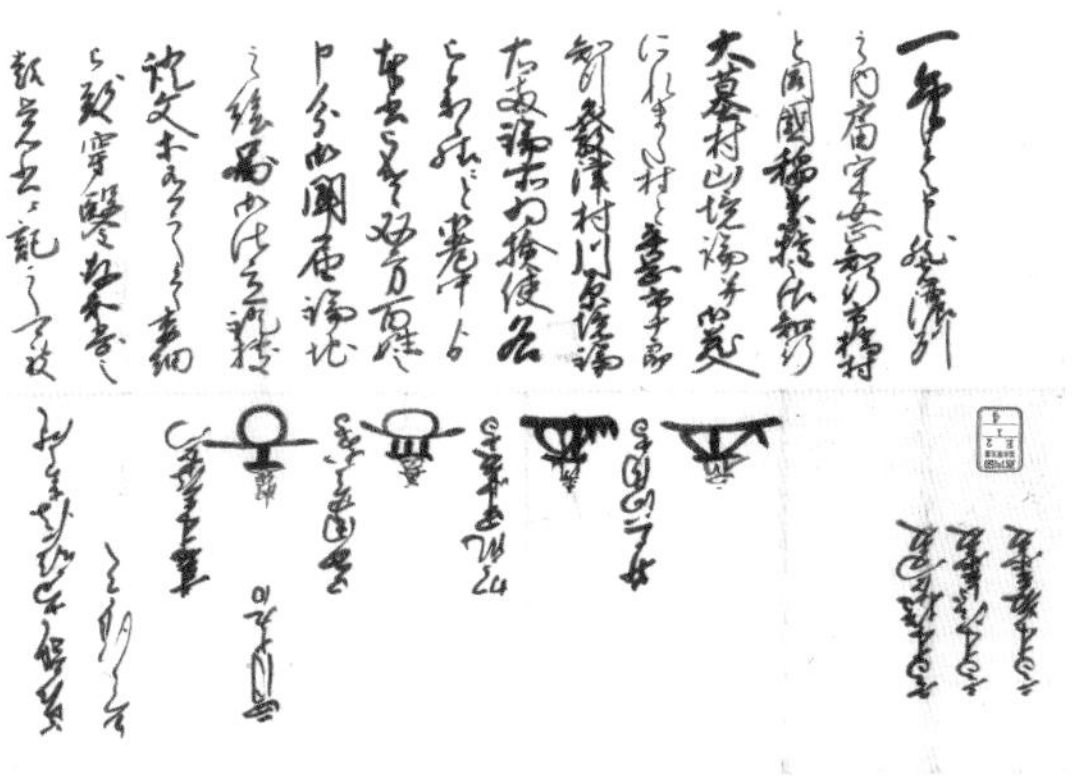

図２　山論および境論検使につき三奉行連署状　寛文５年（1665）正月19日　高木家文書

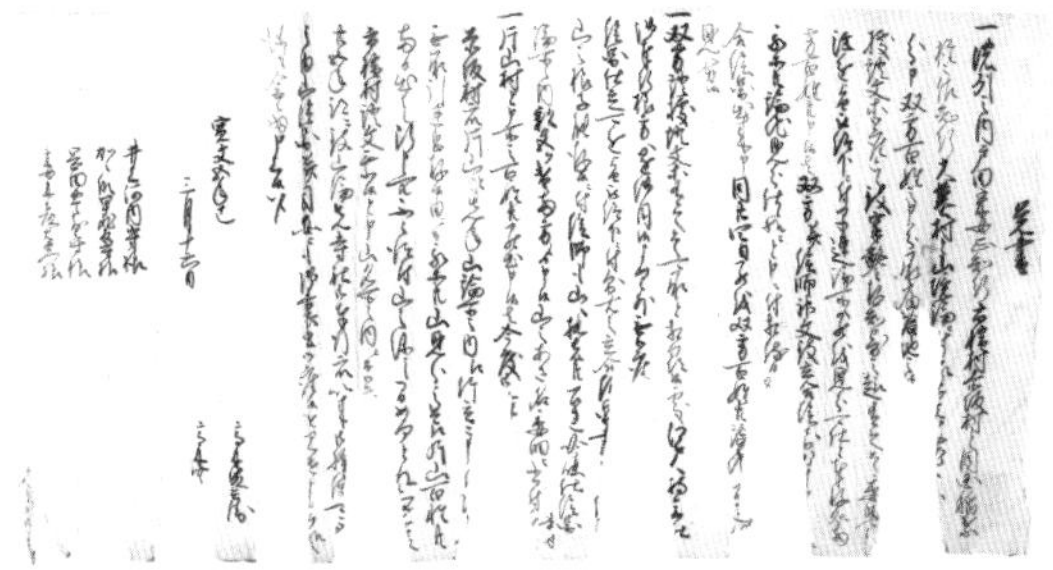

図３　山論穿鑿につき覚書　寛文５年（1665）３月16日　高木家文書

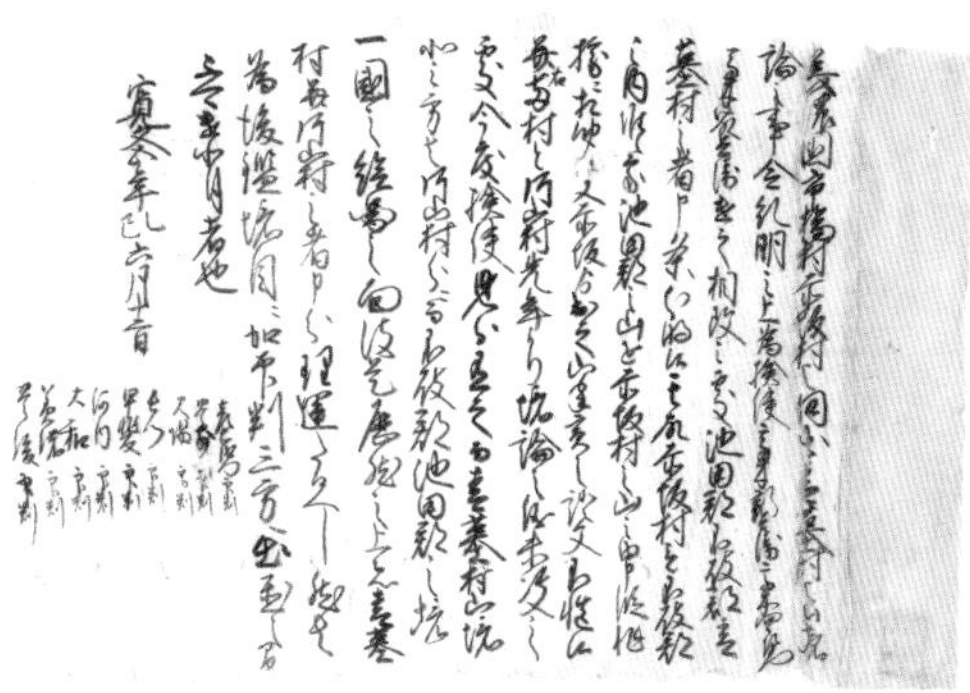

図４　山論裁許状　寛文５年（1665）６月12日　高木家文書

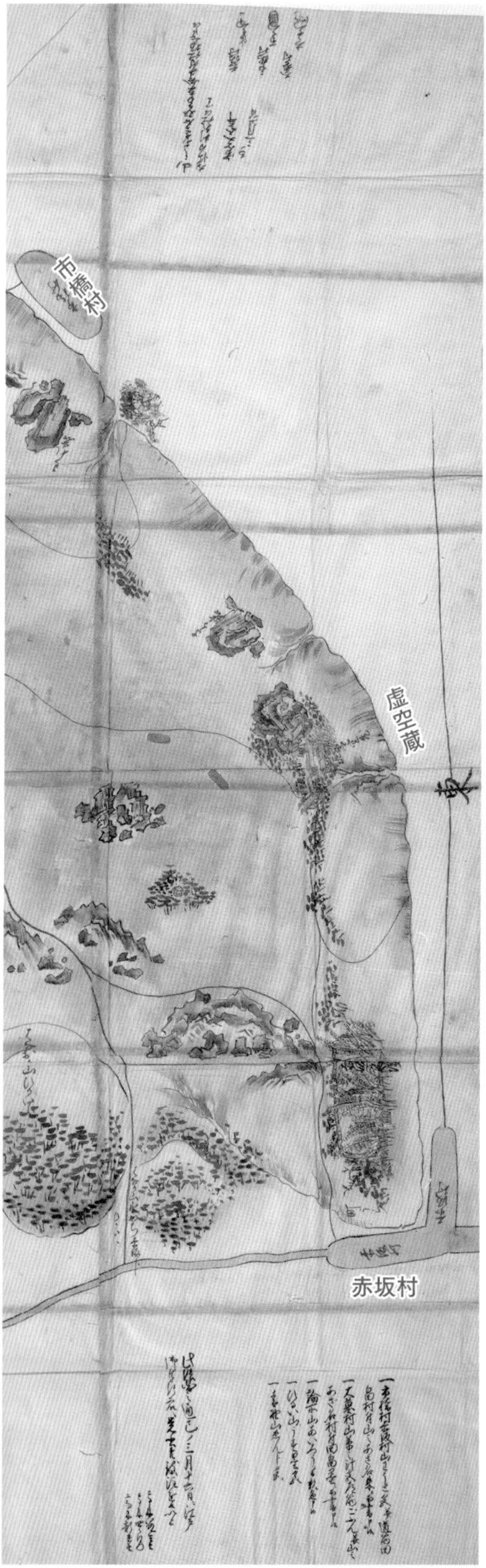

虚空蔵

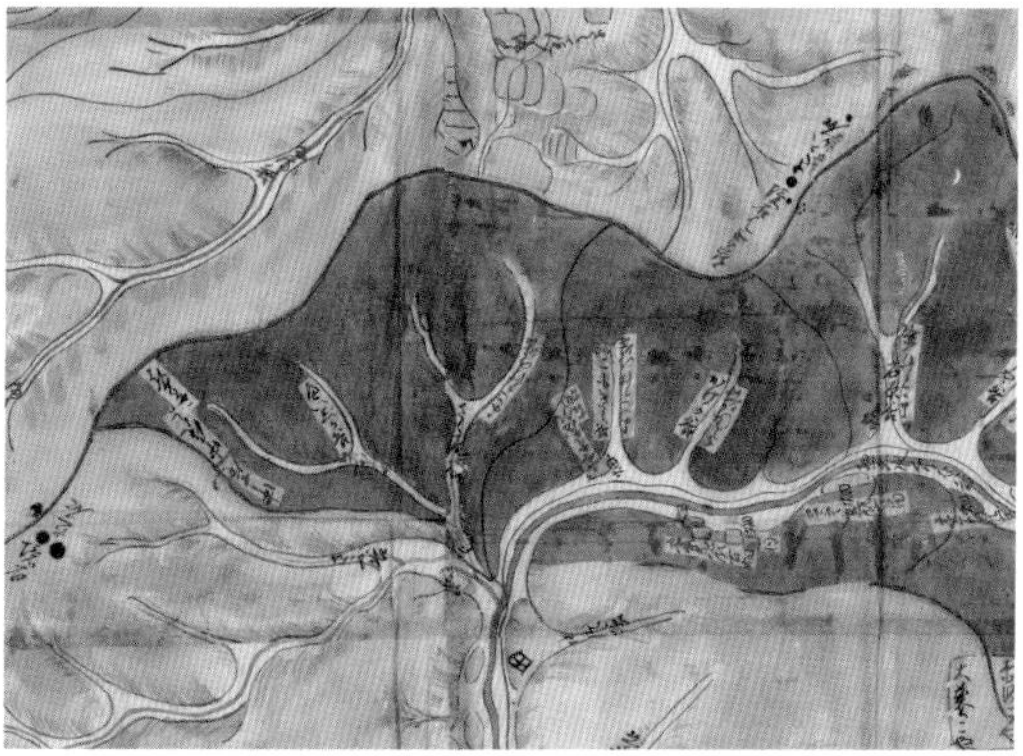

論所山

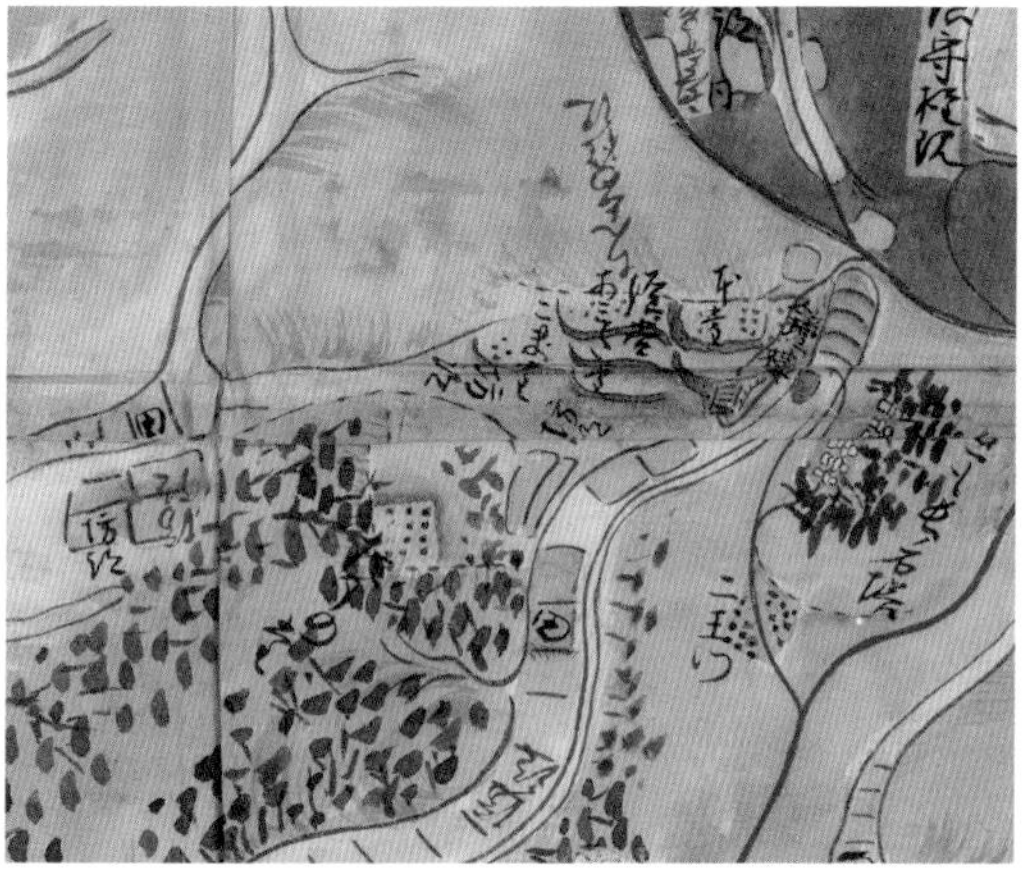

円興寺跡と「とも長ノ石塔」

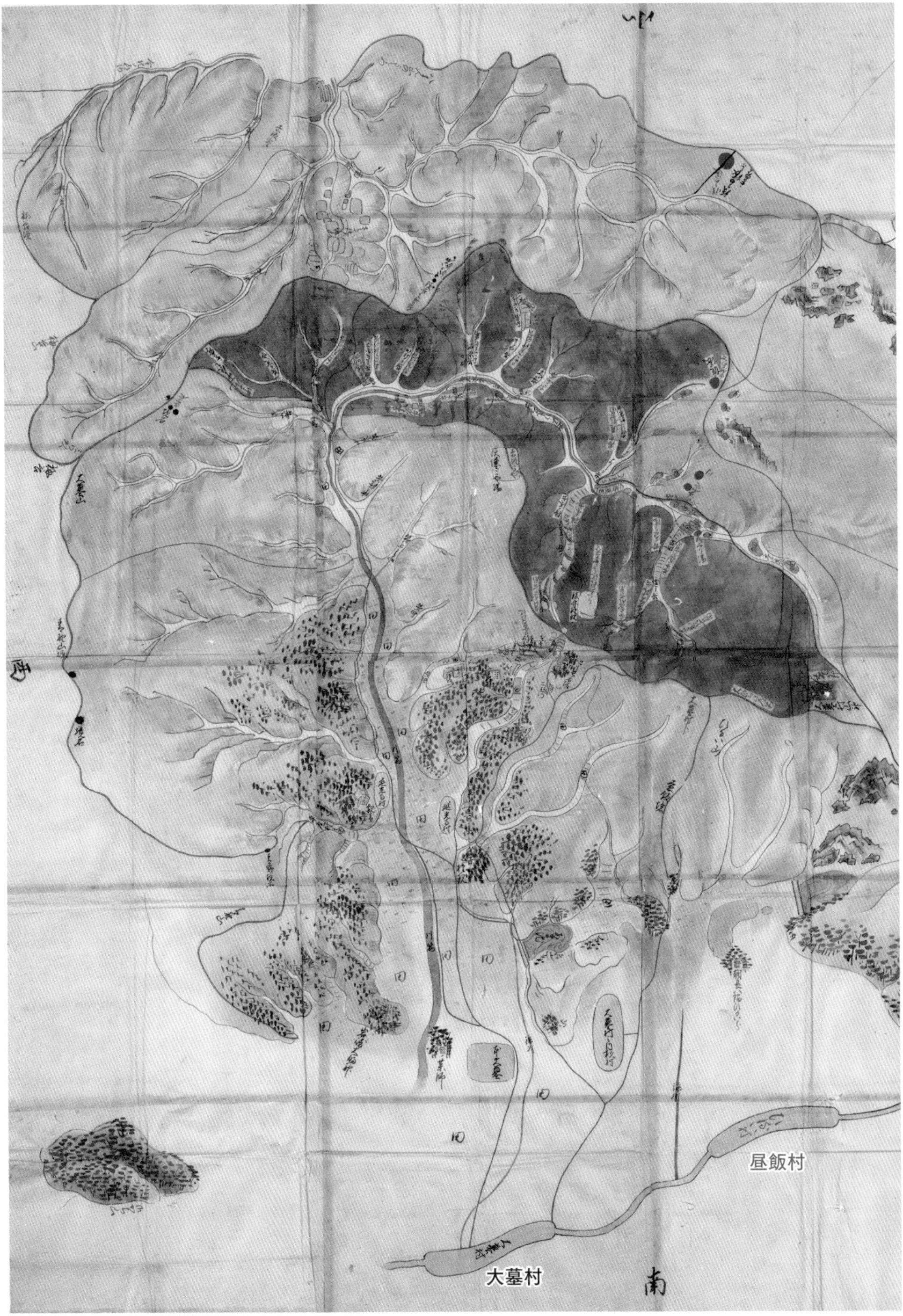

図５　山論絵図　寛文５年（1665）３月６日　高木家文書

治水政策の転換点

元禄・宝永の取払普請

濃州国法

寛永・正保年間（1624～48）に木曽三川流域は連年の洪水にみまわれた。記録によると、寛永2・6・7・8・10・12・13・15・17・18・19年、正保元・4年と水害からの復旧工事がおこなわれている。慶安3年（1650）9月には未曾有の大洪水があり、美濃の各輪中はことごとく水没したと伝わる。

度重なる水害に襲われた美濃では、幕府が個別領主の枠組みをこえて、美濃一国を単位に御料・私領の村々から人足と資材を集めて工事をおこなう国役普請が早くから実施された。

幕府が国役普請の方式を全国一律の制度とするのは享保年間（1716～36）であったが、木曽川水系と淀川・大和川水系においては、江戸時代初めから国役普請による治水工事がおこなわれていた。そして美濃では「濃州国法」と呼ばれる独自の負担方式で国役普請をおこなう仕組みが整備されていった。その特徴は、普請の実施地域（水下）とそれ以外の地域（遠所）で人足負担に差を認めたこと、人足負担に代えて工事資材での納入を許した代人足制を採用したことに表れている。

図1は寛文12年（1672）の国役普請に際して発給された、人足徴発に関する老中連署奉書である。資料中の「従前々勤来候由（前々より勤め来たり候由）」が濃州国法を指している。第1条で「堤遠之郷村」は高100石につき25人ずつ、「水下之郷村」は高100石につき100人ずつ人夫を出すように指示している。この時代の労働力編成は石高

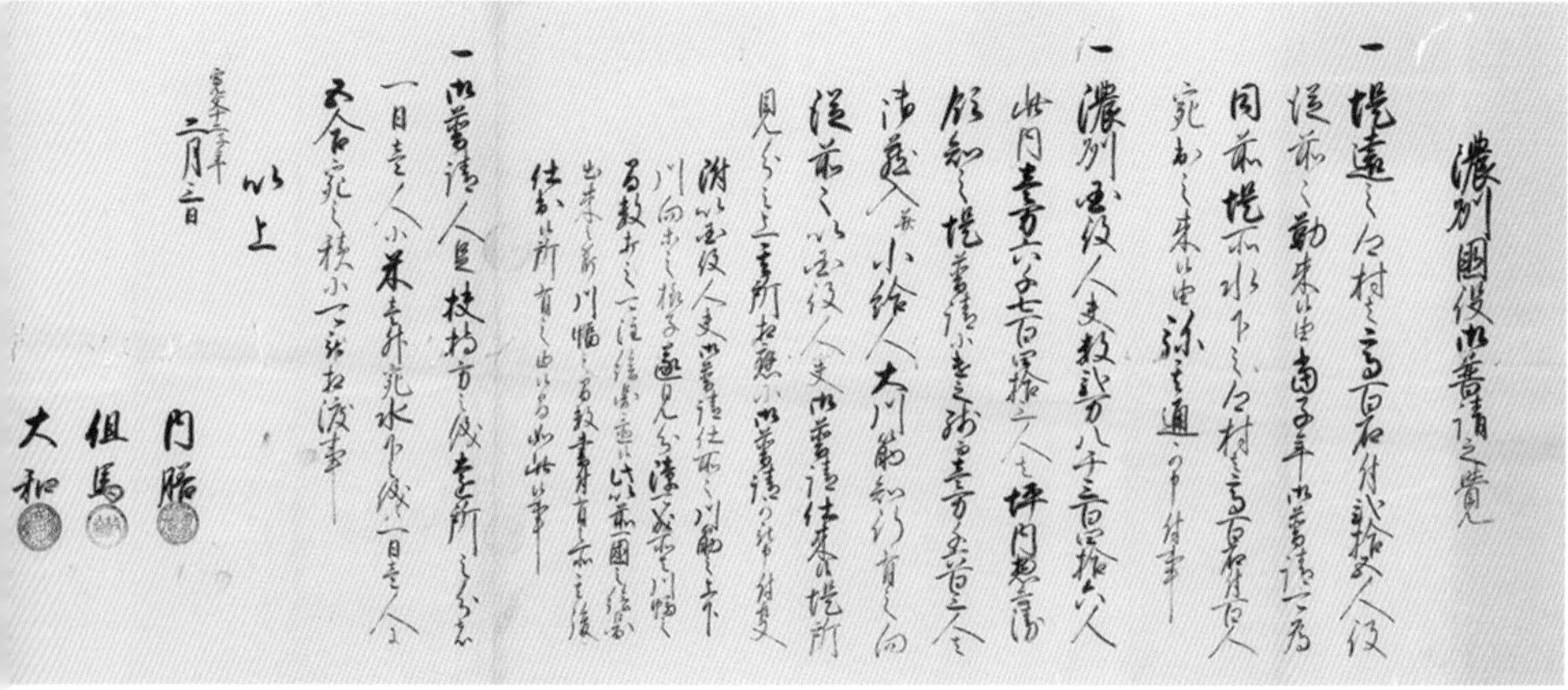

を基準としており、美濃ではその賦課基準が、さらに普請地域からの遠近によって分けられていたのである。

　美濃の国役普請において普請奉行をつとめたのが美濃郡代（笠松代官）と旗本高木家である。美濃郡代は美濃国と伊勢国桑名郡の幕府直轄領の民政をつかさどった。初代の岡田将監善同《よしあつ》は筆頭代官として美濃国奉行の地位を継承し、3代目の名取半左衛門長知《ながとも》が寛文2年（1662）に羽栗郡笠松村（現羽島郡笠松町）に陣屋を新築した（笠松陣屋、116ページ）。元禄12年（1699）に辻六郎左衛門守参《もりみつ》が郡代として就任して以降、美濃郡代を称した。初代岡田将監善同と2代岡田将監善政は父子2代にわたって美濃国奉行をつとめ、頻発する寛永・正保期の水害に対処し、濃州国法を整備した。

　高木家が治水工事に関与したのは、記録上では寛永10年（163

図2　笠松陣屋跡

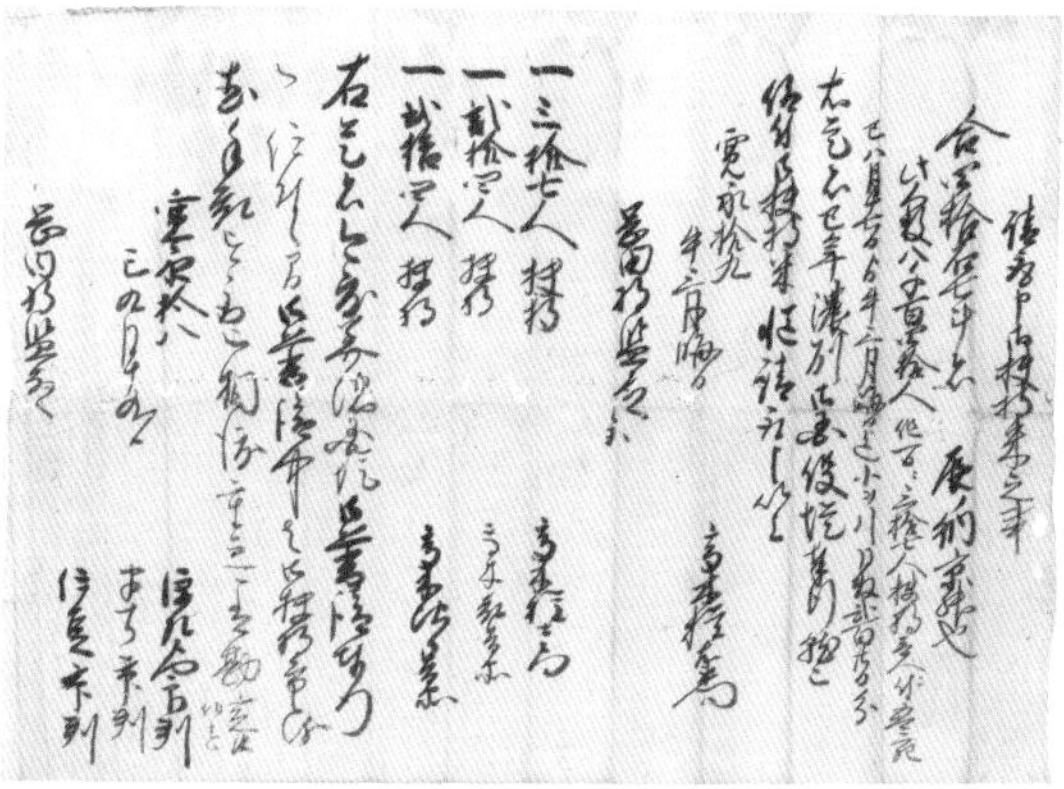

図3　濃州国役堤普請奉行扶持米請取書　寛永19年（1642）3月晦日　高木家文書。美濃国役普請に際して堤普請奉行をつとめた高木三家が出した扶持米の請取書。

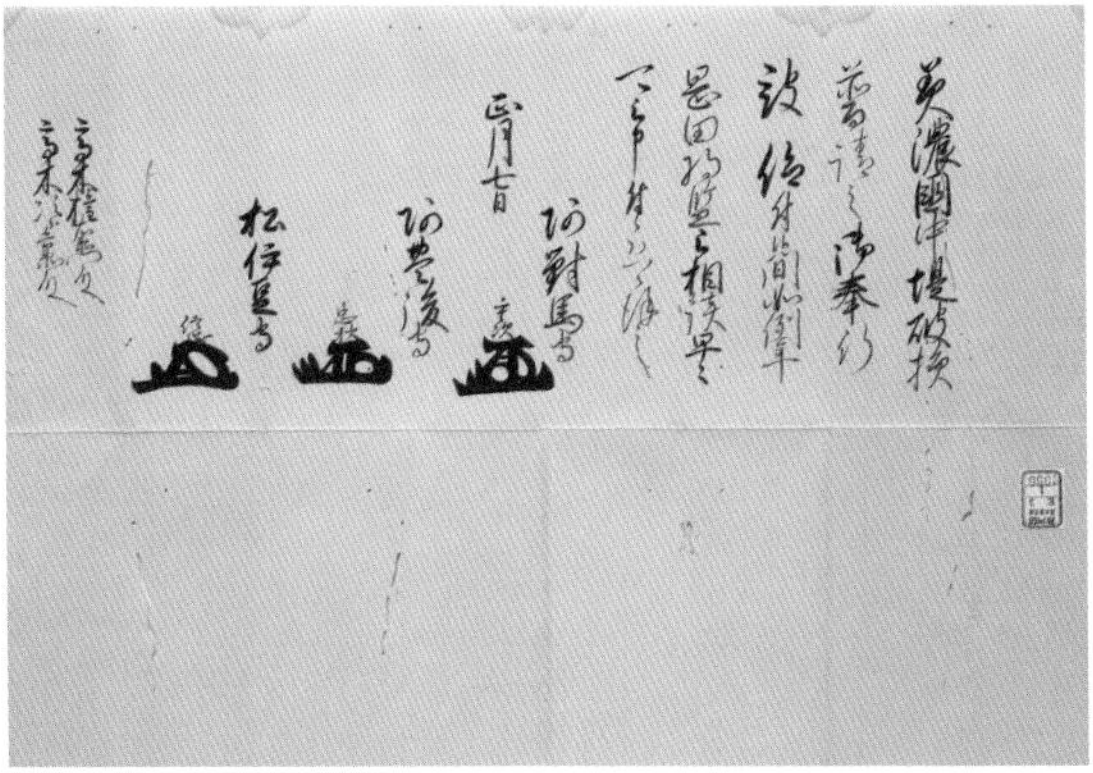

図4　美濃国中堤破損普請奉行任命につき老中奉書　（正保年間）正月7日　高木家文書。正保年中に実施された美濃国役普請に際して高木家を堤普請奉行に命じた老中奉書。高木権右衛門貞勝は西家、高木次郎兵衛貞元は北家。

図1　濃州国役御普請之覚　寛文12年（1672）2月3日　高木家文書

3）の国役普請が最初である。寛永年間には他の旗本も普請奉行を命ぜられており、高木家のみが特別であったわけではないが、17世紀後半以降は美濃郡代と高木三家がつとめるのが通例となり、幕末まで70回ほどの普請御用を命ぜられ、普請奉行や見廻りの役儀を果たした。

河川環境の変化と地域対立

木曽三川流域において開発が本格化すると、流域全体の河川管理体制が模索されはじめ、高木家も新たな役割を担うことになる。その転機となったのが元禄・宝永年間に実施された大規模な取払普請であった。

元禄12年（1699）7月、木曽川の洪水により高須輪中日原《ひわら》村の堤130間（約236m）が押し切れ、翌年5月にも再び木曽川の洪水で同輪中駒ヶ江村の堤80間（約146m）が決壊した。さらに元禄14年6月、今度は伊尾川で洪水があり本阿弥《ほんなみ》輪中帆引新田の堤40間（約73m）が決壊した。連年の洪水により、民家は押し流され、人馬が溺死し、田畑の収穫物が皆無になるなど、百姓相続が危ぶまれた。

この事態に対し高須・本阿弥・福束輪中の住民たちは、伊勢国桑名郡の南之郷《みなみのごう》村・飯塚村内与左衛門新田（桑名藩領）、下坂手村・下千倉村（長島藩領）を相手取り訴訟を起こした。なぜ3輪中の住民たちは、下流の桑名川通の村々を訴えたのか。彼らはその理由を次のように説明する（図5）。

自分たちの輪中は、東に木曽川と長良川、西に伊尾川・牧田川が流れ、合流した大河は伊勢国桑名郡油島の先でひとつになり、尾張国熱田と伊勢国桑名へ二筋に分かれて流れ落ちている。とりわけ桑名川通では、以前は川幅が300間余（約543m）あり水が滞りなく流れていたが、伊勢の南之郷から新田を造り出し、川の中へ新堤を120間ほど（約142

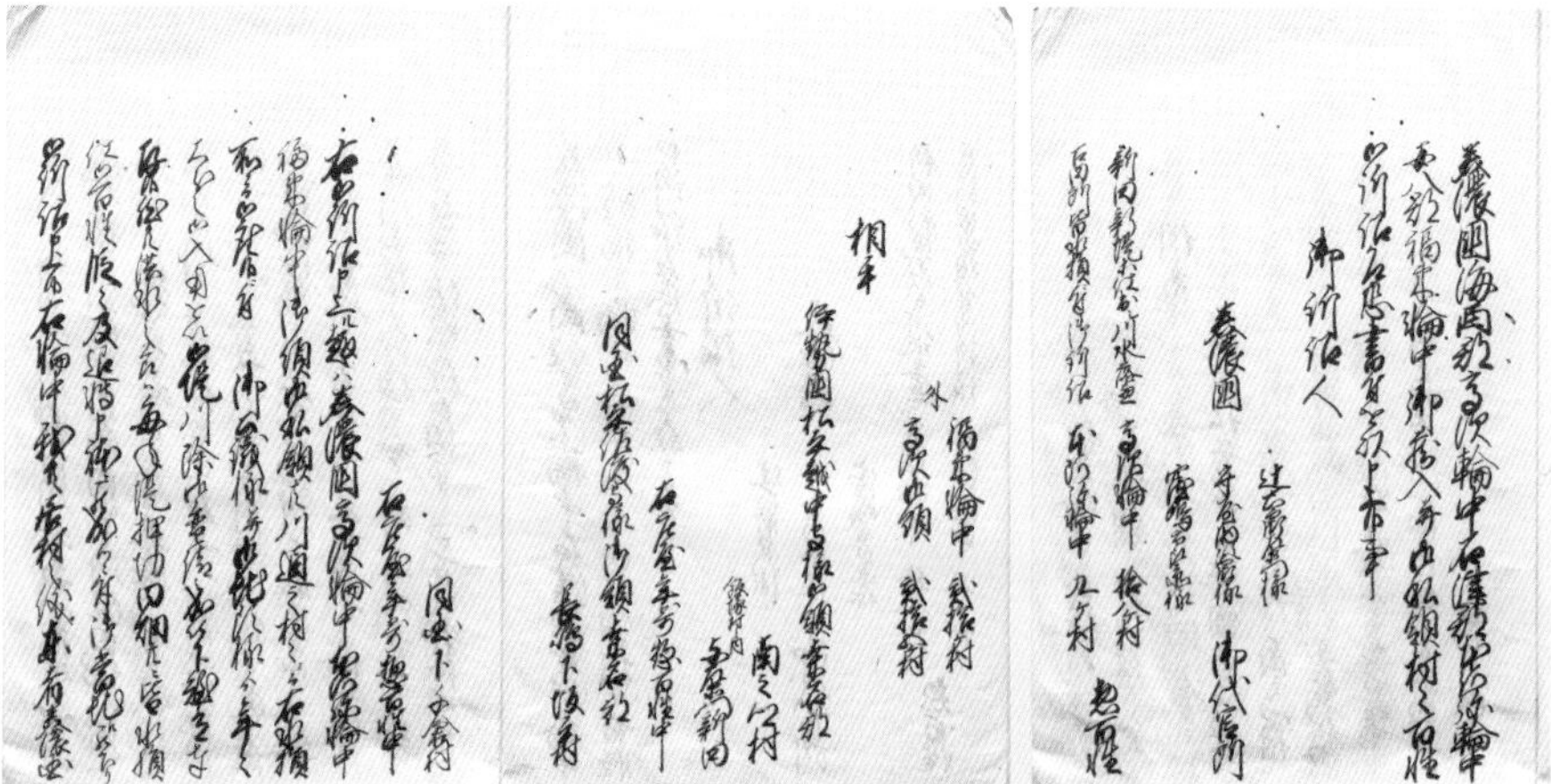

図5　3輪中の訴訟（冒頭部分）　高木家文書

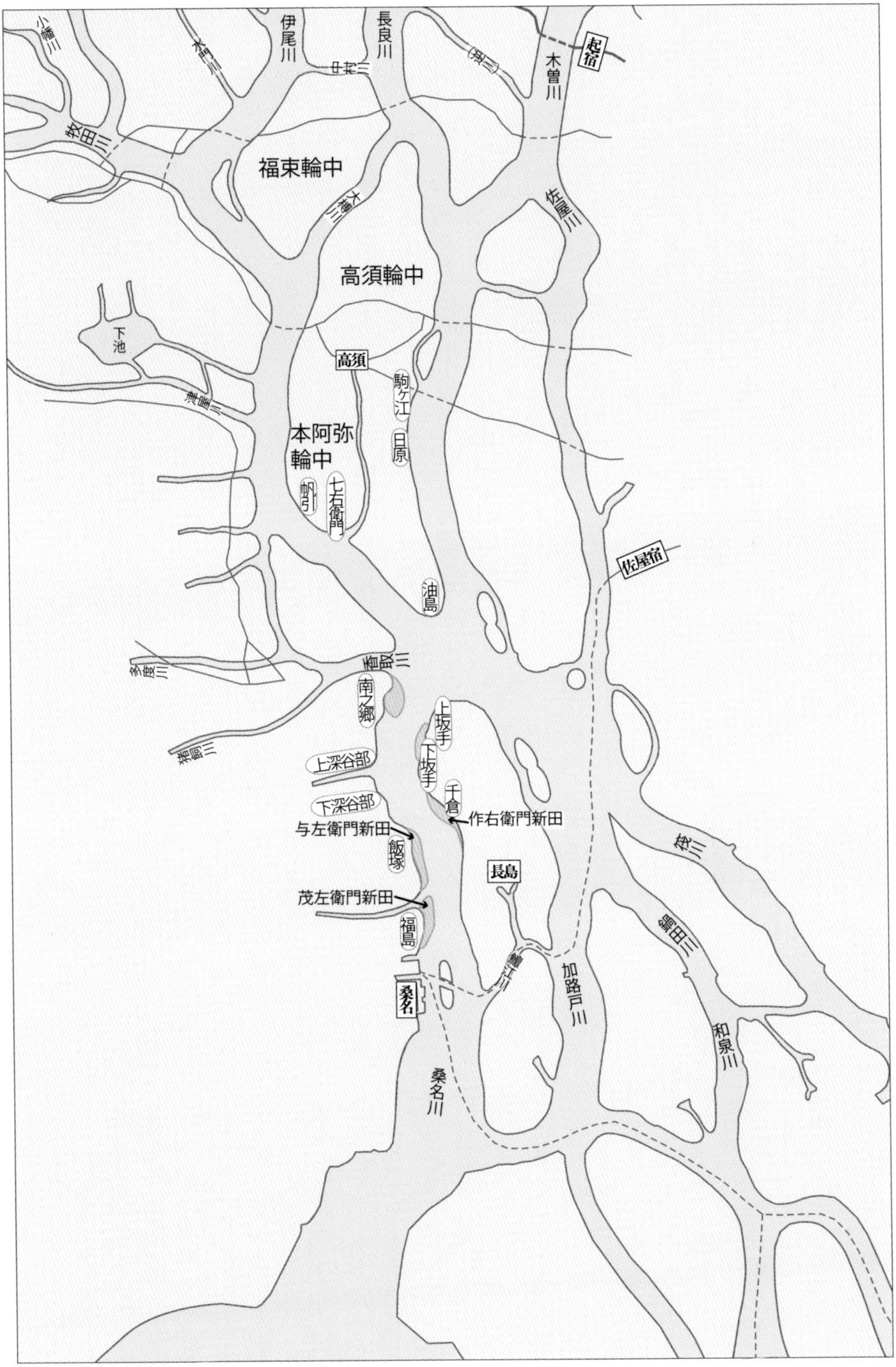

図6　元禄の洪水被害と訴訟関係図　服部亜由未作成

m）築き、そのうえ桑名藩領より与左衛門新田という大きな新田を造り出し新堤を150間ほど（約272m）築き出したため、川幅が70間ほど（約127m）に狭くなってしまった。このほか川通の所々に松柳葭場を仕立て、おびただしく猿尾（水勢を抑えるための小高い堤防）を築き、また多くの乱杭を打ち立て、新田をつくるための囲いを年々大きくしている。このため大水の時は水が海口へ流れ落ちず、水が停滞・逆流して川上の村々はたびたび堤が押し切られ、低地にある本阿弥輪中や福東輪中は排水用の圦から水を吐くことができず輪中内に水が溜まってしまう。また、桑名湊までの船の往来は、先年は米500石700石積の船も桑名より4、5里ほど（約15～19㎞）は自由に往来していたが、近年は川幅が狭く浅瀬になったため5石7石積の小船も往来できず、美濃国中が難儀している。

つまり、この地域で水害が連続した原因は、伊尾川下流域（桑名川通）の村々による新田開発と護岸施設にあると考えられていたのである。木曽三川が合流し海口へ流れ込む桑名川通や熱田川通において新田開発が盛んとなり、それを保護するために築堤がなされ、河道が狭められた結果、水の流れが徐々に悪化し、川上の沿岸諸村を水害が襲ったのである。したがって3輪中の住民たちの要求は、南之郷から桑名までの新田、新堤、猿尾、松柳葭植出し場を残らず取り払い、以前の川幅に戻すことにあった。

宝永の大取払

この訴訟は幕府評定所によって退けられたが、連年の水害への対策は急務であった。そこでは美濃郡代辻六郎左衛門守参は、幕府老中へ次のような献策をおこなった（図7）。

それはまとめると、1つには取払普請の実施である。桑名藩領与左衛門新田・茂左衛門新田、長島藩領作右衛門新田、下坂手村の松原・葭場、桑名藩領深谷部村の田地・草場、御料七右衛門新田

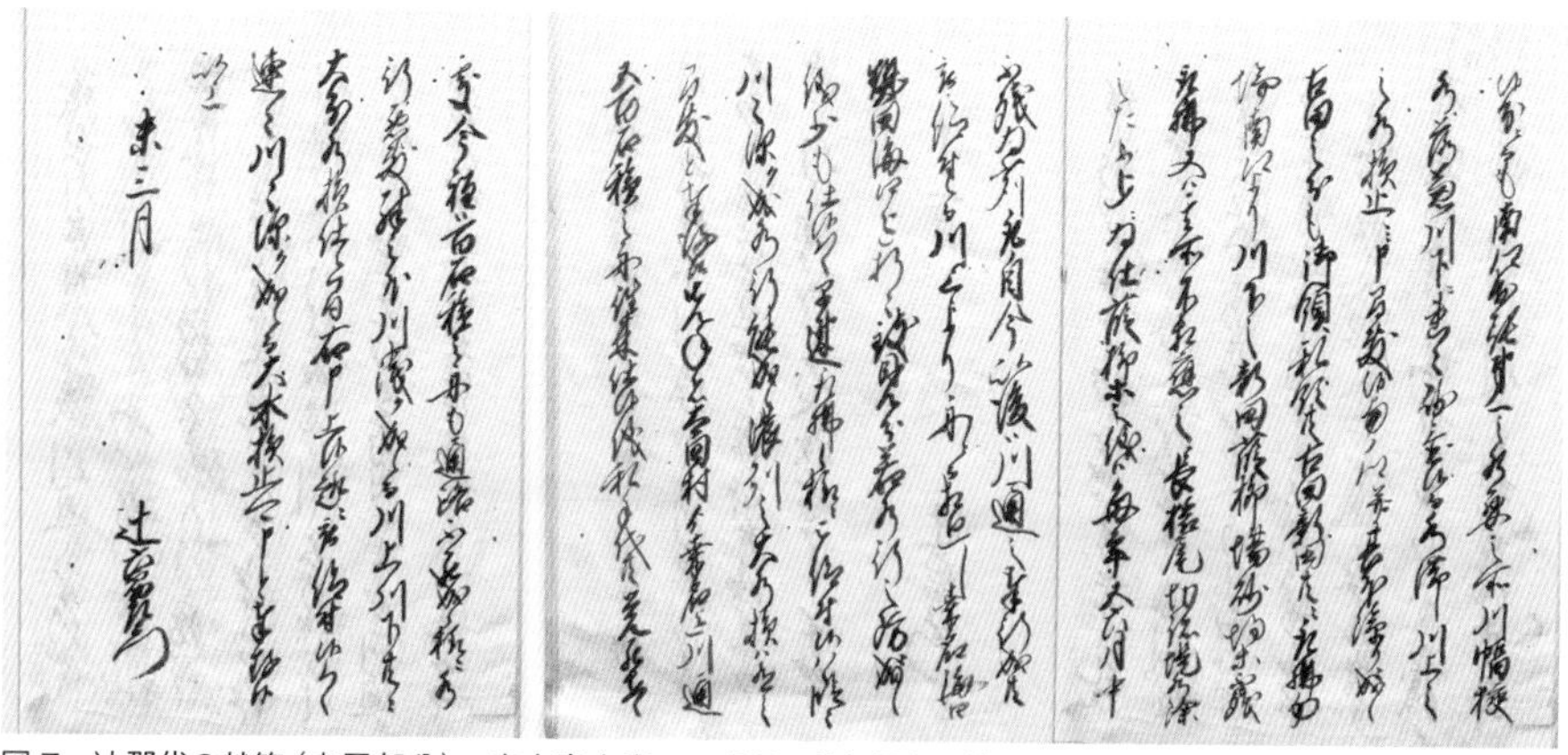

図７　辻郡代の献策（末尾部分）　高木家文書。１行目に「南郷出張第一之肝要之所」、８行目に「川通之奉行」の文字がみえる。

と帆引新田の出張り分、熱田川通尾張藩領の新田・砂場・長猿尾、桑名城の波除のために海手に打ち置いてある乱杭など、水行の障害となっている箇所は、御料・私領とも古田・新田にかかわらず残らず取り払い、不相応の長猿尾は短くするというもの。ここで辻郡代が「第一之肝要之所」としたのが南之郷の出張りであった。ここは新田ではなく古田（近世初めに検地で登記された本田）であったが、ここをそのままにしておいては川下の新田等を取り払っても、またすぐに砂が溜まり、水落ちが滞ってしまうとして、桑名藩に替地を与えても取り払わせることを主張した。

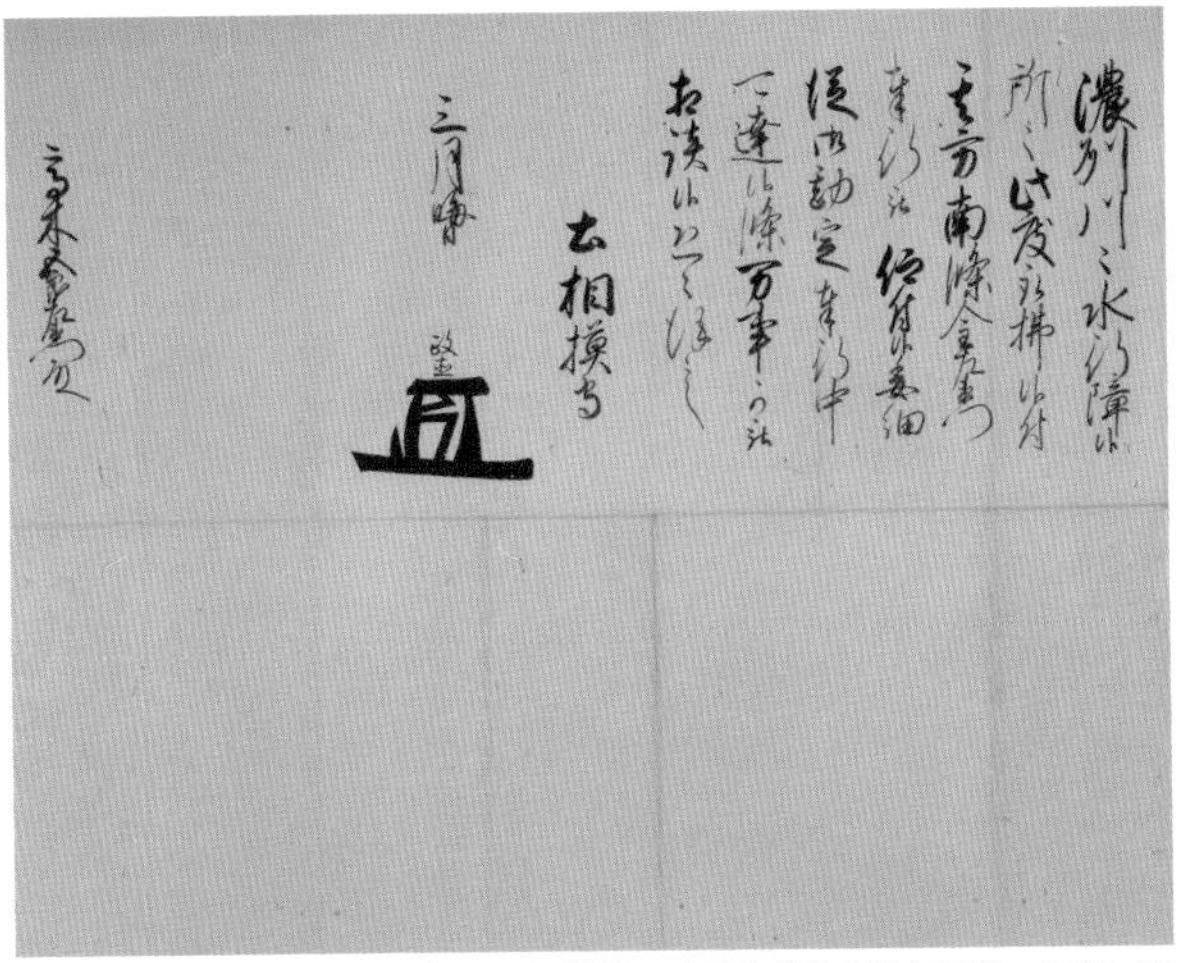
図８　高木五郎左衛門衛貞へ取払普請の奉行を命じる老中奉書　元禄 16 年（1703）３月晦日　高木家文書

　2つには「川通之奉行」の設置である。取払普請のうえで今後は「川通之奉行」なりとも仰せ付け、川上より船で巡り海口まで見分させ、水行の障りが少しでもあれば直ちに取り払うよう村々へ命じれば、水行も改善し、濃州の大水損はなくなるとする。

　幕府はこの献策を認め、まず南之郷をはじめとする桑名川通の水の流れの妨げとなっている箇所を撤去するため、元禄16年（1703）3月、高木五郎左衛門衛貞《もりさだ》（西家）と南条金左衛門則弘（幕府代官）に取払普請の奉行を命じた（図8）。

　さらに美濃郡代と高木三家を奉行として、宝永元年から2年（1704〜05）にかけて、美濃国中の河川を対象に水行の障りとなるものを取り除く大規模な河道整備工事が実施された。これが「宝永の大取払」と呼ばれる普請である。

　長良川と伊尾川に挟まれた安八郡の森部輪中辺りを描いた2枚の絵図（図9・10）は、宝永の大取払の前後の様子を描き分けたものである。図9の川通には水流を妨げる竹木が生え、所々に小屋が建ち、また水の流れを制御する水制施設がみられるが、図10ではそれらがきれいに取り払われている。宝永の大取払では、美濃国中の河川を対象に、樹木や葭はもちろん、流作

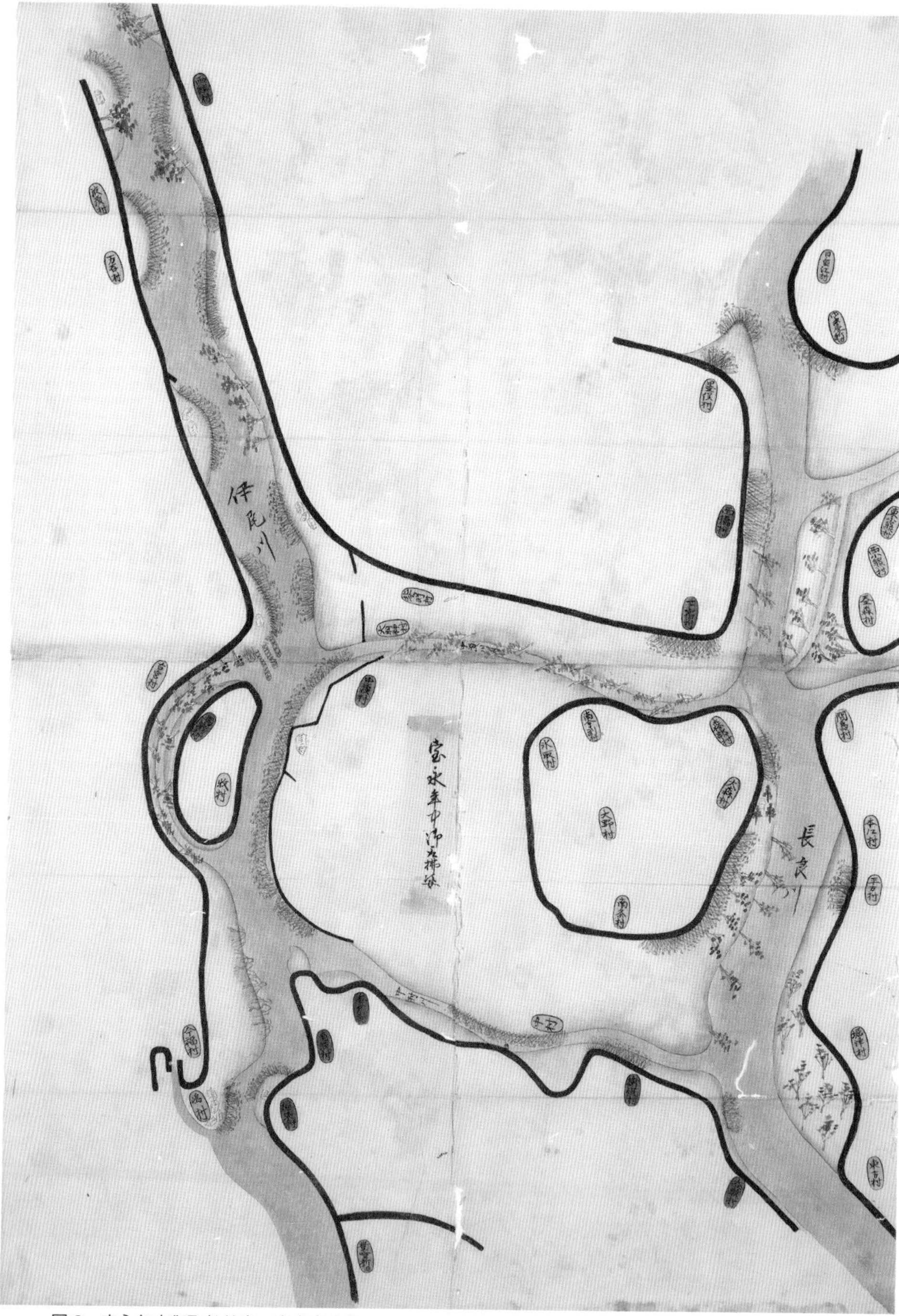

図９　宝永年中御取払前姿　高木家文書

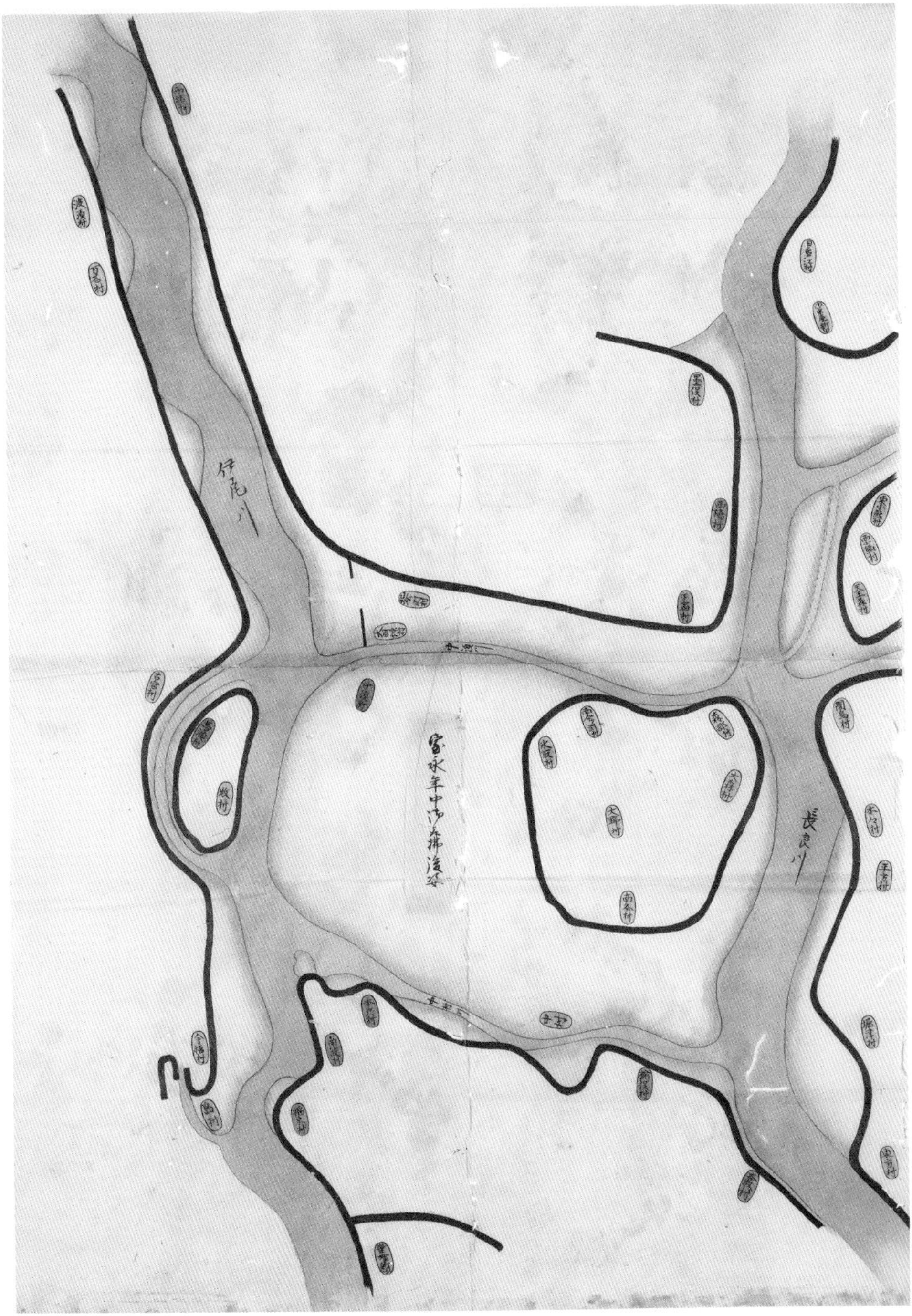

図10　宝永年中御取払後姿　高木家文書

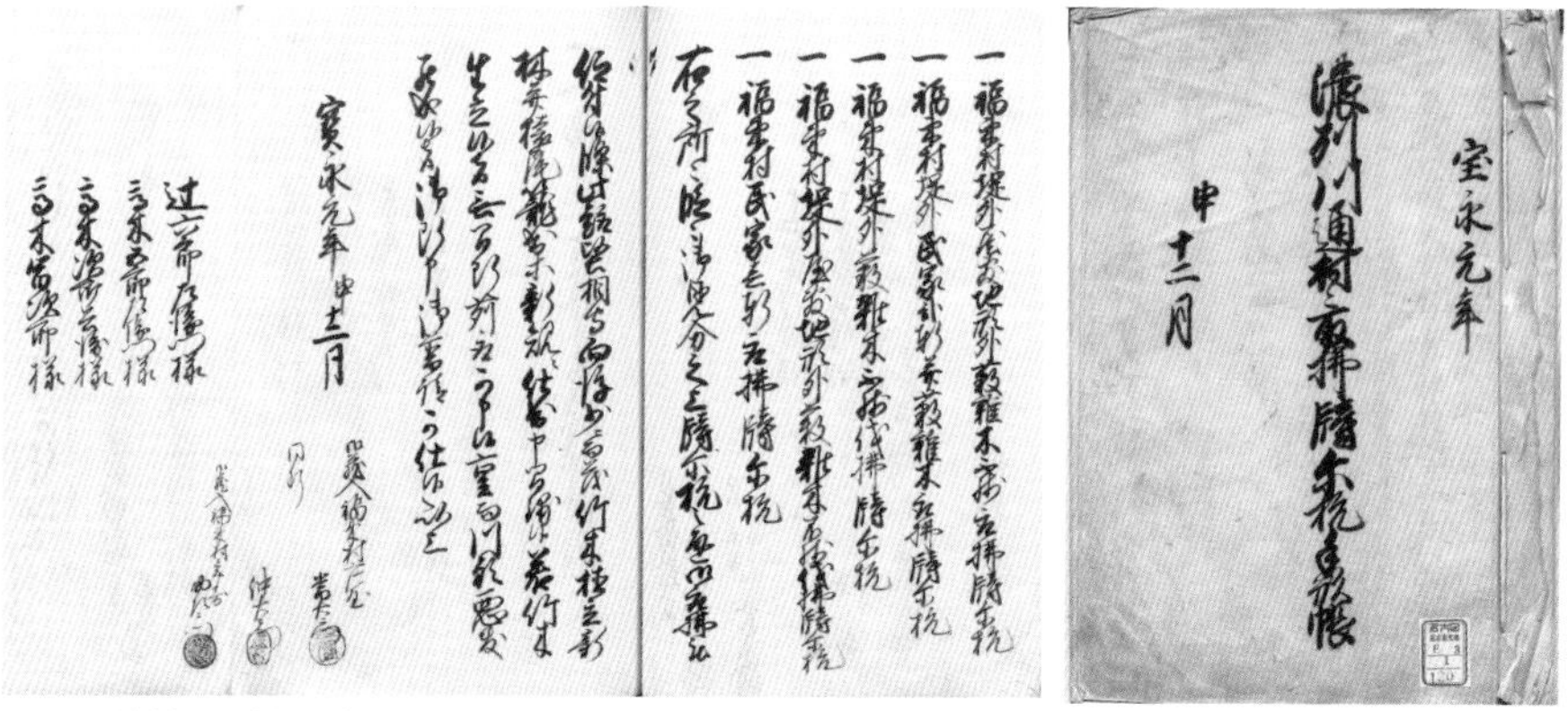

図11　濃州川通村々取払牓示杭手形帳　宝永元年（1704）12月　高木家文書

場（沿岸にある堤外の新田）から民家にいたるまで、水行の障害となるものが徹底的に除去された。この2枚は、後年の絵図ではあるものの、宝永の大取払の徹底ぶりを強く印象づけるものとなっている。

このとき美濃郡代と高木三家が美濃国中を見分し、取り払うべき場所に牓示杭を打って村々に取り払いを指示した。そして、今後は植樹や猿尾・籠出など新規の仕出しはしないこと、自然に生い立つ竹木は間断なく刈り取ることなどを、300を超える流域の村々に誓約させた（図11）。

取払普請後の宝永2年（1705）4月5日、幕府は高木五郎左衛門衛貞（西家）、高木次郎兵衛易貞《やすさだ》（北家）、高木富次郎貞隆（東家）へ、今後は一年交代で家臣を川通に派遣して取払跡を巡見させ、水行の障りがないよう取り締まることを命じた（図12）。

辻郡代の献策にあった「川通之奉行」の設置である。これ以降、高木三家は取払後の

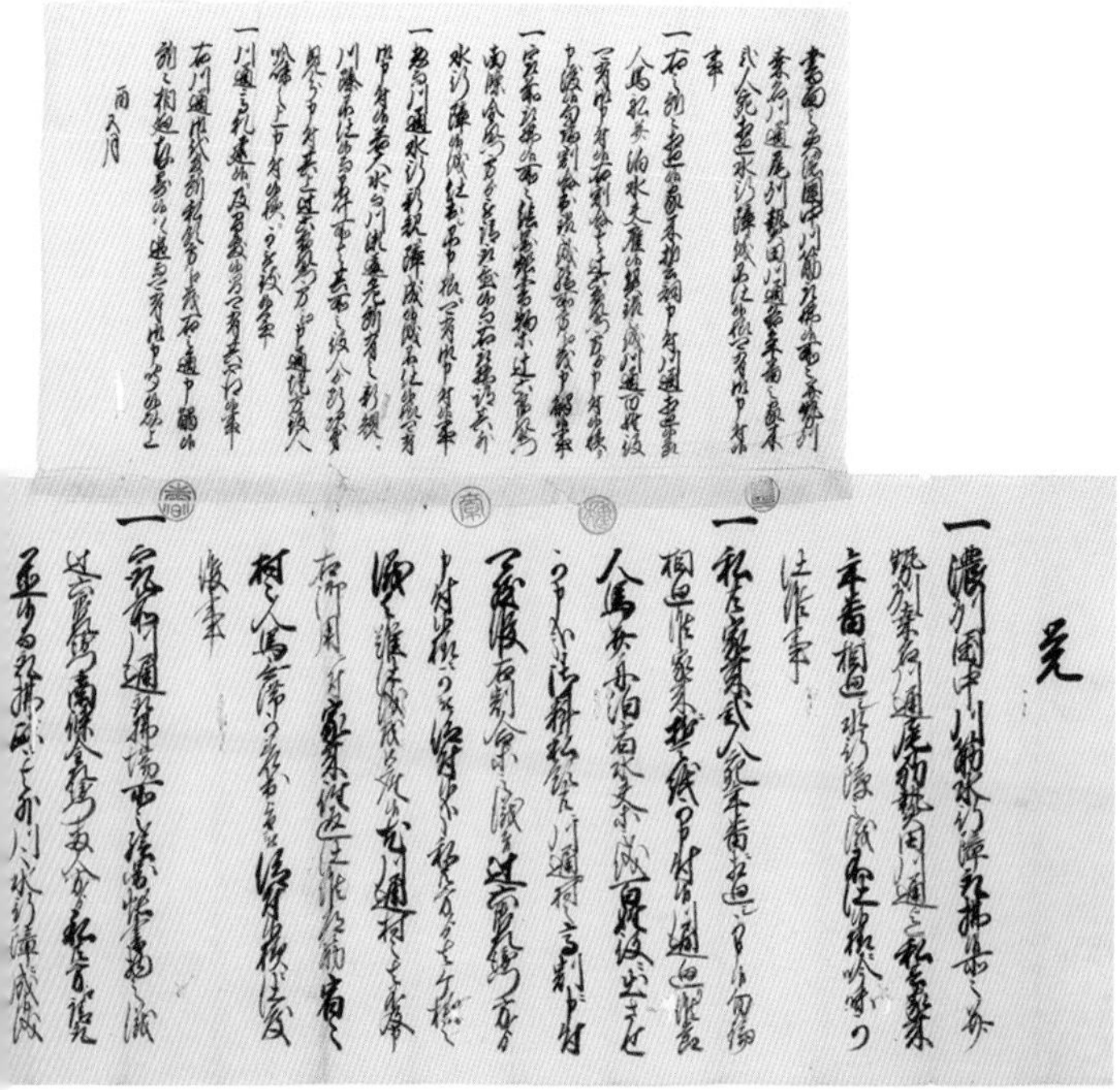

河川状態を維持・管理する役割を担うことになり、川通掛もしくは水行奉行と通称された。

17世紀のそれまでの治水は、洪水によって破壊された堤防の復旧工事や新たな堤防の修築を内容としていた。高木家の普請奉行も、その都度命じられる臨時の役儀であった。これに対して元禄・宝永の取払普請は、洪水の原因を河道の狭隘化にあるとして、川通の障害物を除去することで水行条件を改善し、川水を速やかに海へ流下させることを意図したものであった。元禄・宝永の取払普請を機に幕府の治水政策は、復旧工事中心から水害予防へと重点を移し、高木家を水行奉行（川通掛）とする河川管理体制が創設されたのであった。

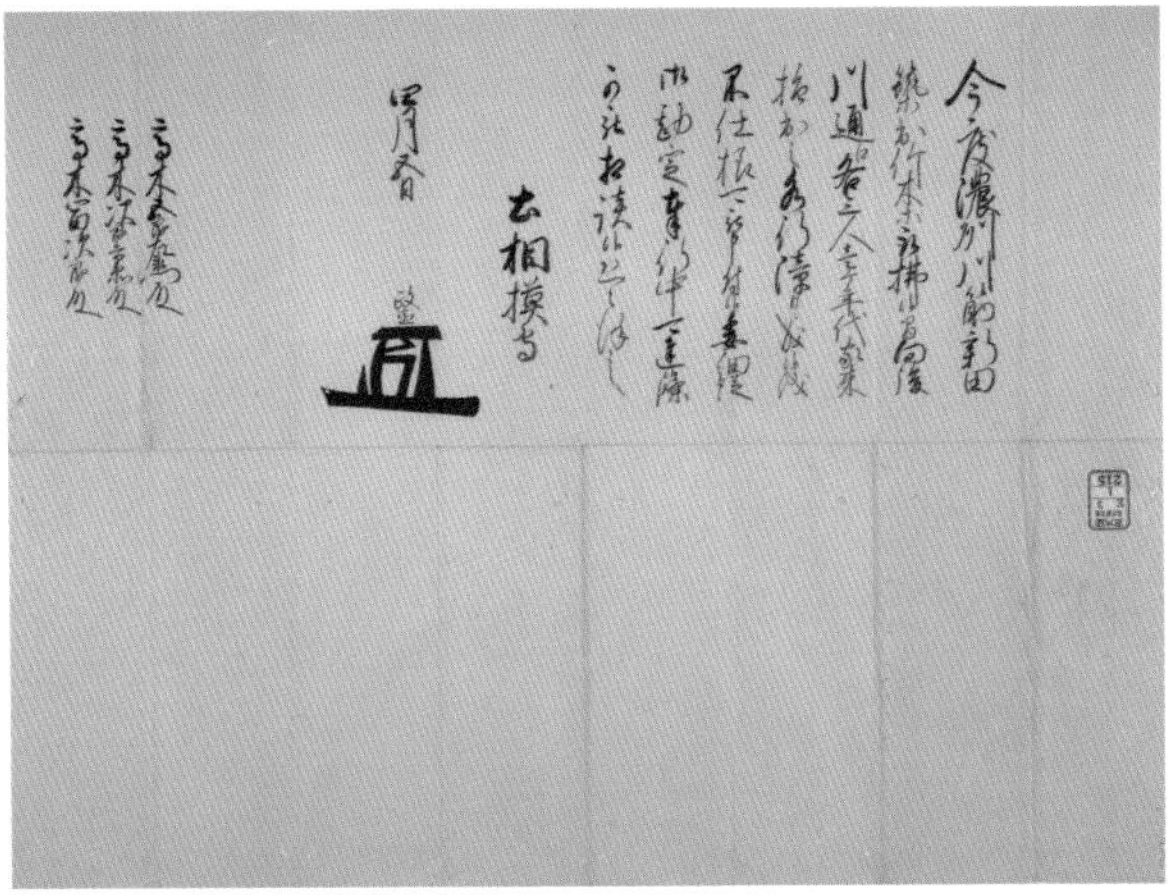

図12　高木家へ川通巡見を命じる老中奉書　宝永２年（1705）４月５日　高木家文書

図13　川通巡見につき伺書および回答書　宝永２年（1705）４月　高木家文書
川通巡見を命じられた高木家が、その職務内容について勘定奉行の指示を仰いだもの。５月付の付紙による回答に巡回範囲などの指示が書かれている。

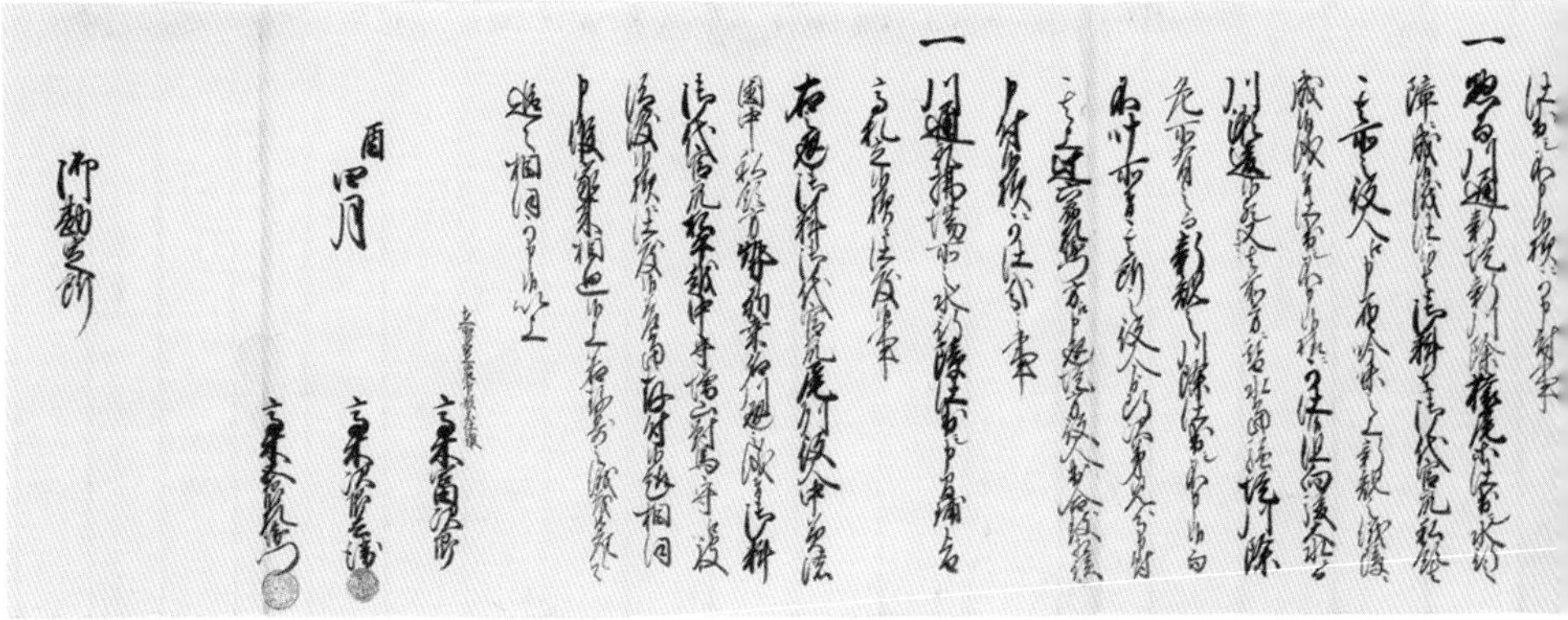

流域の河川管理を担った
水行奉行高木家

川通巡見

宝永の大取払の後、旗本であった高木家が川通掛あるいは水行奉行として、笠松代官方と共に河川管理の役割を担ったことは、木曽三川流域における治水の大きな特徴となっている。両者は毎年取払跡の川筋を巡見して水行の障害の有無を見分した。また、現状の変更や新規の普請に際しては両者へ出願することが必要となり、高木家と笠松代官方が立ち会いでその可否を判断した。ここでは水行奉行としての高木家の役割を具体的にみていくことにする。

まずは川通巡見である。その範囲は、当初は美濃国の川筋で取り払いをおこなった場所および勢州桑名川通・尾州熱田川通までを範囲とした。三大河川はもとより、藤川とその周辺の小河川（不破郡）、粕川（池田郡）、藪川（大野・安八郡）、犀川・五六橋川・中川・糸貫川（本巣郡）、板屋川（方県《かたがた》郡）、伊自《いじ》良《ら》川・新古川・鳥羽川（山県・方県郡）、武儀《むぎ》川（山県郡）、郡上川（武儀・各務《かがみ》郡）、津保川（加茂・武儀・各務郡）、可児《かに》川（可児郡）、土岐川（土岐郡）、境川（各務・羽栗郡）、鷲巣川・小幡川（多芸郡）、牧田川（石津・多芸郡）、久瀬川（不破・多芸郡）、大谷川・松川・泥川（不破郡）の小河川まで広範囲に及んだ。このときの管轄範囲の河川を描いたのが、11ページの木曽三川流域大絵図であった。

しかし、明和3年（1766）以降、高木家の持ち場は縮小され、美濃・伊勢の内、木曽川は笠松村から加路戸《かろと》川通海口まで、長良川は河渡《ごうど》村から木曽川の落合まで、伊尾川は西結《にしむすぶ》村から桑名川通海口までとなり、上流部と小河

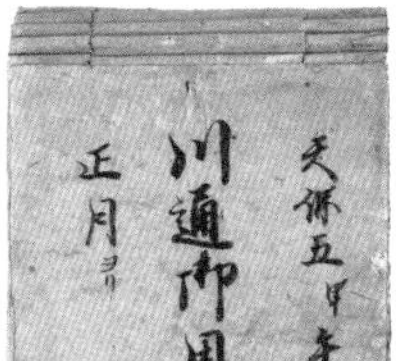

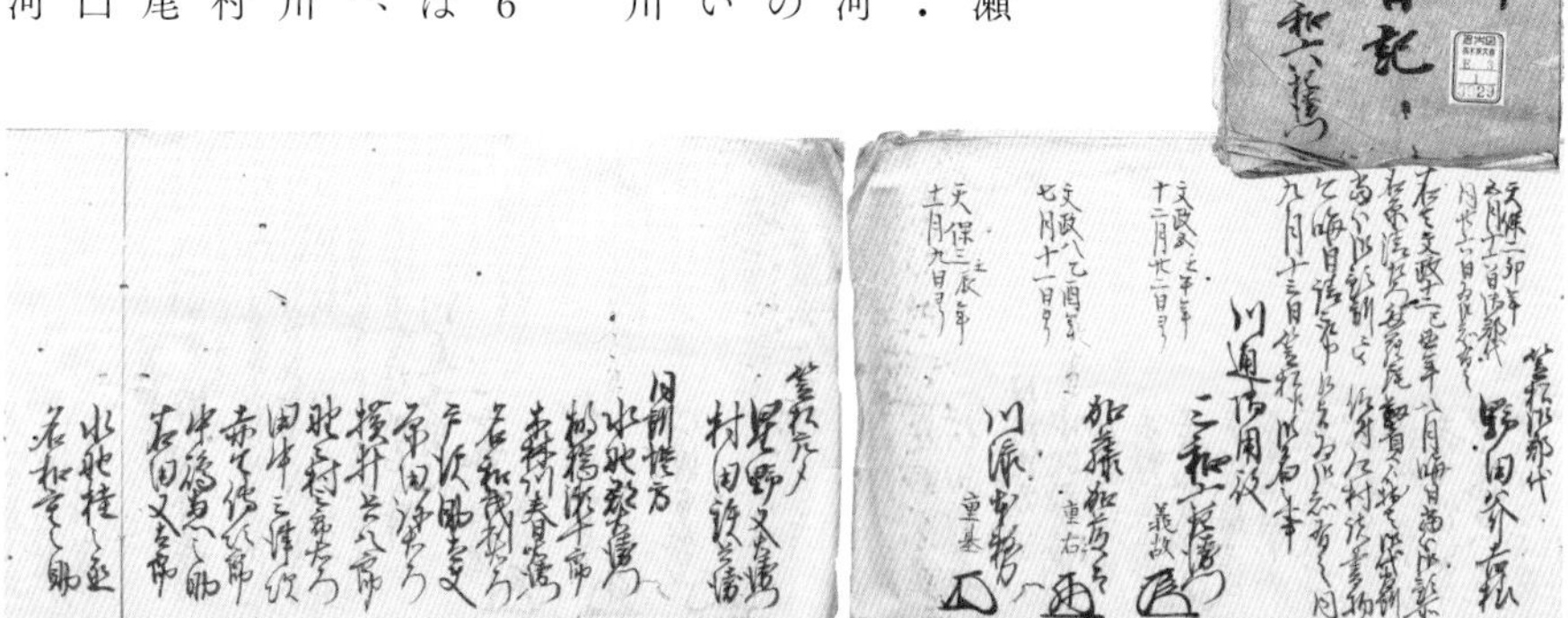

図1　川通役・堤方役（天保５年「川通御用日記」より）　高木家文書

川は管轄外となった（18～21ページの濃勢尾州川筋絵図が縮小された持ち場になる）。

水行奉行となった高木三家は、河川管理を担当する常置の役職として川通役を置いた。川通役は、見習が付くこともあったが、原則それぞれの家から一人が選ばれた。そして各家の川通役が年番で川通巡見をつとめた。子・卯・午・酉が西家、丑・辰・未・戌が北家、寅・巳・申・亥が東家の担当年であった。

美濃郡代が指揮する笠松陣屋には、治水担当の堤方役が置かれた。彼らは江戸時代初めに岡田将監の登用にはじまるとされる世襲の地役人（地元住人から抜擢された在地居住の役人）で、宝永の大取払後に笠松に移住するようになり、高木家の川通役と連携して治水行政を担った。

川通巡見は、毎年、次のような手順で実施された。①高木三家・笠松代官方が川筋の村々に対して、水行の妨げになる障害物の取り払いを命じる。②村々が取り払いを実施し、取り払い済み注進をおこなう。③その点検のため川通役と堤方役が川通を巡見し、取り払いが不十分な箇所があれば村々に撤去を命じた。

この過程を天保5年（1834）の川通巡見から追ってみたい。

天保5年の大川通見廻り

天保5年の川通役は、西家が三和六左衛門義故、東家が川添本務重基、北家が加藤加藤太重右であった。この年は甲午なので西家の三和が年番である。三和は見習を経て天保2年（1831）から本役をつとめていた。笠松の堤方役は14人おり、この年は田中三津次が担当であった。

7月下旬に川通役から堤方役へ巡見の日取について打診があり、三和と田中が相談した結果、9月12日に流域の村々へ取り払いを命じる廻状を送った。その内容は次のようにあった（図3）。

宝永年中に水行の障りを取り払った場所に、近年川通の規則を忘却し川方野方に挿し木して水行の害となっている村々もあり、不埒の至りである。今年は9月25日までに取り払いをおこない、多良・笠松両役所へ注進すること。追って廻村の節は寛政2年（1790）・享和3年（1803）に改めた絵図面（104ページ参照）をもって巨

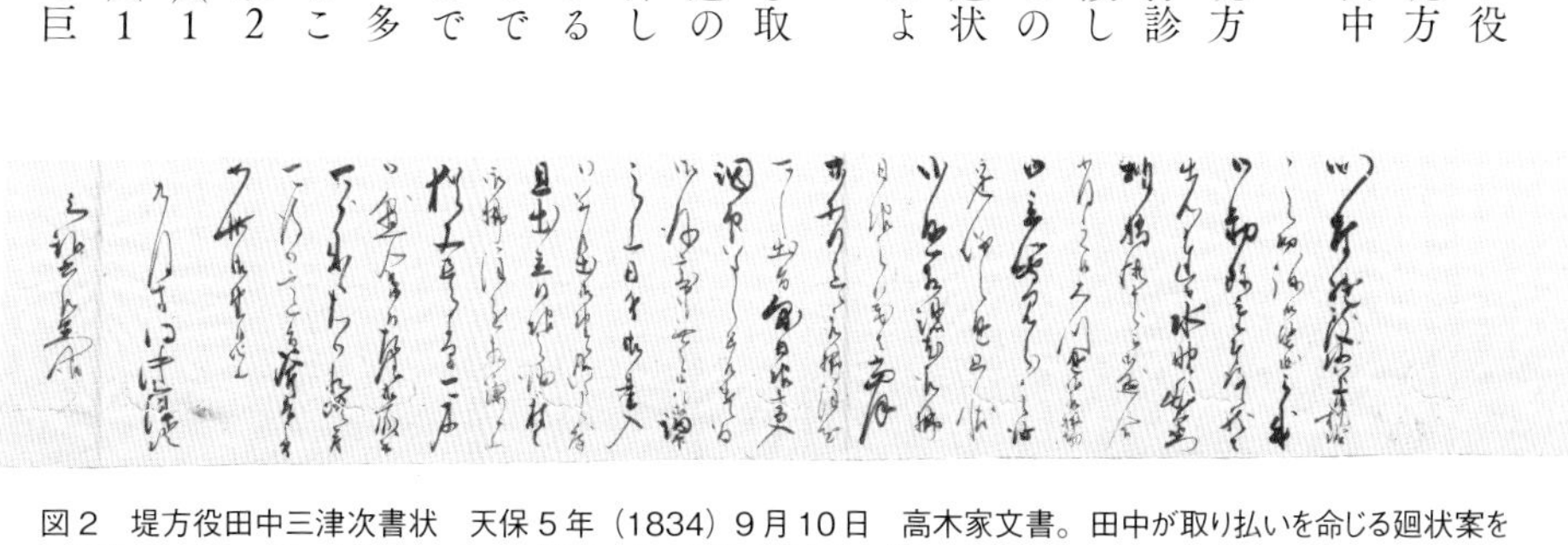

図2　堤方役田中三津次書状　天保５年（1834）９月10日　高木家文書。田中が取り払いを命じる廻状案を２通作成し三和へ送ったときのもの。廻状は三和が日付を書き入れ村々へ送った。

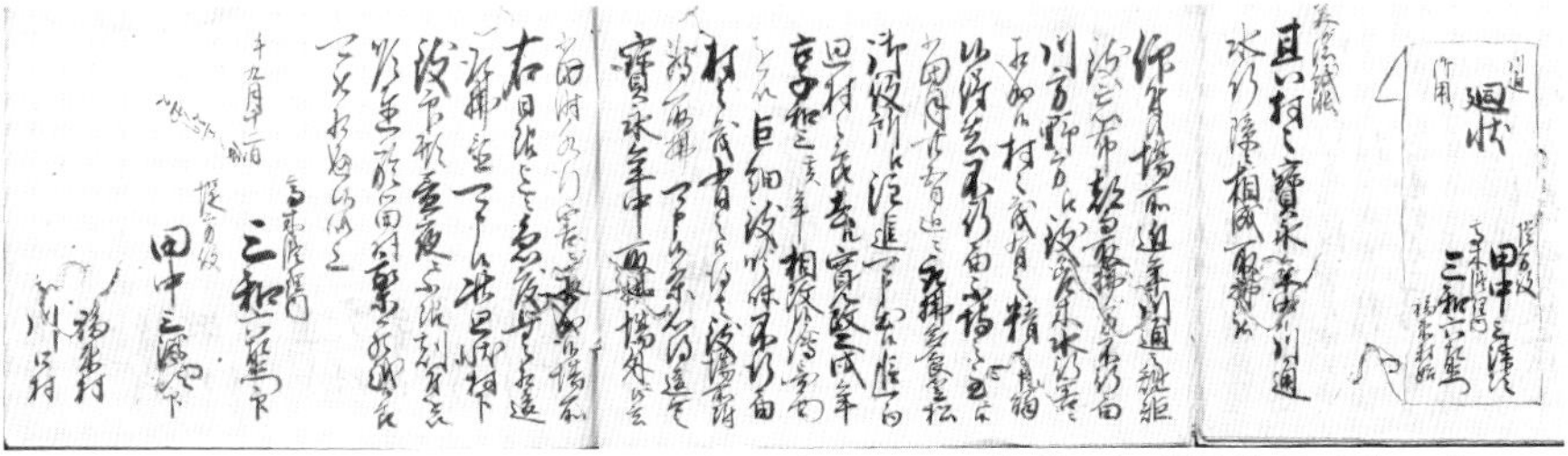

図３　村々へ取り払いを命じる廻状写　天保５年（1834）９月12日（天保５年「川通御用日記」より）
高木家文書

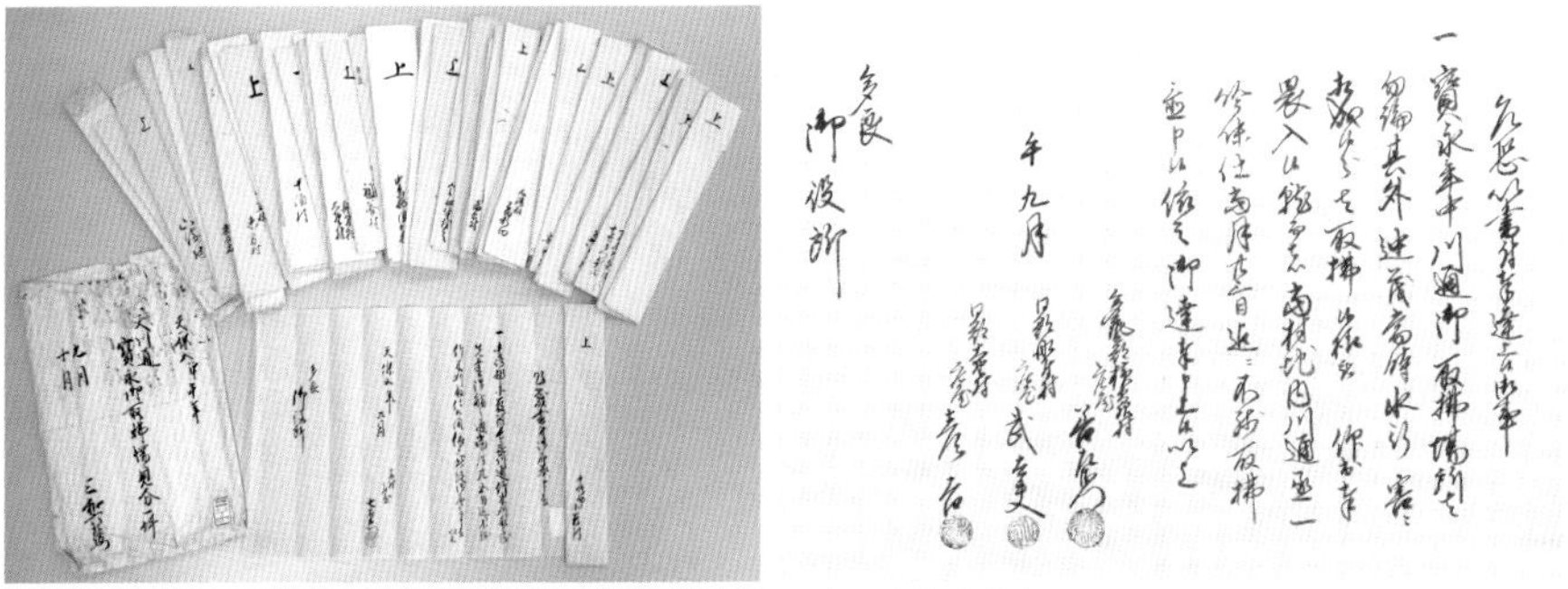

図4　村から提出された取払済み注進書　天保５年（1834）　高木家文書

細吟味するので、不行届の村があればその場にて取り払わせる。また、宝永年中の取払場所外であっても水行の障りになる場所があれば日限までに取り払っておくこと。

笠松・多良からの廻状は2通作成され、1通は伊尾川中流左岸の福束《ふくづか》村から上流の村々を廻って今尾村まで、もう1通は牧田川下流右岸の船附《ふなつき》村から下流、デルタ地帯の新田を廻って今尾村まで順達された。この廻状を受けて川筋の村々では直ちに取り払いを実施した。取払済み注進書は9月18日から陸続と届けられた。

注進書が出そろった段階で、三和・田中が出役日時の調整をおこない、来月17日に福東村で落ち合うこととなった。10月17日、三和は朝六つ半時に多良を出立、八つ半時頃に福束村に到着した。福束村で田中と落ち合い、明日からの見分を伝える先触を作成し、村々へ廻村の順序を伝えるとともに、案内や人足・休泊所の支度を命じた。

川通巡見は図5に示した順序でおこなわれた。初日の18日は辰上刻（午前7時30分頃）に福束村を出立し、伊尾川を船で上って船中から見分した（ルート1）。この日は津村に旅宿する。19・20日と長良川を下り、江崎村・河渡《ごうど》村から森部村を経て、木曽川合流地点の小藪・成戸《なりと》村まで南下し、今尾村を宿所とした（ルート2・3）。21日は再び伊尾川を下り、桑名川通の長島輪中大島村まで見分した（ルート4）。22日は桑名川通右岸を一之新田（現在の桑名市福地

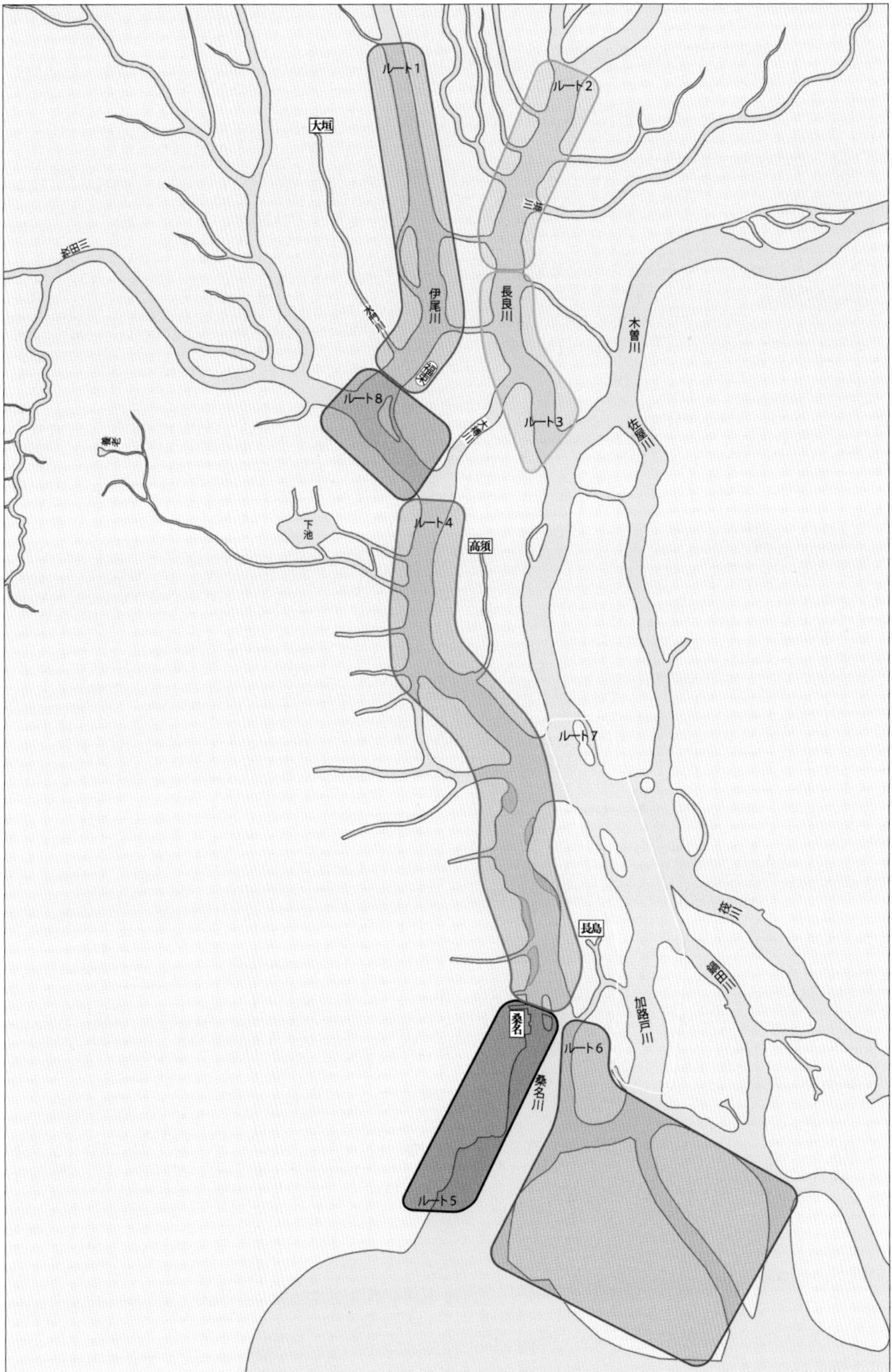

図5　巡見ルート　服部亜由未作成

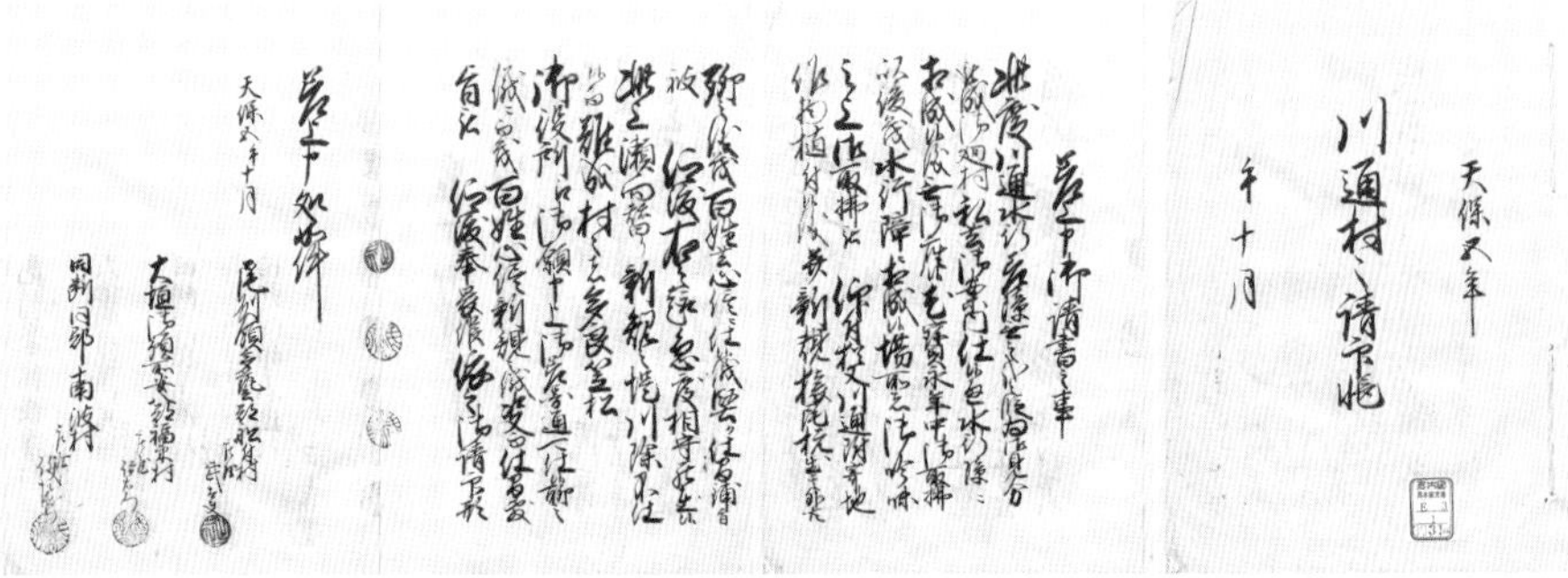

図6　川通村々請印帳　天保5年（1834）10月　高木家文書

辺り）まで見分し、桑名に戻った（ルート5）。23日から24日にかけて河口に形成された輪中の村々を廻った（ルート6・7）。先触では24日に加路戸《かろと》輪中から木曽川を北上して立田輪中下立田村まで見分し（ルート7）、それから対岸の金廻《かなまわり》村で上陸して伊尾川右岸の大牧村へ向かう予定であった。しかし、加路戸川通長島領村々などで不取払の場所が多く取り払わせに時間がかかり、また立田輪中船頭平《せんどうひら》村でも不取払の場所があったため、急遽船頭平村での泊まりとなった。翌25日に船頭平村へ取り払いを命じた場所を見分してから福原新田・松田村・福原村・下立田村を巡り、大牧村へ向かった。最終日の26日は大牧村から伊尾川沿いを、牧田川が合流する船附村・横曽根村・塩喰《しおばみ》村・豊喰《とよばみ》村まで見分した（ルート8）。

巡見では柳藪竹木などの取残分や不取払の箇所があれば厳しく申し付け、直ちに取り払わせた。また、農作物を植え付けた作付の場所や新たに建てた小家も撤去させている。そして見分を終えると庄屋や惣代が請書に押印した。請書には、川通附寄地の作物植付ならびに新規猿尾杭出などは勝手におこなわず、瀬向替り（河川の付け替え）や新規の堤川除をしなければ存続しがたい村々は、多良・笠松両役所へ出願し指図に従うことを誓っている（図6）。

天保5年の川通村々請印帳には147の請印が押されている。村々は尾張・大垣・加納・高須・桑名・長島藩領および御料・旗本知行所にまたがっていた。高木家川通役と笠松堤方役は、個別領主の枠をこえて、毎年このように川通巡見をおこない、河道の維持に努めたのである。

普請見分

水行奉行（川通掛）としての高木家は、毎年の定期的な川通巡見に加えて、流域の輪中や村々から普請の出願があった場合はその都度、笠松方と現地を見分し、普請の可否を判断した。同じ天保5年の2つの例をみてみよう。

この年の3月9日、勢州油島新田地先締切六拾三ヶ村組合惣代が多良奉行所へ、昨夏の大雨で大破した喰違洗堰を自普請（村が費用を負担）で修復したいと願い出た（図

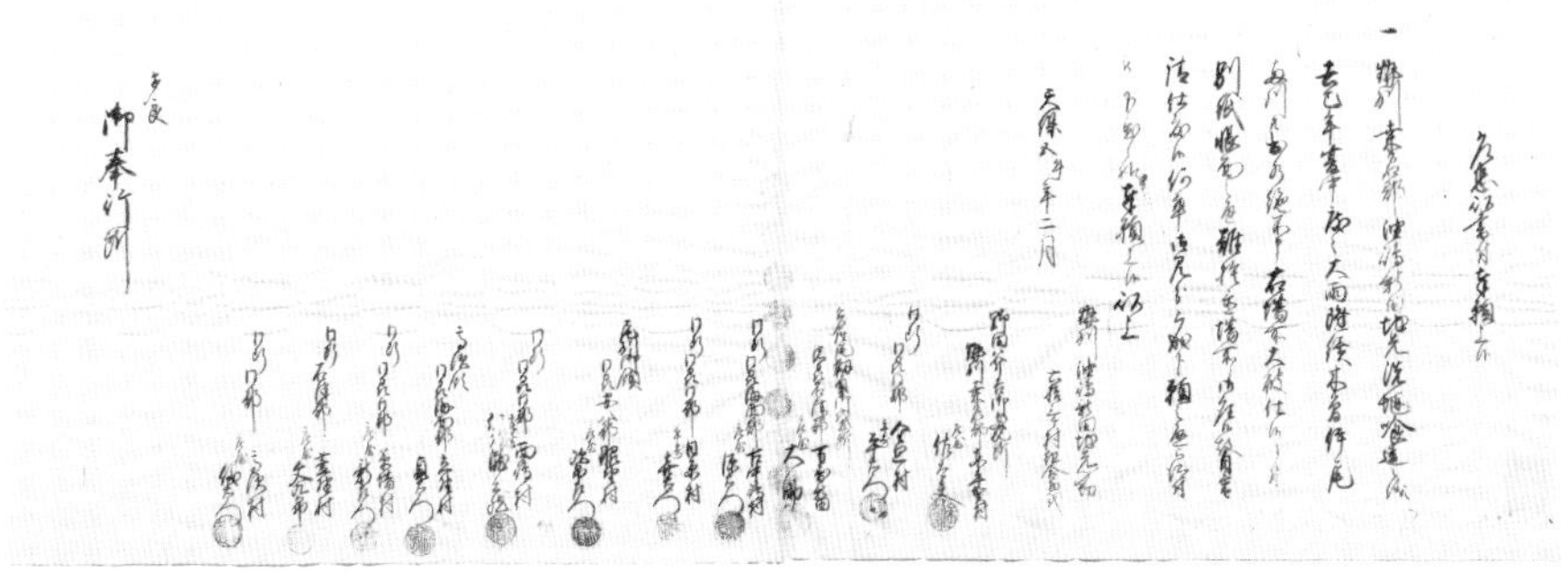

図７　勢州油島新田地先締切六拾三ヶ村組合願書　天保５年（1834）２月　高木家文書

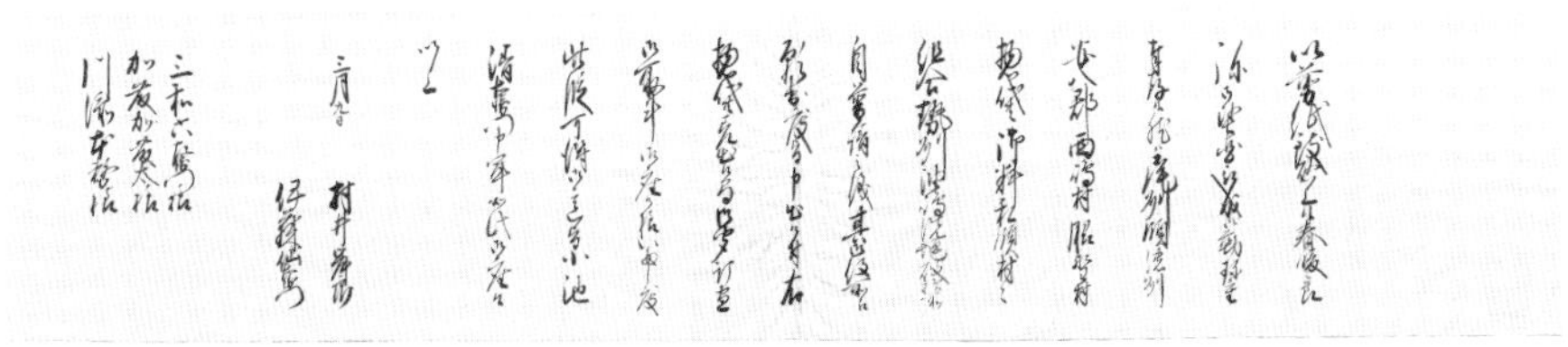

図８　尾張藩添状　天保５年（1834）３月９日　高木家文書

図９　高須藩添状　天保５年（1834）３月９日　高木家文書

7）。このとき惣代は、同じ願書を笠松役所へも提出するとともに、尾張藩および高須藩の添状も持参した（図8、9）。一般の普請であれば領主の許可のみで済むが、河川関係の普請は領主の断りを得たうえで笠松・多良両役所へ出願し見分を受ける必要があった（組合は御料・尾張藩領・高須藩領で構成）。

　願書を受けて川通役と堤方役の間で立会見分の日時を調整し、3月21日に七郷《ななさと》輪中東平賀村で落ち合うこととなった。このとき笠松からは堤方役の原田弥右衛門・中嶋恵之助、高木家からは川通役の三和六左衛門・加藤加藤太が出役した。22日に船で洗堰破損箇所へ出向き、組合から提出のあった普請計画書と照らし合わせながら見分した。自普請の場合は見分のうえ、水行に差し障りがないと判断されれば多良・笠松の権限で承認し、竣工後に出来形を見分するのを通例とした。

自普請は6月23日までに終わったので7月朔日に堤方役の原田・中嶋、川通役の加藤と川添本務が出役し、翌2日に自普請所出来形を見分した。見分の後、計画通りに竣工したことを証明する「勢州桑名郡油嶋新田松之木村地先喰違洗堰自普請出来形帳」を作成し、堤方役と川通役が署判して組合惣代に交付した。

喰違洗堰自普請は現状回復を目的とするものであったが、もう一例は現状変更の普請である。4月23日、勢州桑名郡海口惣代の松吉新田庄屋運平は、加稲《かいな》山新開場の開発（加稲輪中の南）により老松《おいまつ》新田

図10　勢州油嶋新田地先洗堰自普請願一件　天保５年（1834）３月　高木家文書。こうした普請見分については関係資料が保管されただけでなく、担当の川通役によって記録が作成された。

（横満蔵《よこまくら》輪中の南）への水当たりが強くなったため、自普請で現在の猿尾を継ぎ足し50間（約91m）にしたいと出願した。添付された絵図（図11）にみえるように、新開場の開発により水の流れに変化が生じたため、猿尾の補強を計画したのである。

これにより堤方役の水野郡右衛門・赤生伝次郎、川通役の三和・加藤が5月6日に出役した。このときは現地を見分するだけでなく、長島輪中や立田輪中などの惣代を呼び出して障りの有無を問い糾し、請書を徴収した（図12）。現状を変更する場合、その普請が周辺の輪中や村々に悪影響を及ぼさないか確認してから許可するか否かを判断したのである。

堤の補強や猿尾の新設など現状を変更する場合、普請を出願した村は水害被害が減少するかもしれないが、水行に変化が生じて周辺の村々の中にはかえって被害が大きくなるおそれもあった。治水は地域対立が伴うものであり、地域の利害調整も高木家の重要な役割であった。

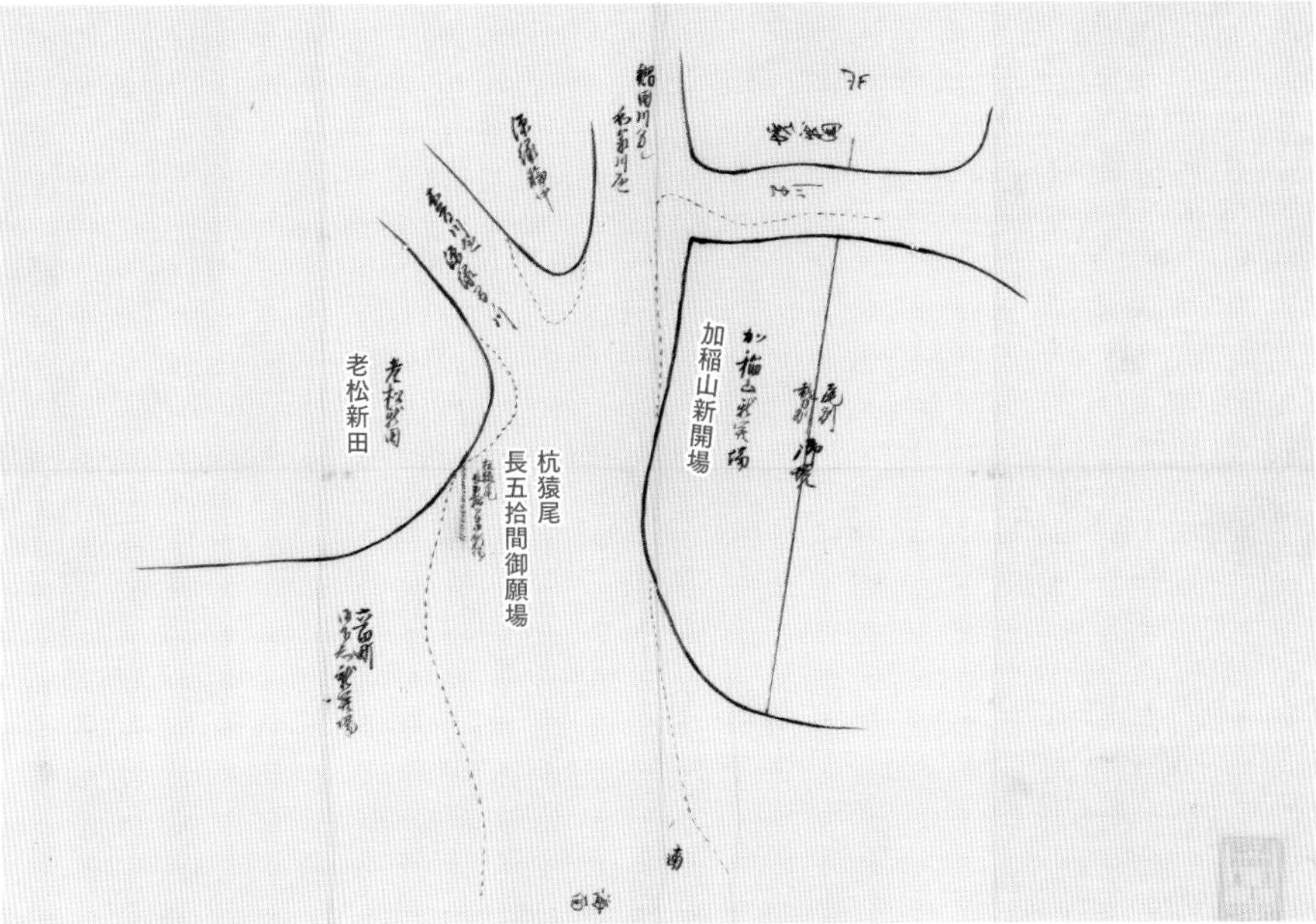

図 11　老松輪中猿尾継足し願い絵図　天保 5 年（1834）4 月　高木家文書。老松新田の先、朱書が普請箇所。

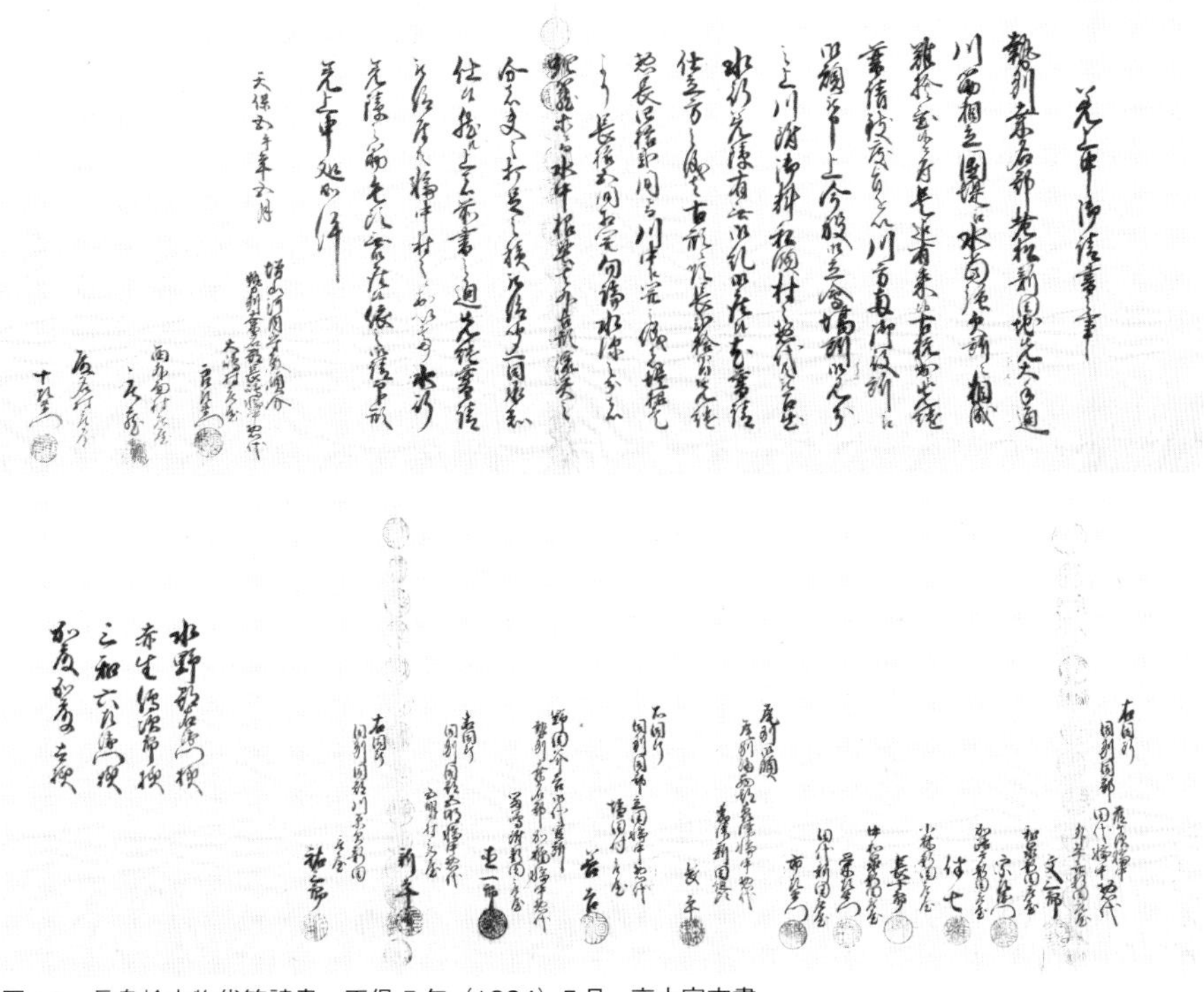

図 12　長島輪中惣代等請書　天保 5 年（1834）5 月　高木家文書

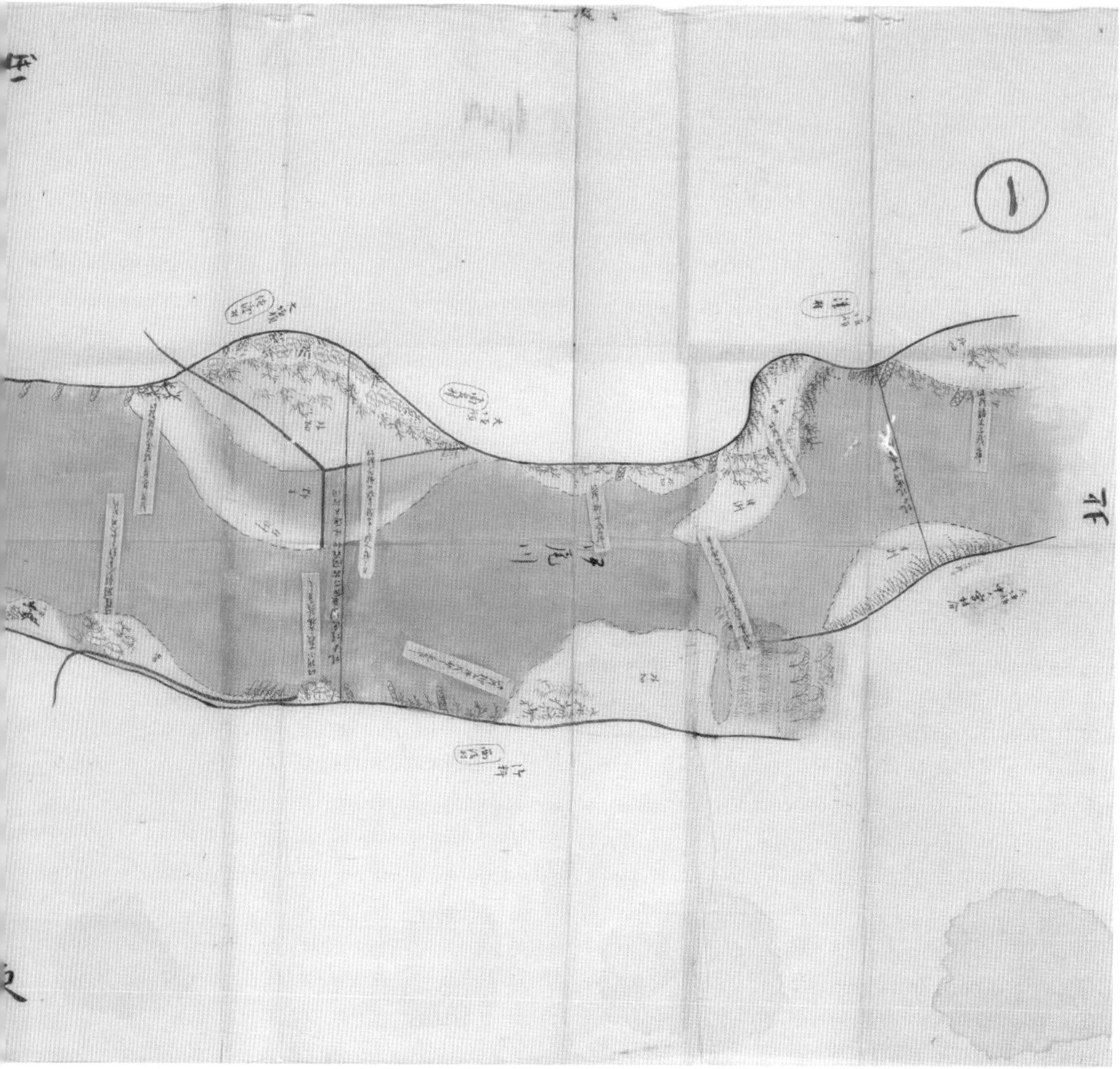

伊尾川通取払絵図

全長6mを超える長大な絵図

高木家川通役と笠松代官堤方役が、毎年川通を巡見するにあたっては、川通の状態を描いた絵図面をもって吟味し、不行届の村があればその場で取り払わせた。その絵図面は、寛政2年（1790）、享和3年（1803）、天保10年（1839）の3度改められている。

このうち寛政2年の改絵図面が東高木家治水文書の中に伝わっている。伊尾川通取払絵図と長良川通取払絵図である。元は笠松役所が所持していたものであったが、文化7年（1810）の巡見中に川通役小寺牧太が堤方役に掛け合い、以後多良役所に預け置くことになったものである。

伊尾川通取払絵図は、川通巡見

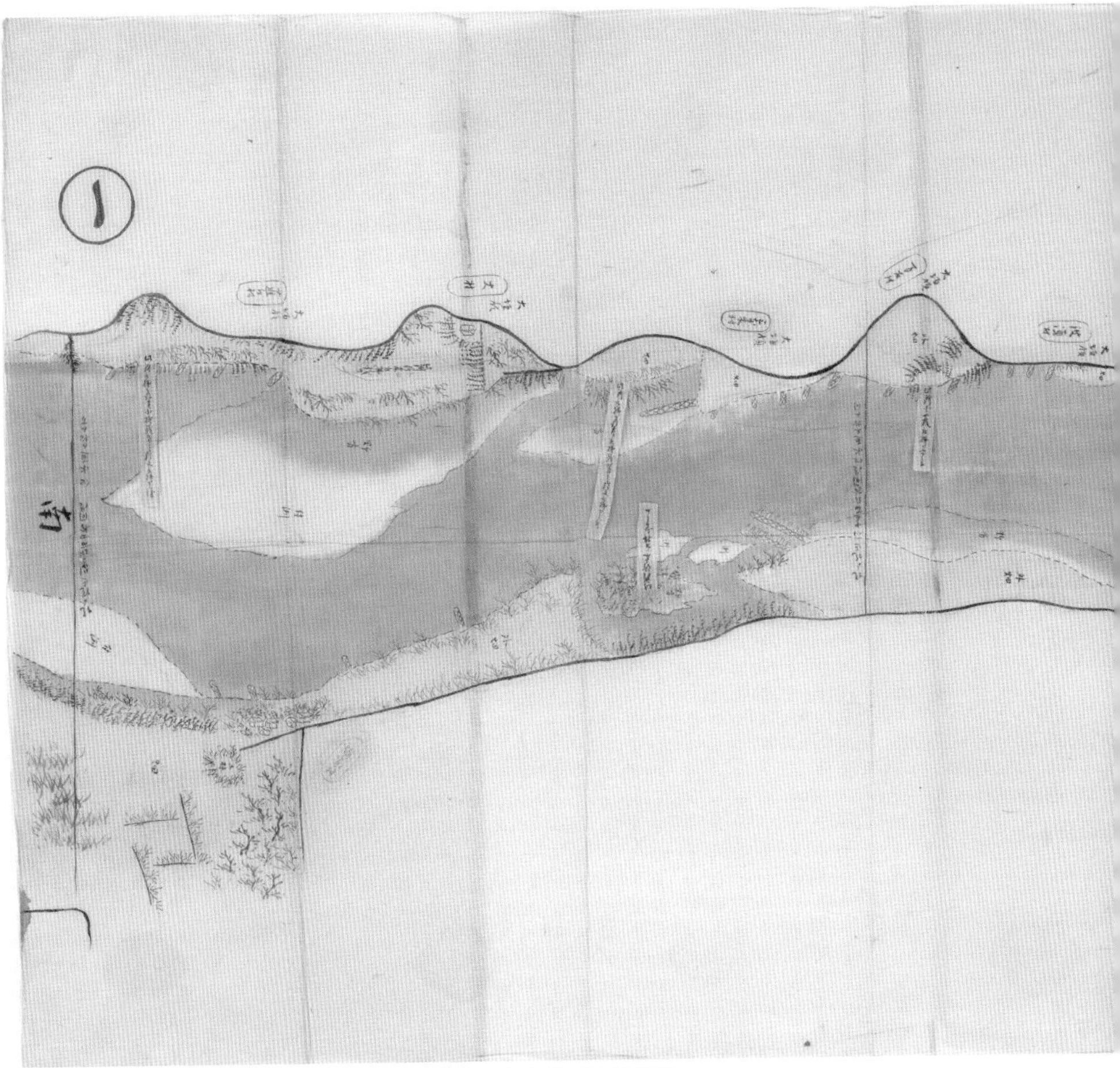

伊尾川通取払絵図　寛政２年（1790）　東高木家治水文書（個人所蔵）

の範囲となる、伊尾川中流の津村（現大垣市）・西結《にしむすぶ》村（現安八町）辺りから海口までを、5枚に分けて描いている。1枚は約133×60㎝あり、5枚合わせると6mを超える長さになる。

長良川通取払絵図は2枚組で、合わせると386×43㎝の大きさである。川通巡見の範囲である、長良川通中流の河渡《ごうど》村（現岐阜市）辺りから木曽川合流地点までを描いている。

これらの絵図には、川通に存在する畑（黄色）、野方（黄緑色）、洲（白色）、そこに生え出た竹木や葭・小藪、建ち並ぶ小屋、猿尾や圦などが丁寧に描かれる。これに加えて、幅印《しるし》として朱線を引き、堤から堤までの川幅、その間の水が流れる幅（水通）の測量結果が記録されている。

また、「此所諸木不残《のこらず》取払」や「此所小藪取払不申《もうさず》候」などと書

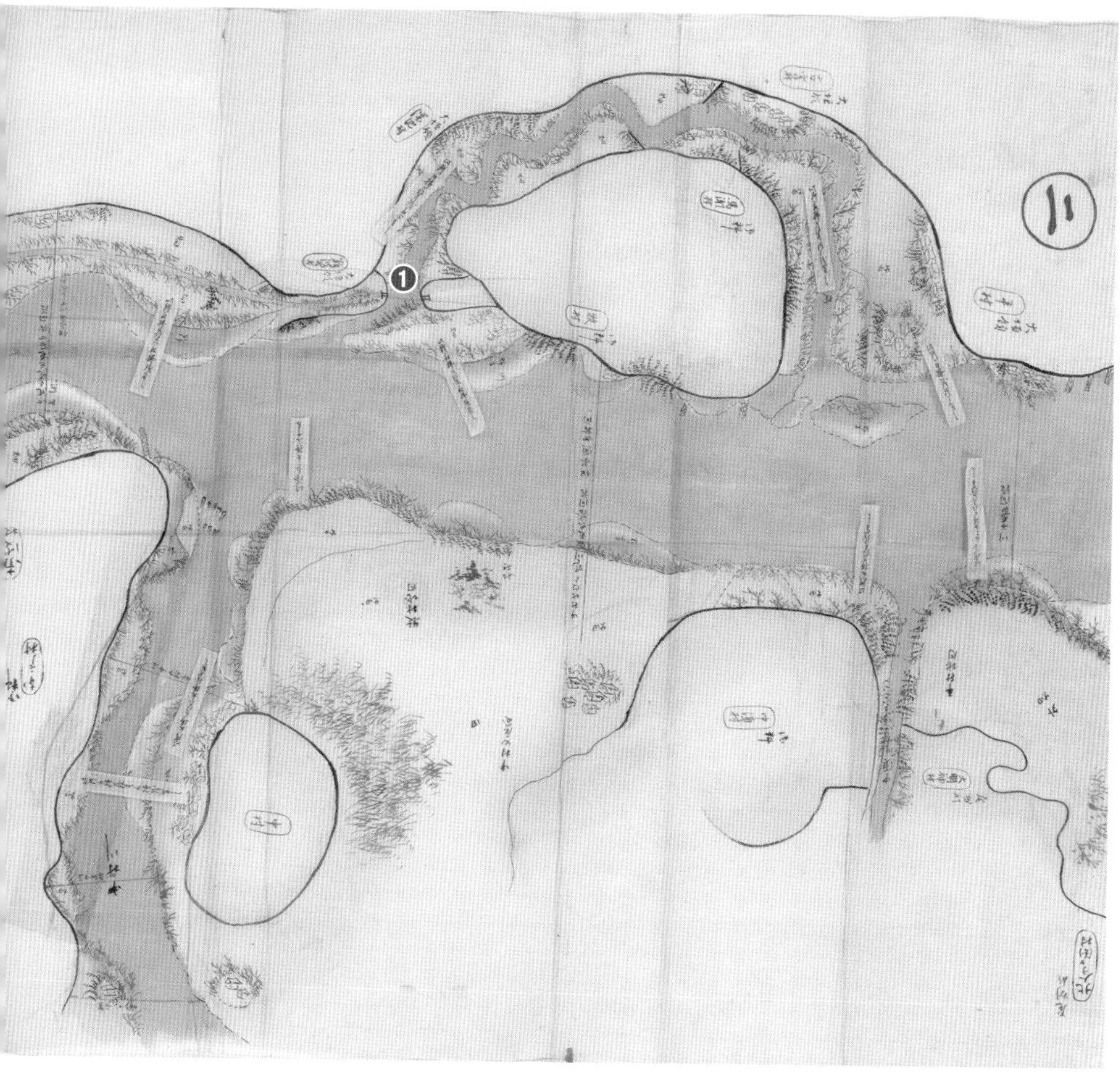

かれた、取払状況を示す付箋が所々に貼られている。

高木家川通役と笠松代官堤方役は、改絵図面と照合しながら川通を見分し、必要に応じて取り払いを命じ、水が滞りなく流れるよう川幅を一定に保ったのである。

本書では色彩豊かな伊尾川通取払絵図5枚を掲載する。改絵図面は木曽三川流域の河川管理の一端をうかがい知ることができるだけでなく、18世紀末の河川環境もつぶさに知ることができる点で貴重である。

東高木家治水文書の中には同系統の年未詳絵図がまだ残っており、比較検討することで河川環境の変化を追うことも可能であろう。

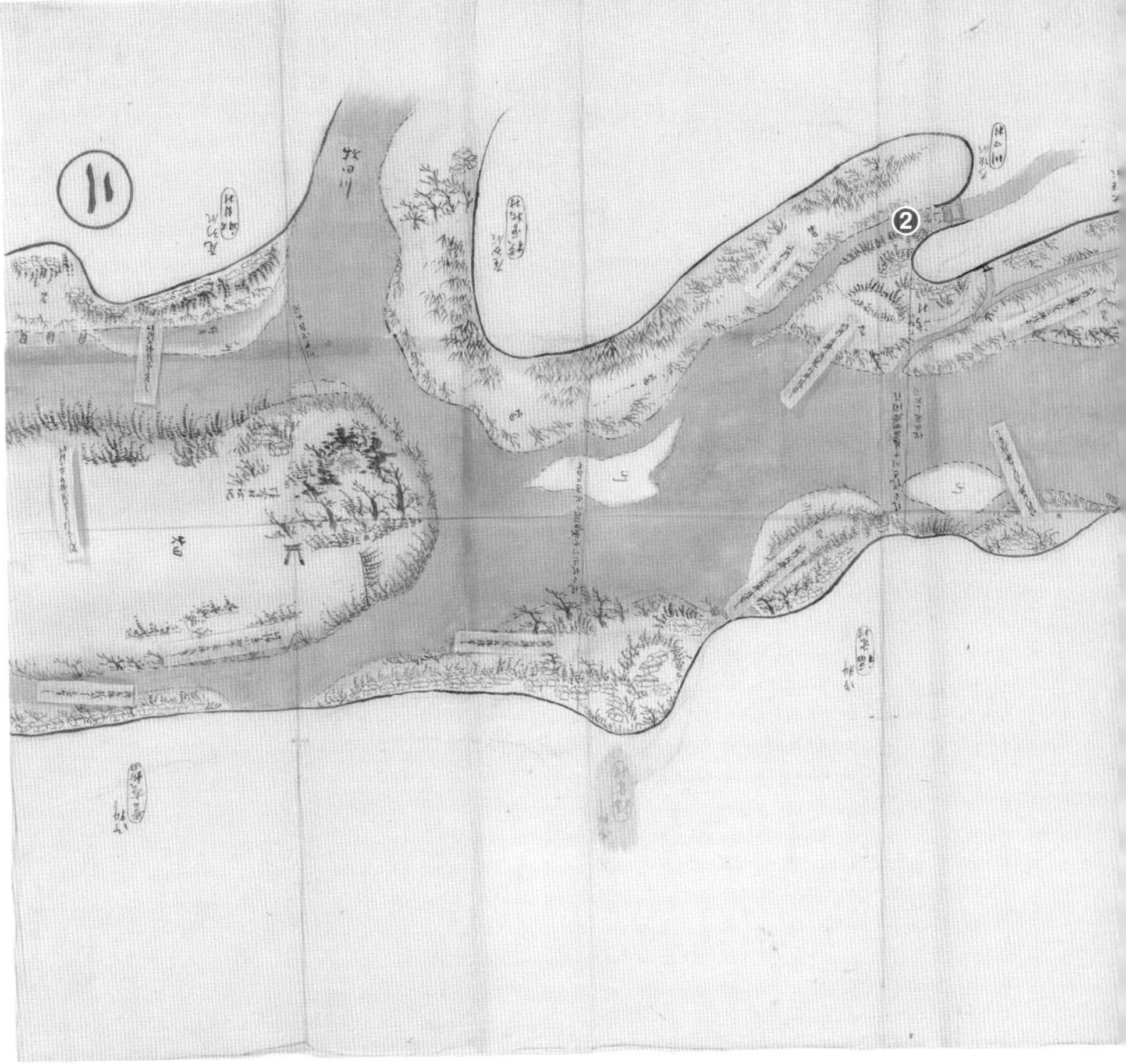

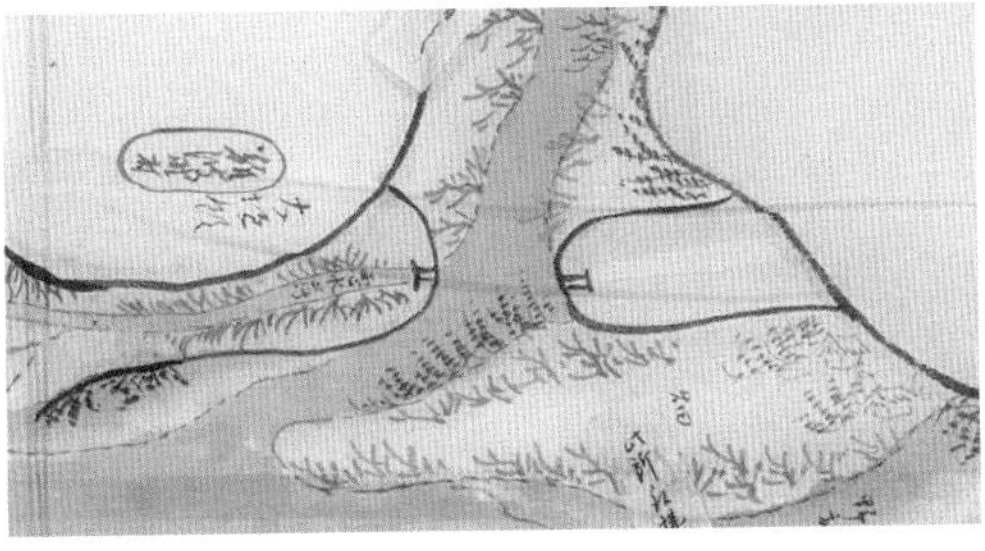

❶牧輪中の南部にある圦から川を伏越して、難波野村・今福村の堤外に悪水路（排水路）を掘り、川下に排水している。

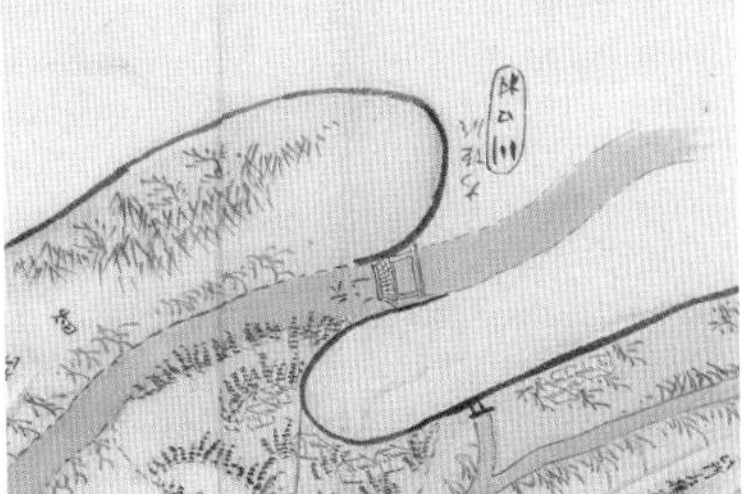

❷水門川の名前の由来となった川口村水門。

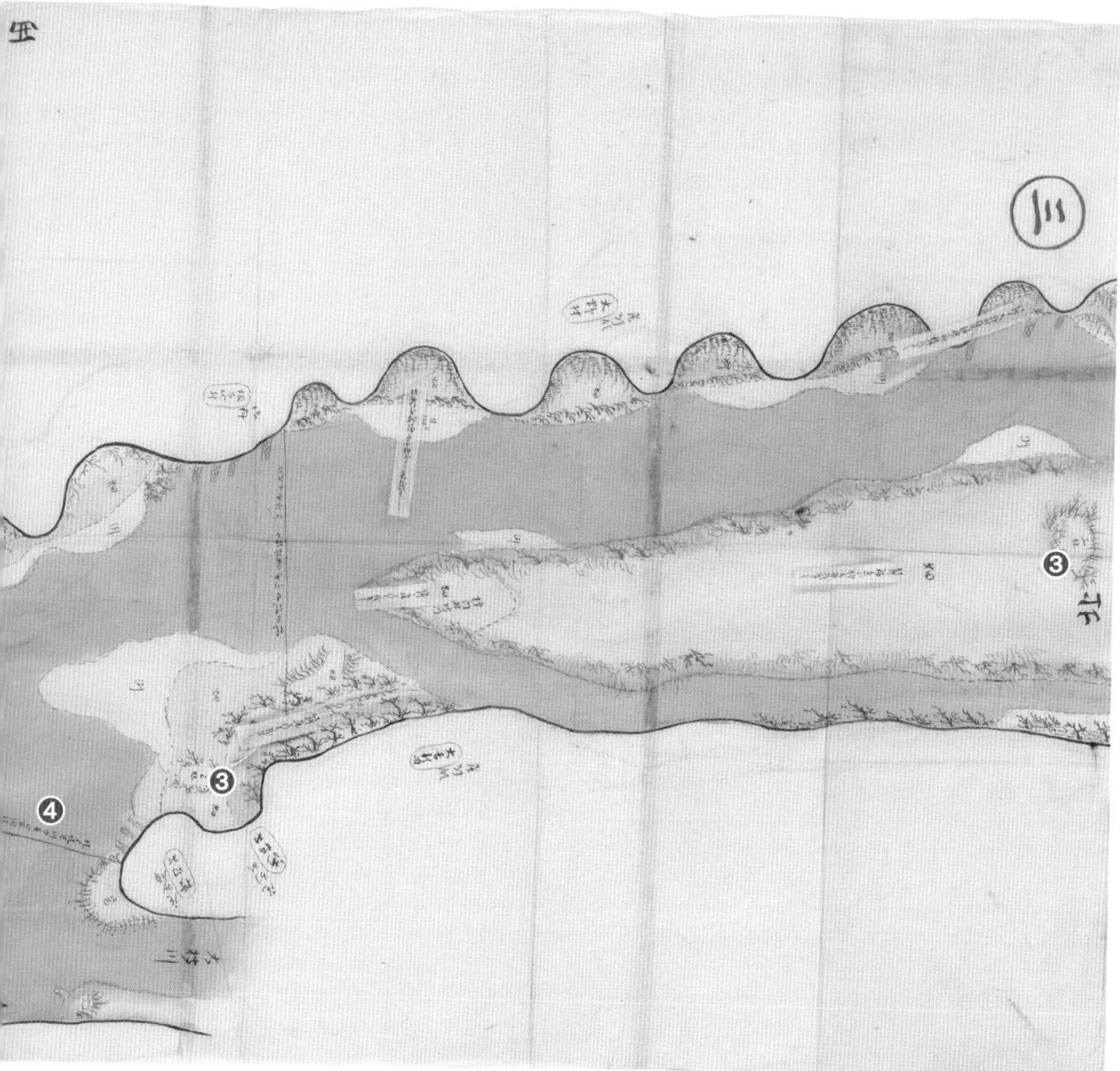

❻付箋「此所小柳不残取払」。

❸三昧は三昧場のことで、墓地や火葬場を意味する。

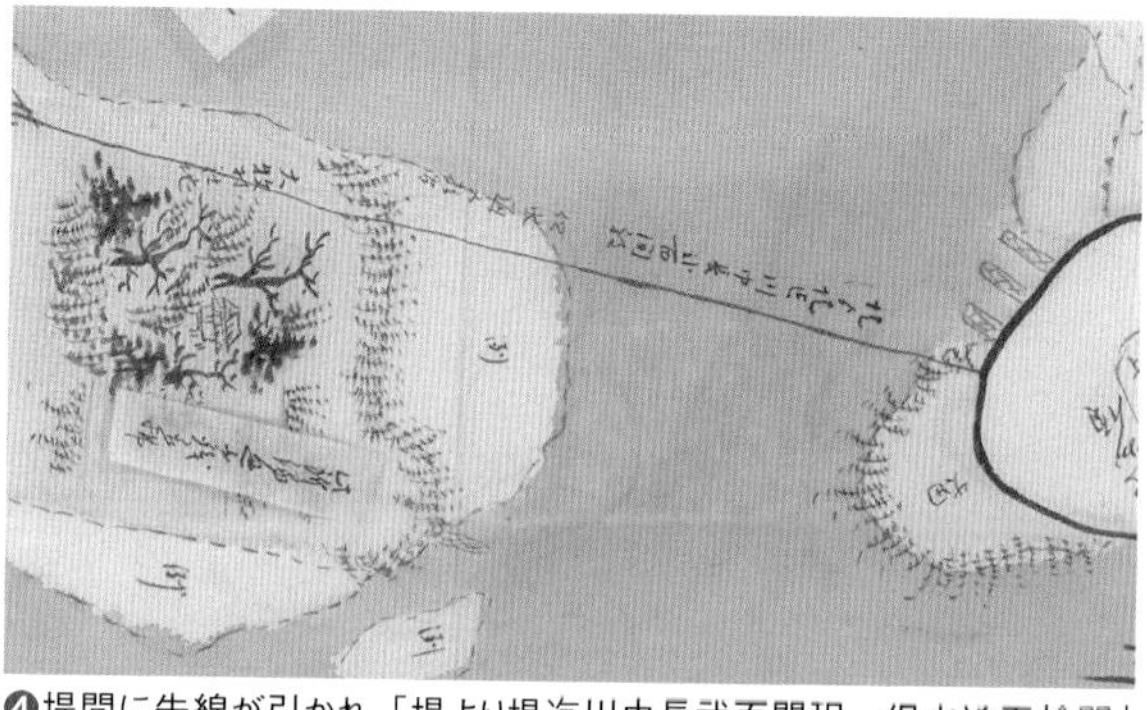

❹堤間に朱線が引かれ「堤より堤迄川巾長弐百間程　但水通五拾間」と注記されている。堤から堤までの間の距離が200間ほど（約364m）あったが、堤外に張り出した畑や洲のため水の流れる幅（水通）は50間（約91 m）ほどしかなかった。
❺堤外の畑地が大牧村の社地となっている。

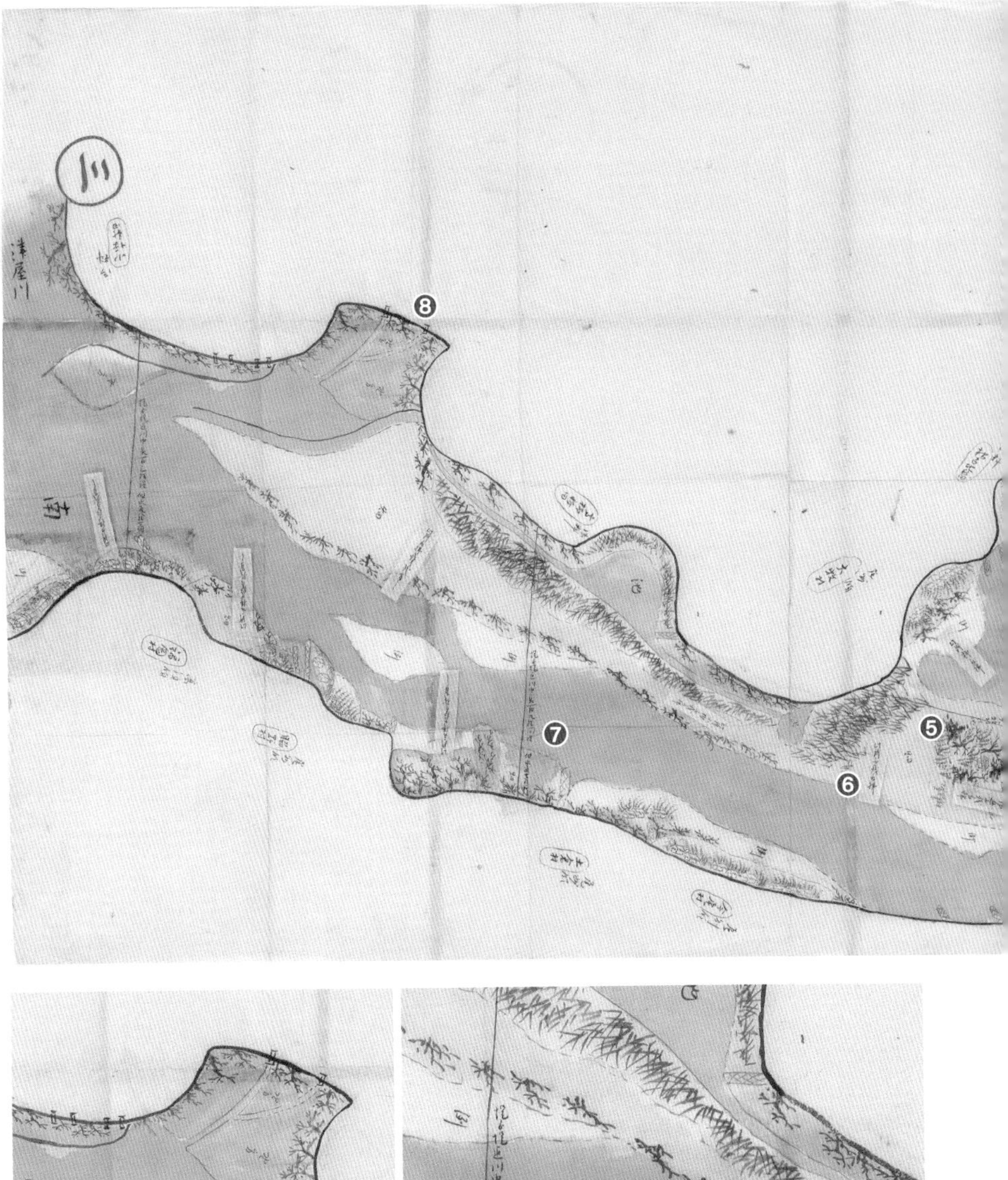

❽輪中の悪水を排水する圦。

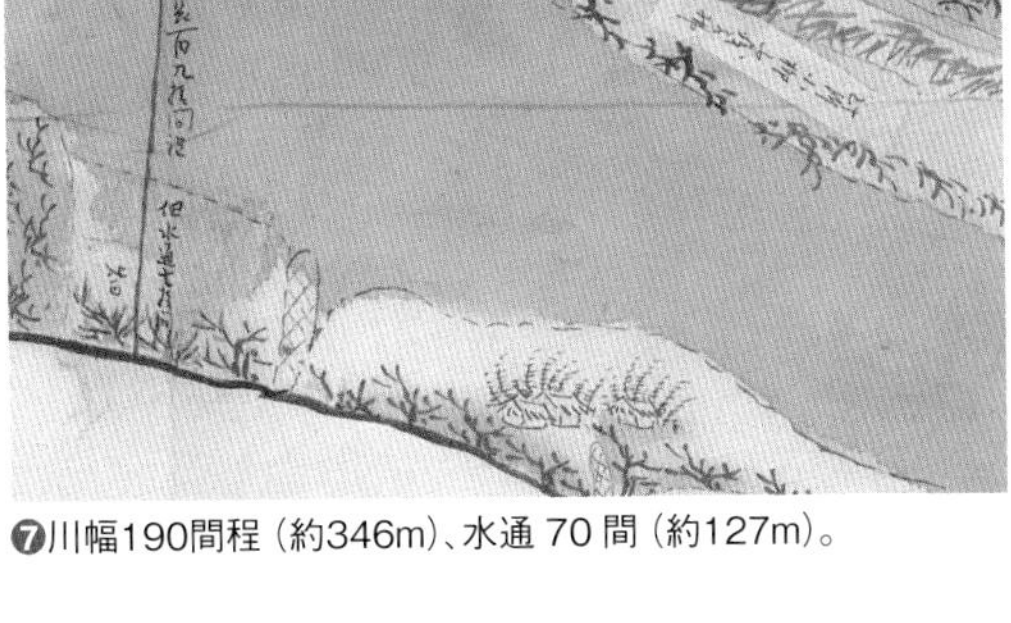

❼川幅190間程（約346m）、水通 70 間（約127m）。

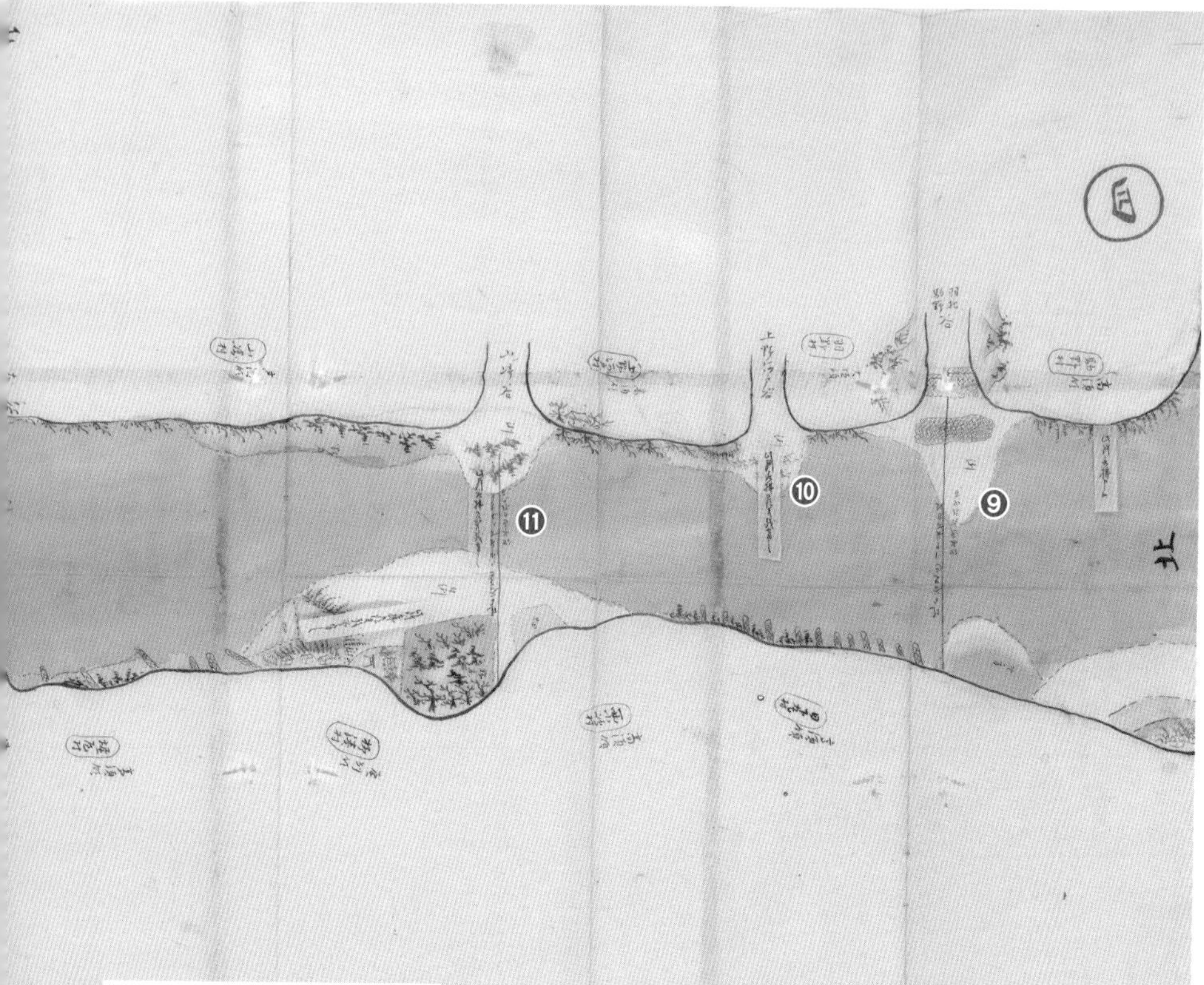

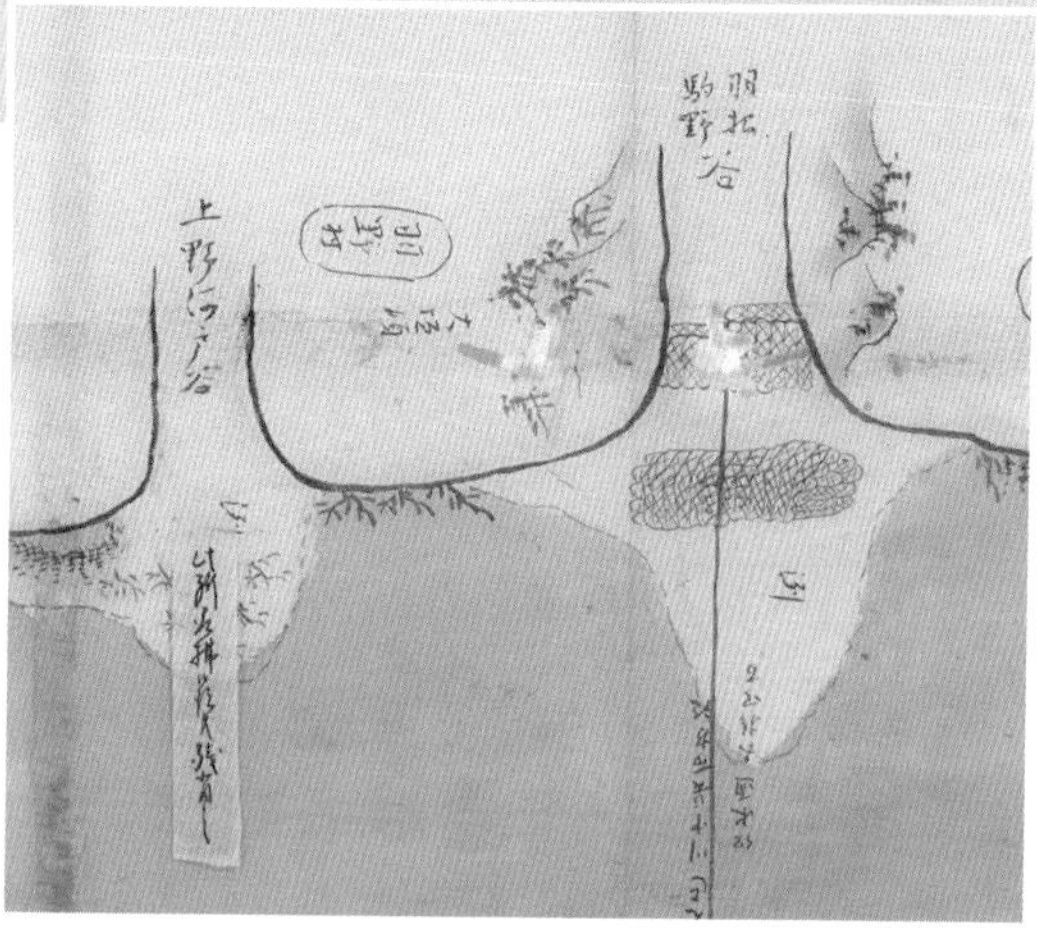

❾養老山地の谷から流れ出る土砂で川通に洲が形成されている。羽根・駒野谷には土砂留めが築かれている。
❿上野河戸谷。付箋「此所取払候得共残有之」。

⓫山崎谷先では対岸の附洲と合わせて川幅を狭め、水の流れを妨げていた。

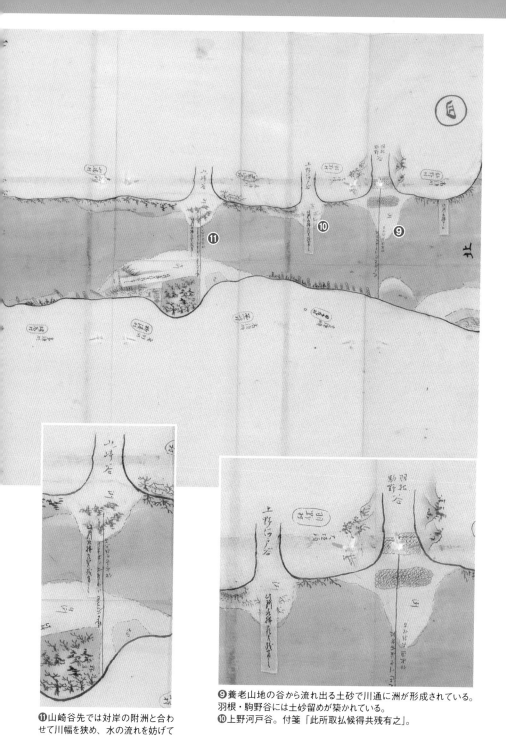

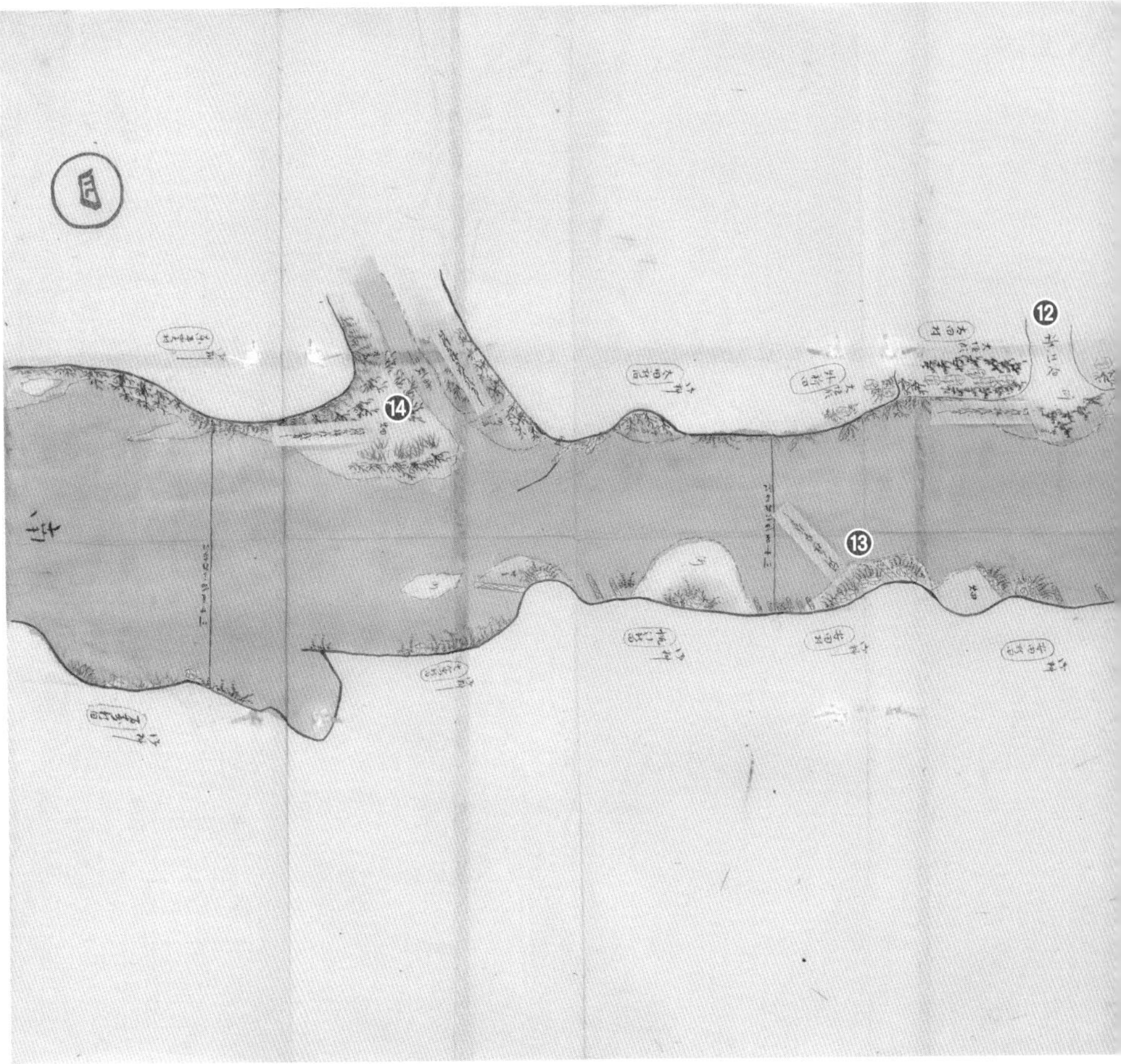

⑫安江谷

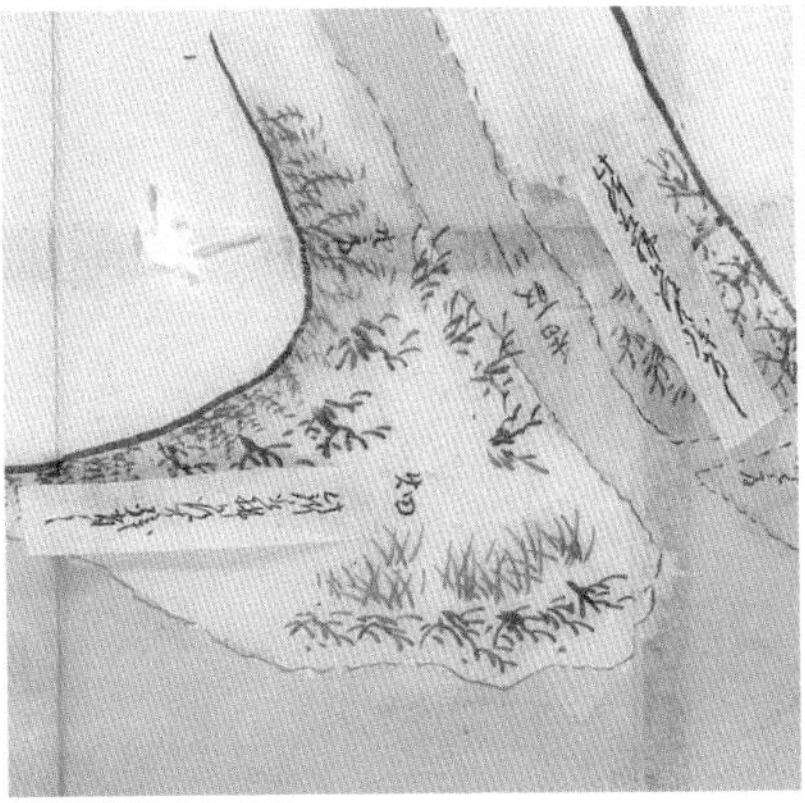

⑭香取川。合流口に畑が形成されており、付箋で取り払い残しが指摘されている。

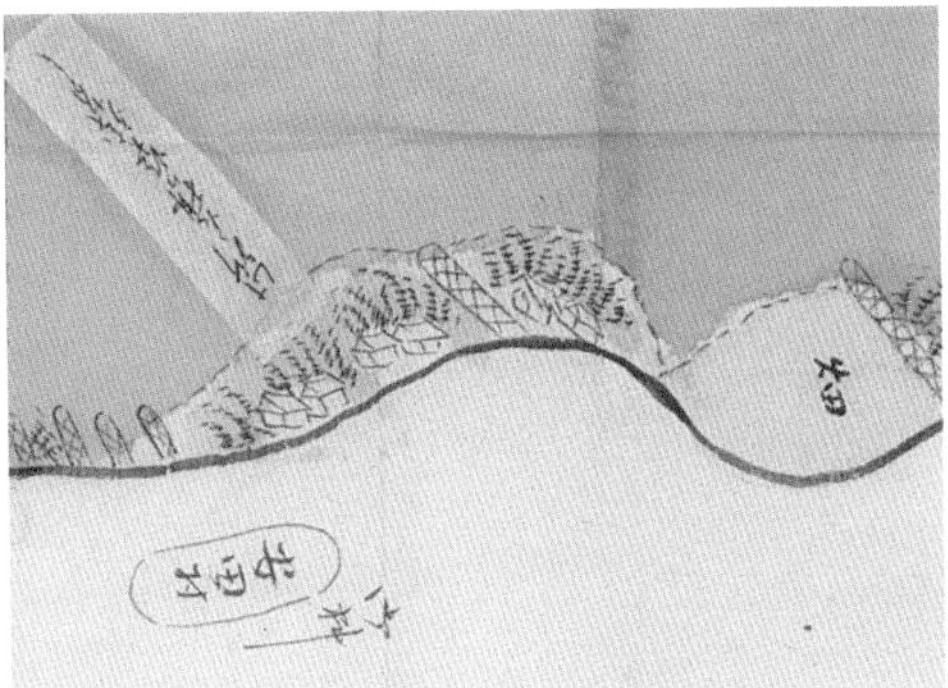

⑬猿尾と思われる水制が築かれ、その間が洲になり、そこに小屋が建ち並ぶ。

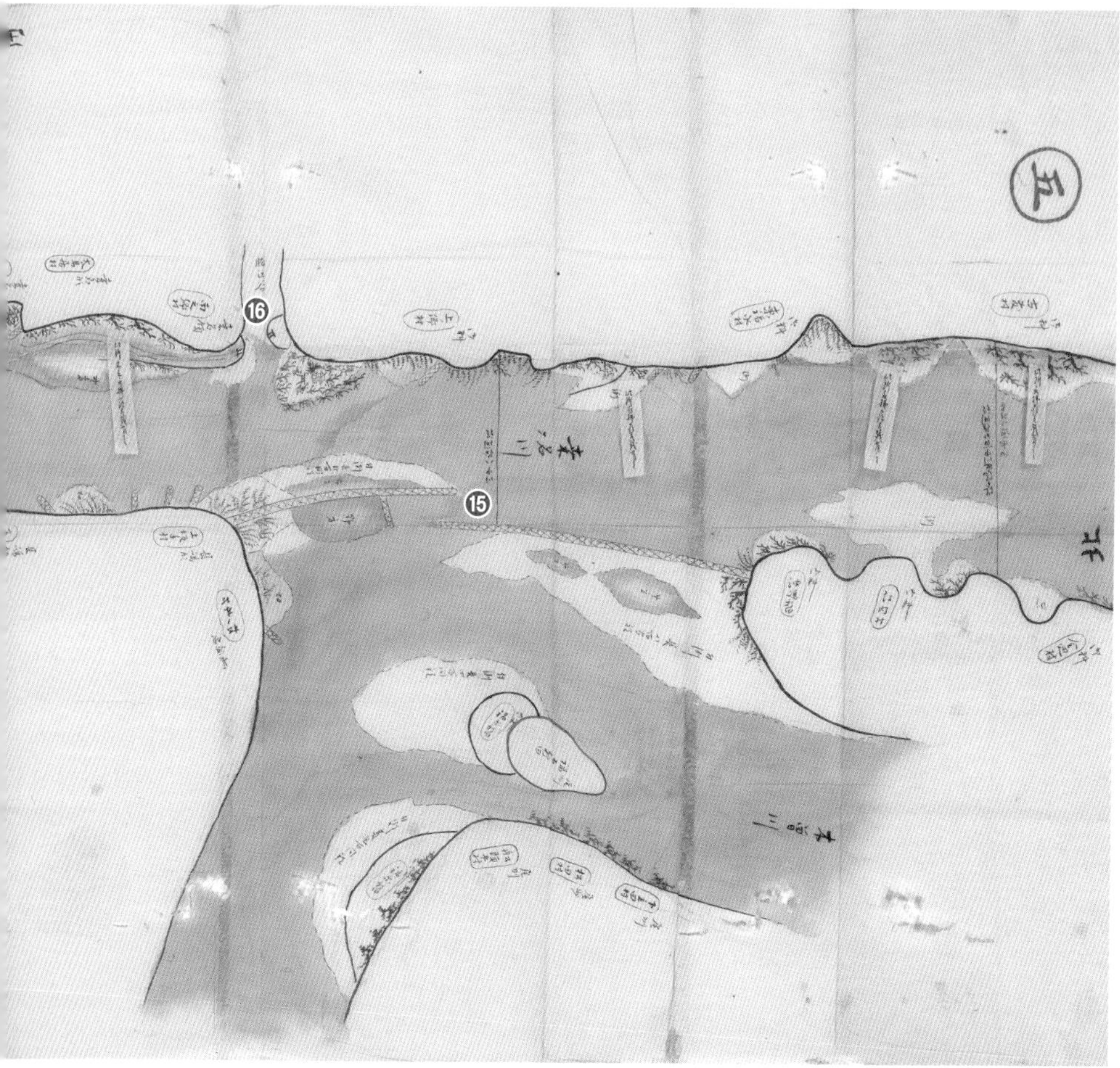

⑮伊尾川と木曽川を分離する喰違堰。その周辺に土砂が堆積しつつある様子が描かれている点に注目してほしい。

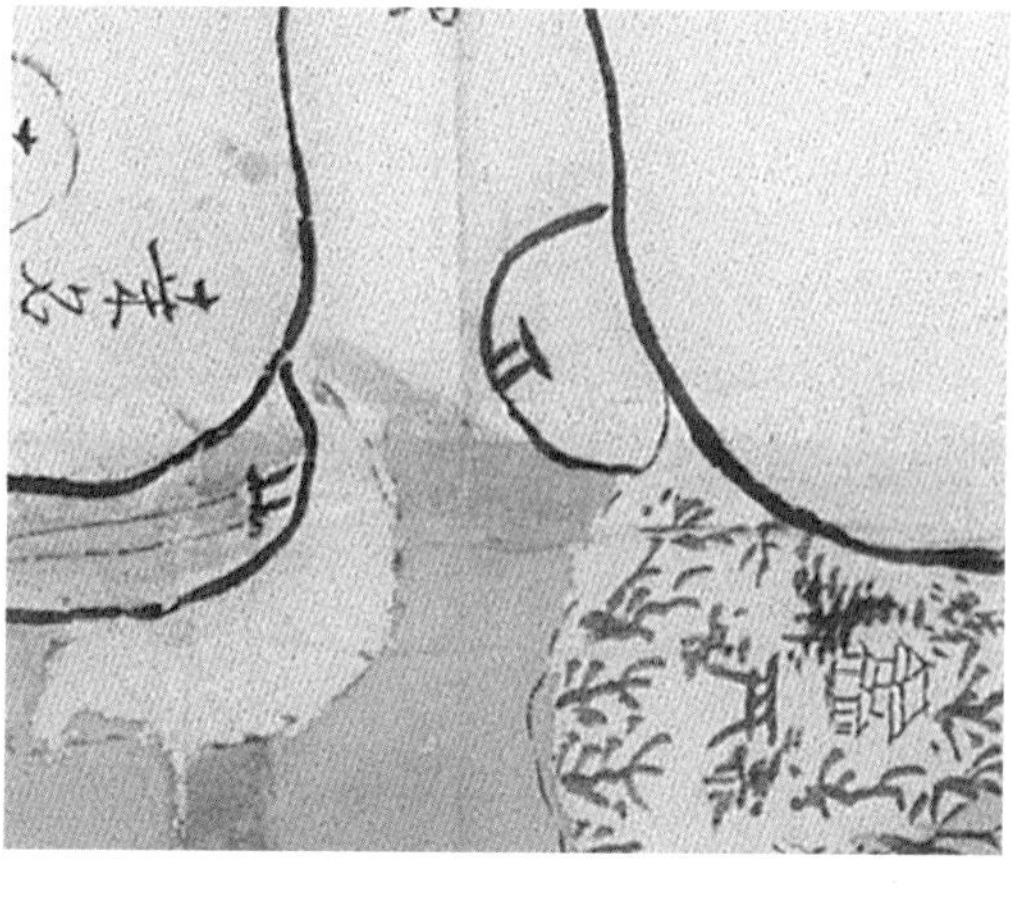

⑯肱江谷。ここも伏越して、排水路を延長している。

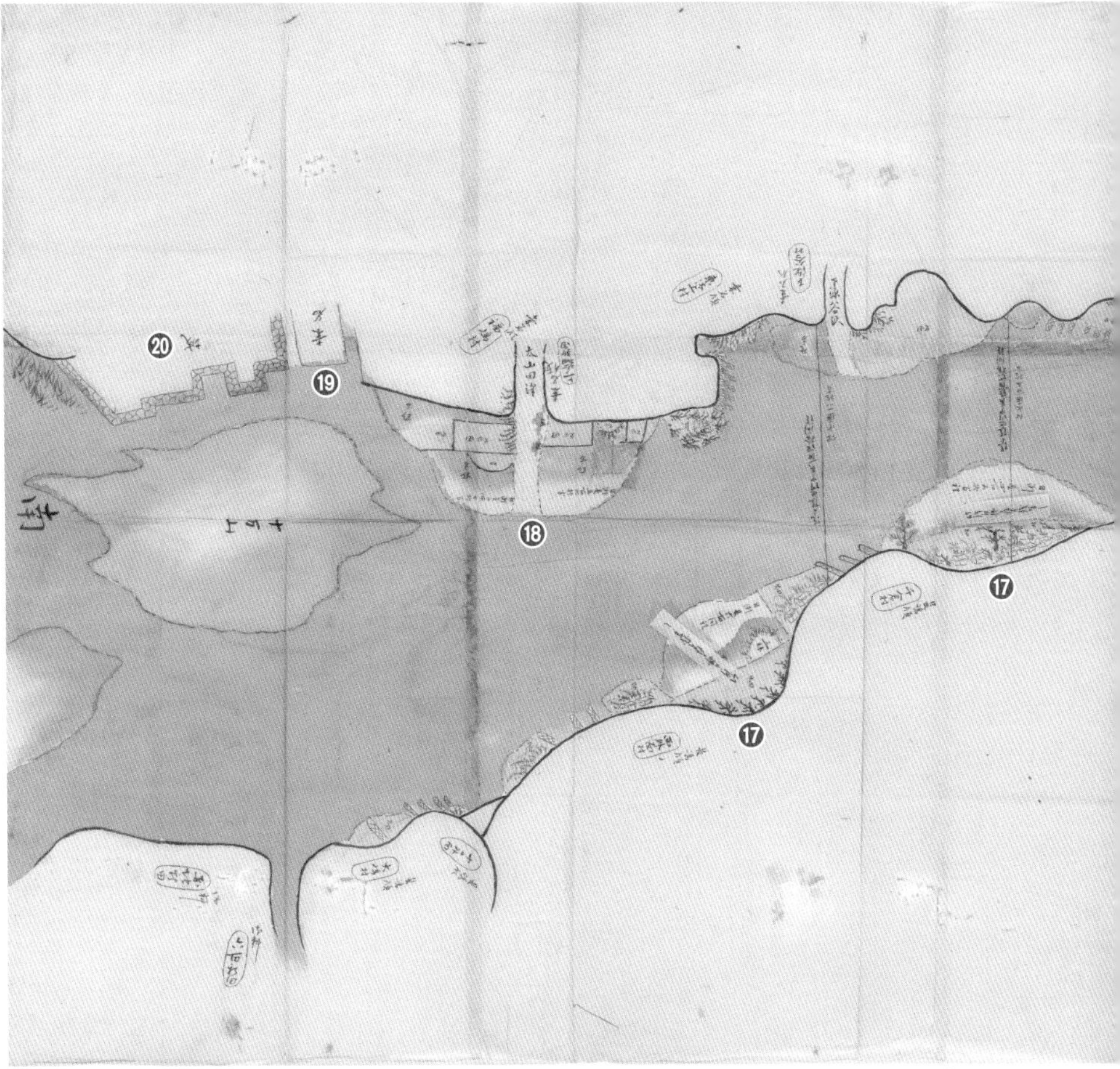

⑳桑名城　⑲桑名宿　⑰桑名川通の両岸から張り出しが形成されている。

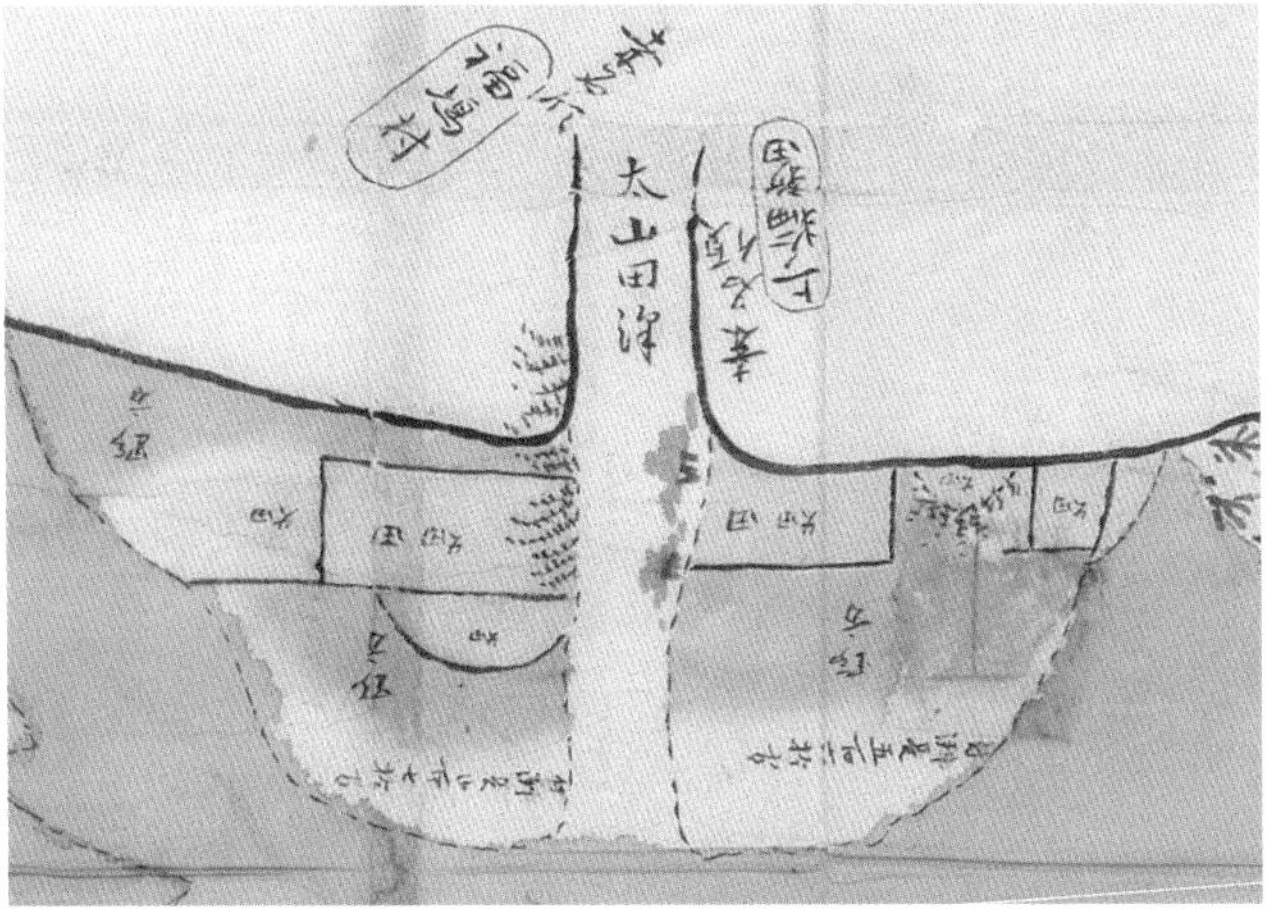

⑱上ノ輪新田・福嶋村の堤外地が開発されつつある。附洲の長さは北側が 560 間（約 1018 m）、南側が 270 間（約 491 m）もあった。

沢田村・乙坂村川通立会絵図

この絵図は美濃国石津郡沢田村（現養老町）の庄屋をつとめた豪農・日比家に伝来した川絵図である。沢田村は養老山地の北麓にあり、北東を牧田川が流れる。

牧田川は急流で水勢が強く、沢田村や対岸の乙坂《おつさか》村は水害に悩まされ、堤防の増強をめぐって時には争論となった。川絵図は宝暦12年（1762）の争論に関わるものである。

このとき両村は、双方とも、相手側が新堤を築いたために自村への水当たりが強くなり水害が多発するようになったとして新堤の撤去を要求した。両村の訴えを受けた多良高木家と笠松役所は、連絡をとりつつ調査・尋問をおこない、その結果、両村とも無許可の新規普請をおこなっていたことを把握した。これは宝永以降の河川管理方針に反するため「不埒《ふらち》」とした。そのうえで両役所は、現状を追認することとし、内済（和解）を勧めた。その際、以後の争論を防ぐため、絵図師を雇い、両村が立ち会いのうえで現状図を作成することを命じた。これにより作成されたのがこの絵図になる。

中央の牧田川を挟んで両岸に争点となった刎籠《はねかご》・蛇籠《じゃかご》などの水制が緑色で描かれるとともに、朱線で川幅の測量結

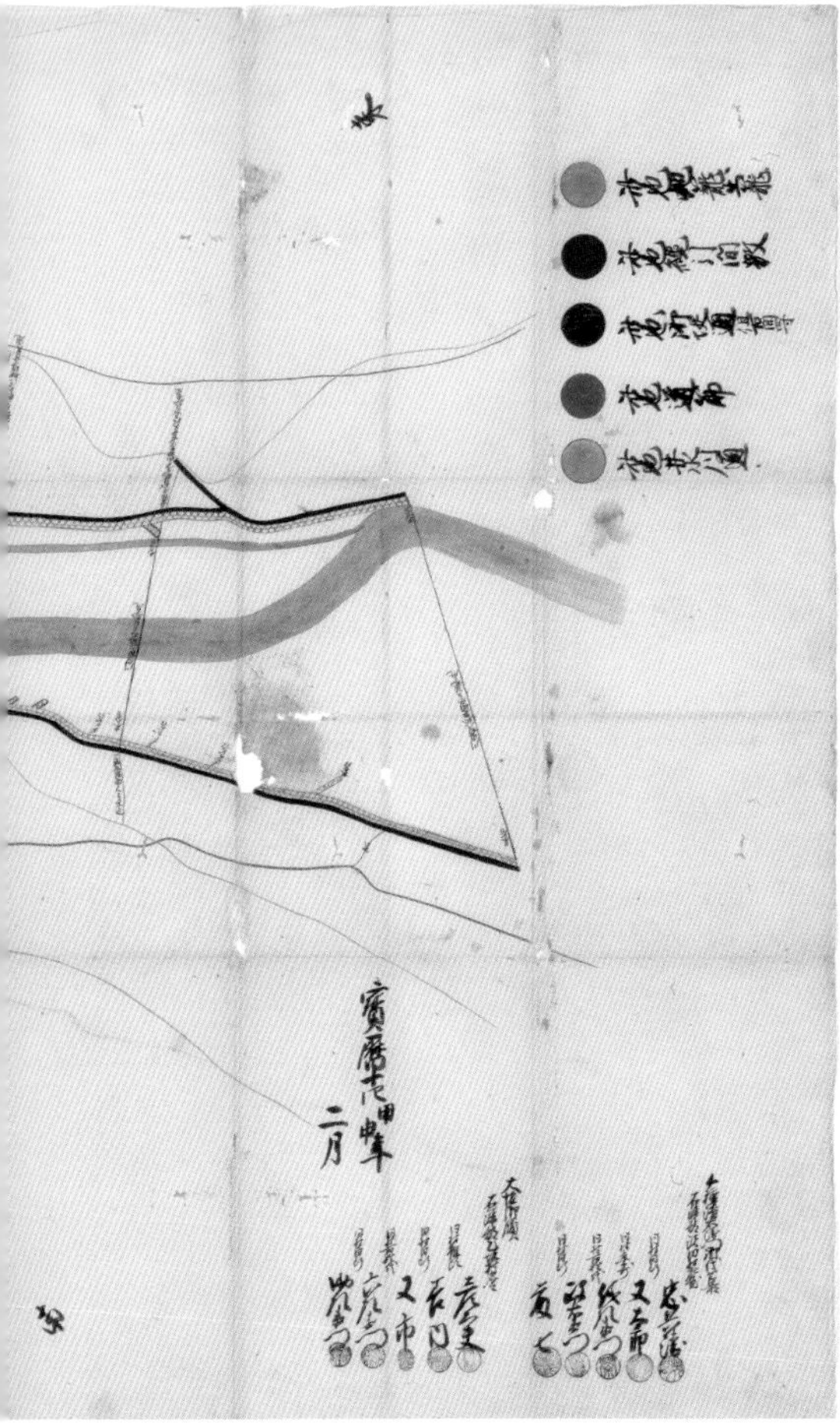

沢田村・乙坂村川通立会絵図　宝暦14年（1764）2月
日比家文書（名古屋大学附属図書館所蔵）

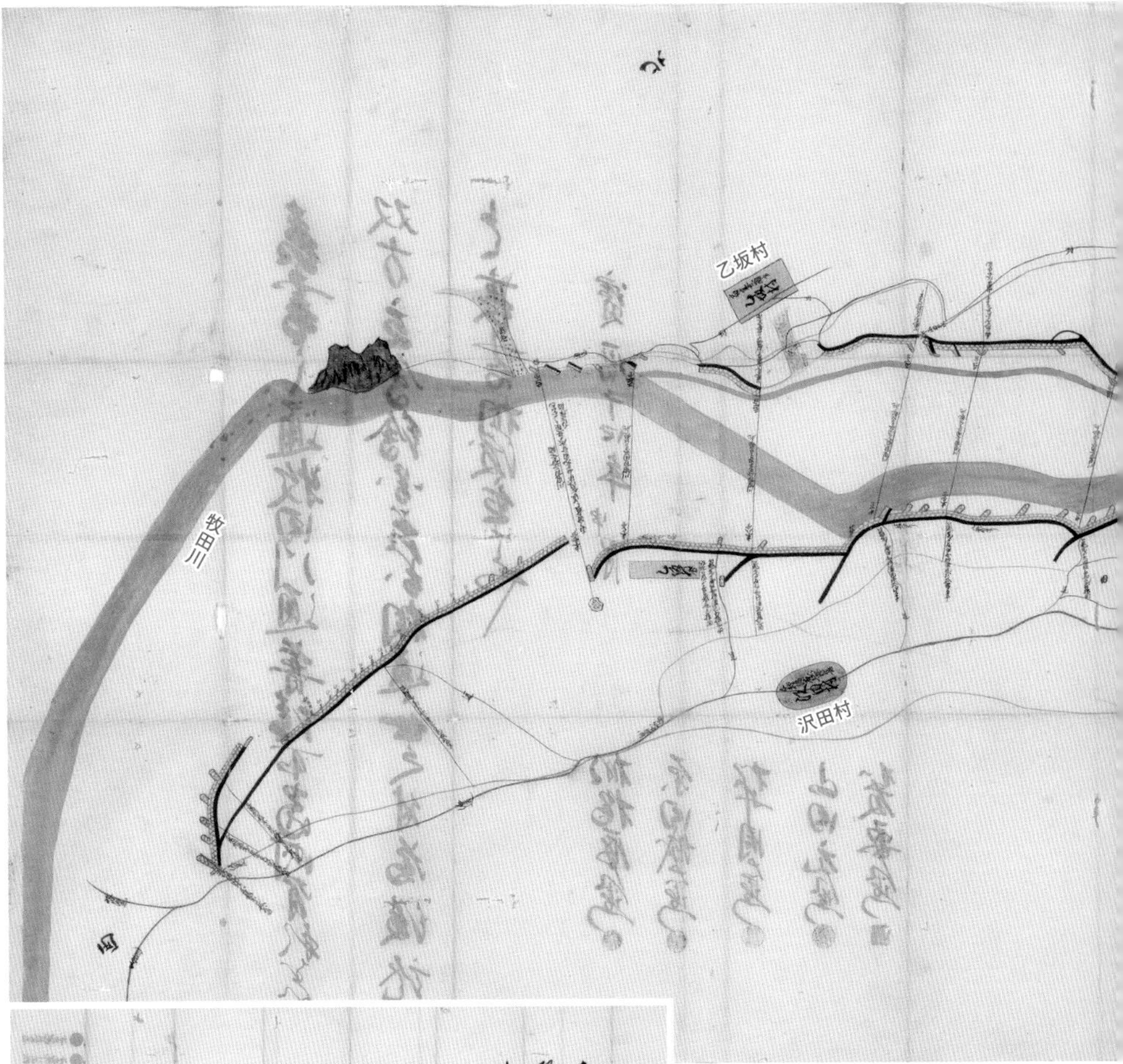

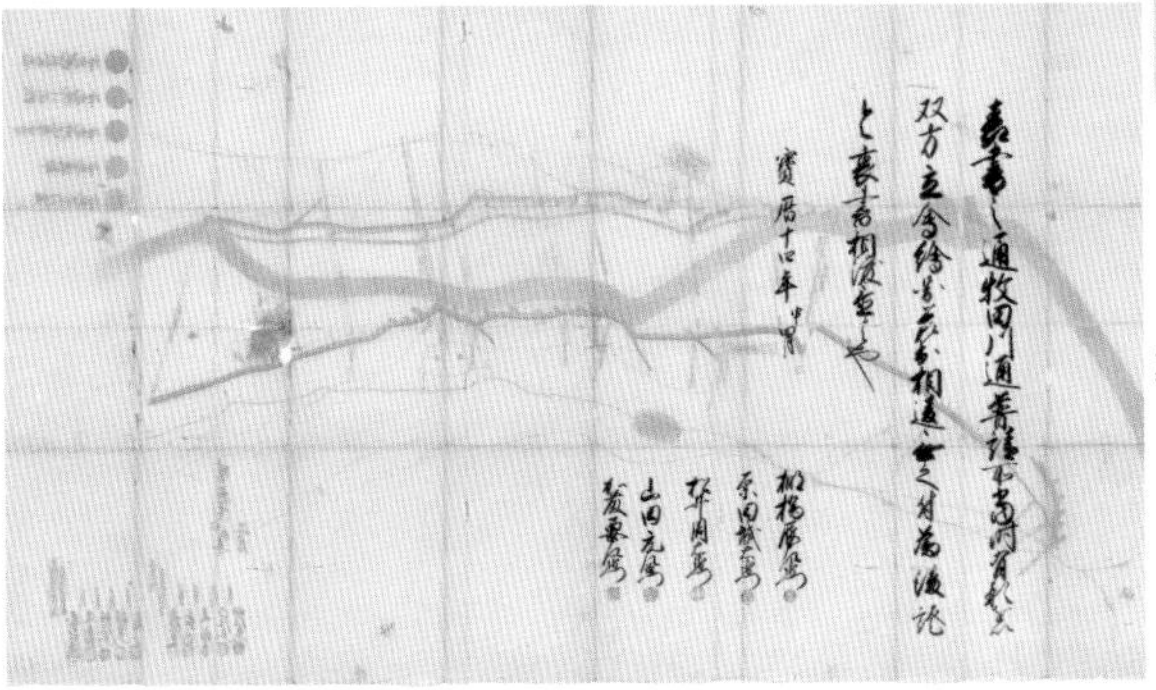

裏書

果が記されている。

裏には双方が立ち会い作成した「当時有形」（現状図）であることを証明する高木家川通役と笠松代官堤方役の裏書がある。棚橋辰左衛門と原田城右衛門は堤方役、松井周右衛門（西家）・山田元左衛門（東家）・加藤要左衛門（北家）は高木三家の川通役にあたる。このように高木家と笠松代官は河川をめぐる地域社会の利害調整を担ったため、村方に残る絵図などにもその名が登場するのである。

美濃統治の拠点

美濃郡代笠松陣屋絵図

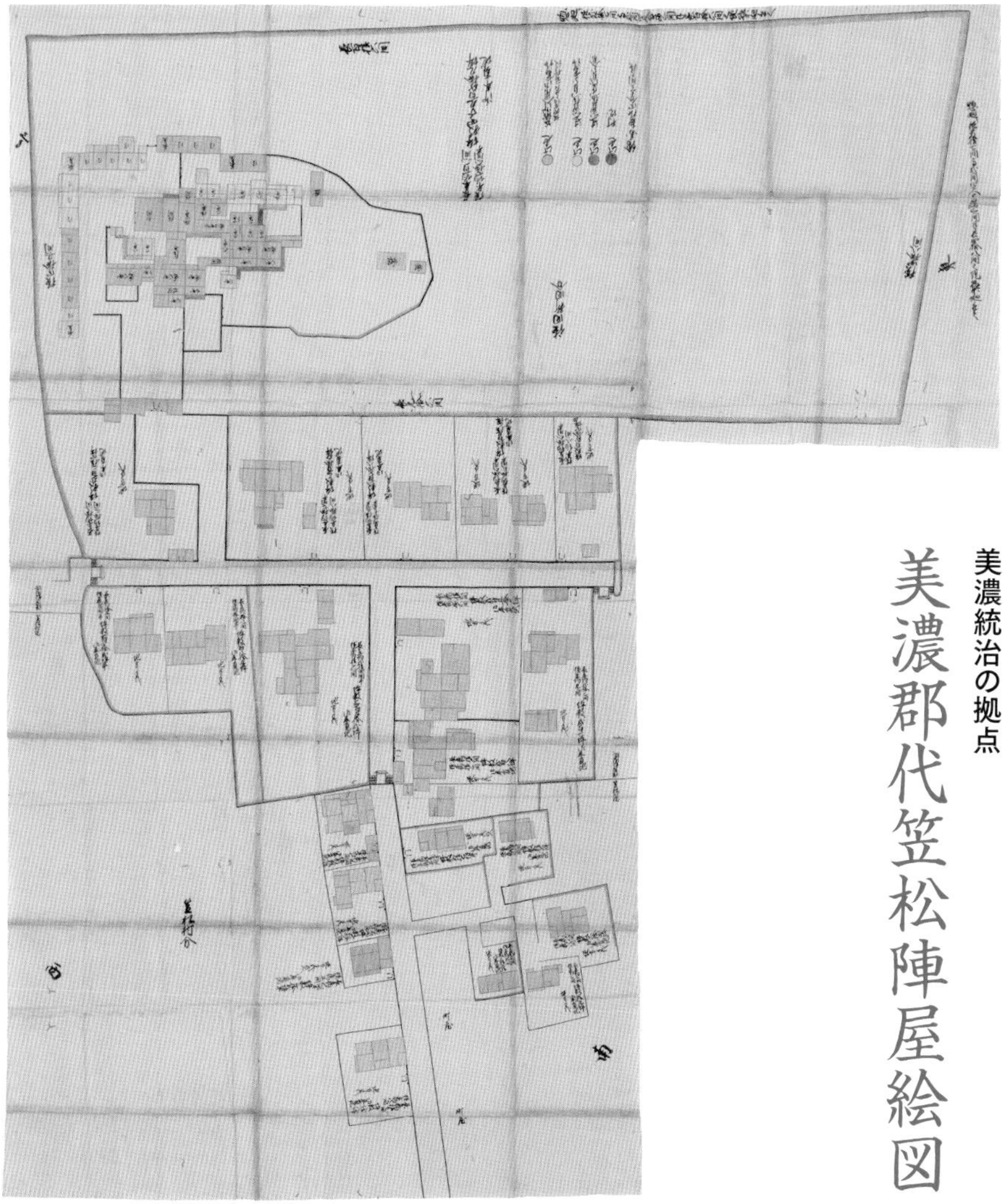

美濃郡代笠松陣屋絵図　高木家文書

辻六郎左衛門が郡代であった時期の笠松陣屋の絵図が高木家文書の中に伝わっている。

陣屋は徳田新田と笠松村にまたがり、絵図中央の朱線が村境である。

北部の広い空間に郡代の役宅があり、南部に民政担当の地方《じかた》手代（地方役）と堤方手代（堤方役）の役宅が建ち並ぶ。黄色は公儀入用御普請、水色は辻自分普請、薄茶色は手代自分入用の建物であり、堤方役の建物はすべて薄茶色である。

高木家川通役と共に治水行政を支えた堤方役は宝永の大取払後に辻郡代の命により笠松に移住した。この絵図は移住後の陣屋の配置図を描いたものになる。

V

宝暦治水

秋山晶則

三川分流に向けて

三川分流構想

宝永の大取払（1704～05年）を機に構築された笠松・多良両役所による河川管理体制は、予防的見地にたつ恒常的かつ広域の治水策として画期的であった。しかし、土砂堆積が活発な東高西低の網流河川という木曽三川流域の構造的問題に対する効果は限られていた。早くも享保年間（1720年代）には、土砂堆積作用による連年の水害に悩まされるようになる。

たとえば、かつて岐阜県最大の池沼として知られた下《しも》池《いけ》（食糧増産のため1935年に埋め立てられて消失）のあった多芸《たぎ》輪中（現養老町）では、比較的高い所に位置したため完全輪中化していなかった岩道・西岩道・口ヶ島《くちがしま》の3カ村の問題があった。3カ村は土砂堆積・河床上昇による低位部からの逆水被害を避けるため、享保14年（1729）に新たな囲堤《かこいつつみ》建設を願い出ている。図1の貼紙部分が該当箇所になる。浸水被害を免れるために輪中化を目指したが、周辺輪

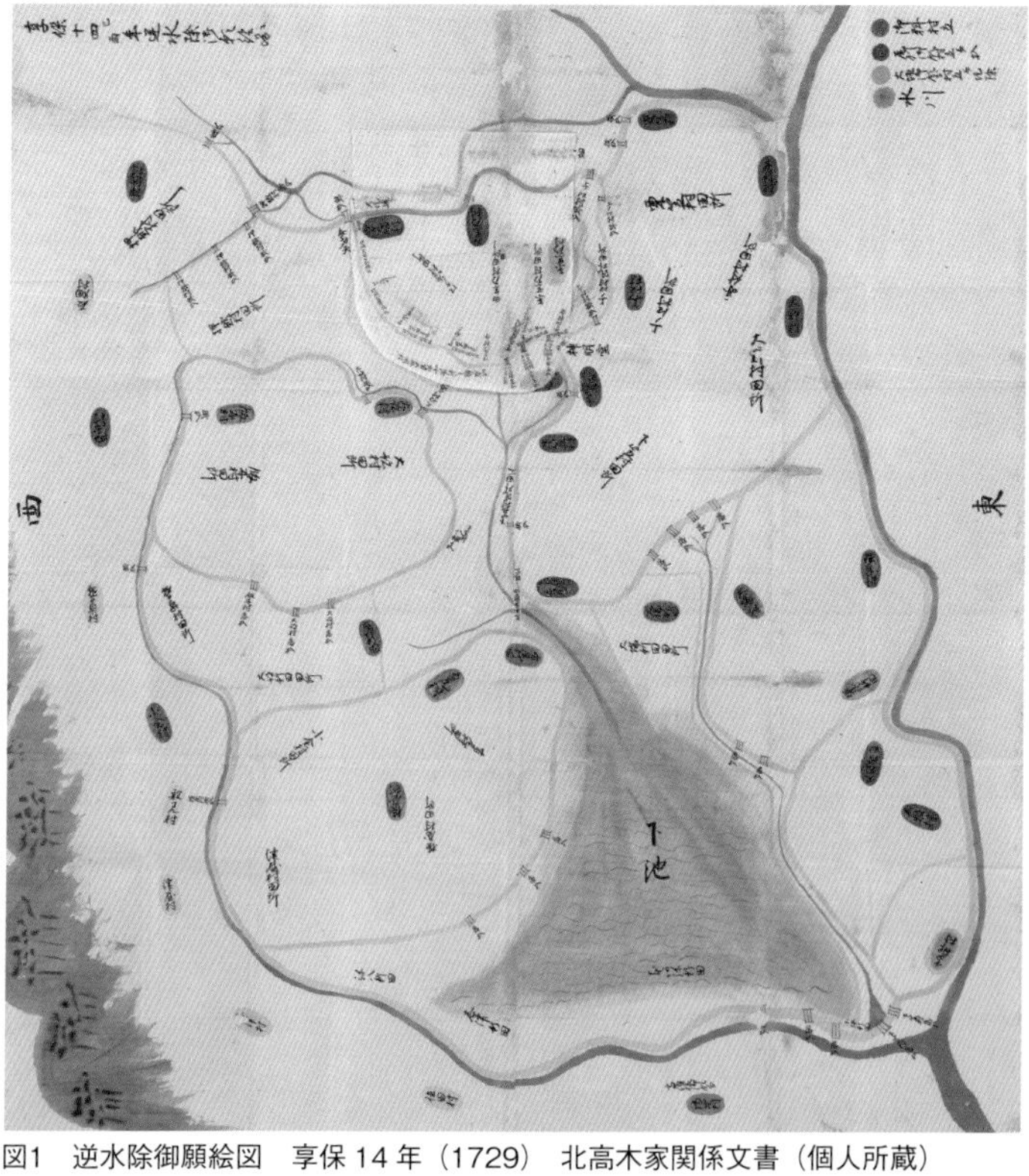

図1　逆水除御願絵図　享保 14 年（1729）　北高木家関係文書（個人所蔵）

中がこれを認めず、計画は幕末に至るまで実現していない。輪中地帯における流域環境の変化および利害調整の困難さを示す一例といえる。

そこで登場したのが、木曽・長良・伊尾の三川の流れを分け通す構想である（河川工学的には「分離」とすべきところだが、以下では歴史用語として「分流」と表記する）。これは、徳川吉宗に登用され、幕府勘定吟味役と美濃郡代を兼務した井沢弥惣兵衛によるプランとされてきたが、資料的根拠は不明である。ここで注目すべきは、激甚水害に見舞われるなか、地域間の利害調整の困難を乗り越え、村々が連合して三川分流の要求運動をおこなっていた事実である。

高木家文書には、寛保元年（1741）12月、高須・七郷《ななさと》輪中73カ村がまとまり、多良・笠松両役所に提出した願書が伝わっている（図2）。

それによると、宝永の大取払による水行の改善は一時的なものに過ぎず、近年では①南之郷《みなみのごう》村以南の桑名川通における激しい土砂堆積と、②木曽川の河床上昇による油島新田地先（伊尾川との合流点）での逆流により、伊尾川下流で流下障害が起きて低地の村々は水害に悩まされているという。

こうした現状認識のもと、村々が対策として求めたのは、③堆積土砂の浚渫と流下障害箇所の撤去、④油島新田地先の木曽川・伊尾川合流点に木曽川から押し込む水を刎《は》ねる長さ150間（約272m）、水上2尺程度（約61cm）の築流し堤を新設すること、であった。

この願書に付されていた図3には、灰色で堆積土砂の様子が描かれている。油島新田

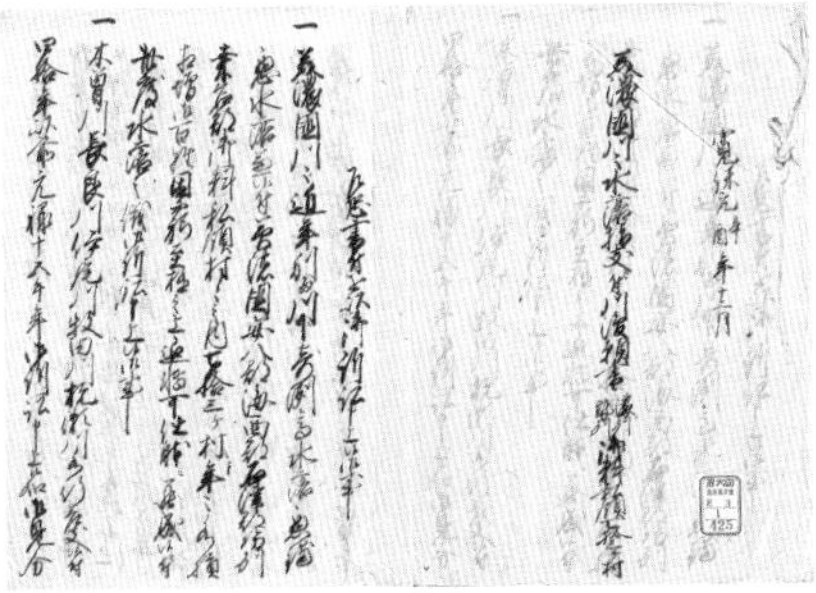

図2　美濃国川々水落指支ニ付川浚願書　寛保元年（1741）12月　高木家文書

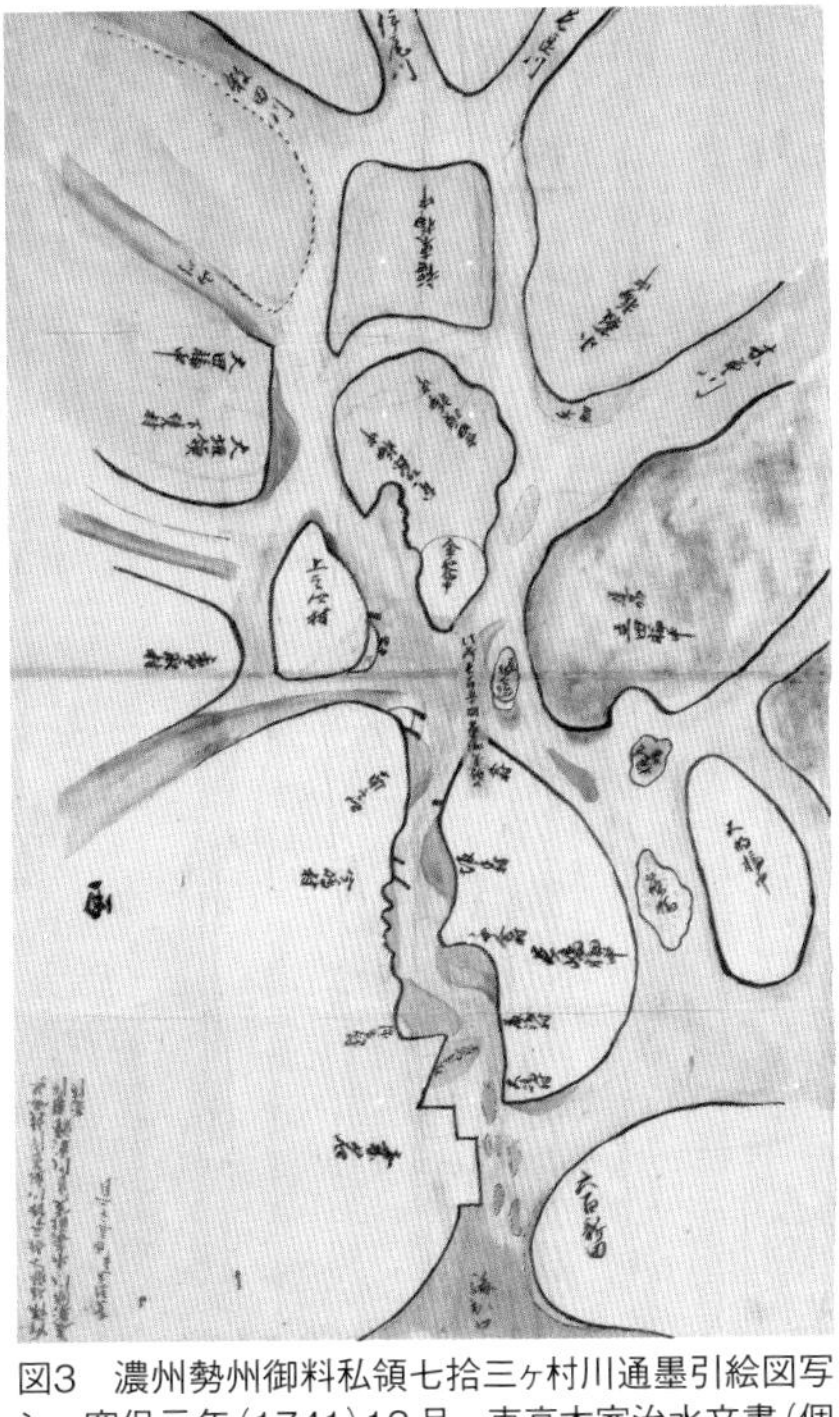

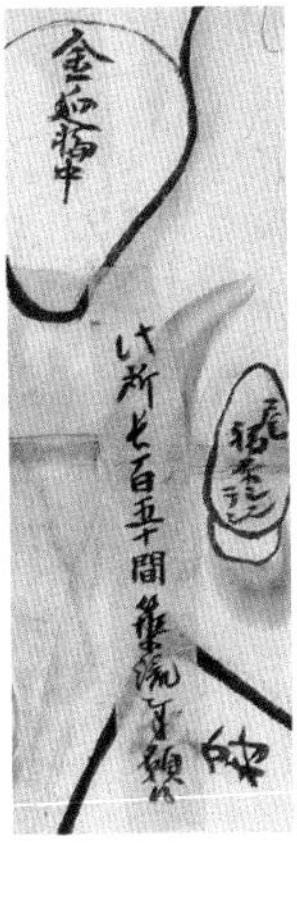

図3　濃州勢州御料私領七拾三ヶ村川通墨引絵図写シ　寛保元年（1741）12月　東高木家治水文書（個人所蔵）

地先に貼られた付箋には「此所長百五十間築流　奉　願《ねがいたてまつり》候」と書かれ、村々の具体的要求内容を知ることができる。

多良・笠松両役所ではこの願書を受けて、勘定奉行所とも協議。周辺領主の協力を得て流域調査に乗り出すことになった。

寛保年間の三川流域調査

流域調査は、寛保2年（1742）9月8日から7日間にわたって実施された。

幕府側の参加者は、多良役所から高木求馬（北家）と川通役人3名等、笠松役所から代官滝川小右衛門と堤方役人2名等で構成されていた。これを各村代表16名が宿船となる大船に乗って誘導し、高須輪中から河口に至る地域を調査した。

図4はこのとき一行の案内に供された絵図である。朱色部分は水害対策として切取や浚渫《しゅんせつ》を要求した場所を示す。灰色は土砂の堆積で埋まってしまった場所である。

この調査の結果、把握された流域環境の変化は次の通りであった。

①木曽川・伊尾川合流点の油島新田地先で板船の流下実験をおこなったところ、伊尾川下流部に狭窄部があり、木曽川から流れ込んだ水が押し戻され還流する。

②海口部でも流下実験をおこなった結果、桑名沖には、流下障害の原因となる幅4km・全長8kmもの巨大な砂州を確認した（図4の南部の螺旋円に注目されたい）。

③調査地域全域で、土砂堆積作用による河床上昇が顕著であり、とくに伊尾川下流では元禄年間に撤去された砂州が復活し、川幅の6~8割が埋まるなど、深刻な流下障害が起きている。

④同じく海口部の鍋田川・見入《けんにゅう》川・筏《いかだ》川も埋まり（図4参照）、濃州からの水はもっぱら加路戸《かろと》川に流入した。その結果、これが桑名川の流下を横から抑え、三川全体の水行悪化をもたらしている。

現地調査の結果を踏まえ、流域環境の変化を把握した両役所では、滝川小右衛門と高木求馬の連名で勘定奉行所に復命書を提出した。改善に向けたプランである。流下障害を根治するような復旧は極めて困難との見通しを述べつつ、しかしこのまま放置すれば地域破壊に直結するため、何らかの措置をせざるを得ないという厳しい認識を示した。

流域での構想共有化

多良・笠松両役所が提出した治水プランは、川替《かわがえ》・水行《かわ》直しなどの流路変更と、川広《ひろ》・川浚《かわざらえ》といった河道整備事業に分かれていた。概要は、木曽川・伊尾川の分離策、桑名川通の浚渫《しゅんせつ》・掘割、断層谷の砂防対策、佐屋川対策である。これらは、前述した73カ村の要求内容に添ったものであり、十数年後に実施をみる宝暦治水工事の骨格部分となるものであった。

従来にない画期的な内容を含む提案がなされたが、しかし勘定奉行所の了解を得ることはできなかった。実はこの年、関東甲信越を中心に「戌満水《いぬのまんすい》」と呼ばれる大規模な水害が起きていた。

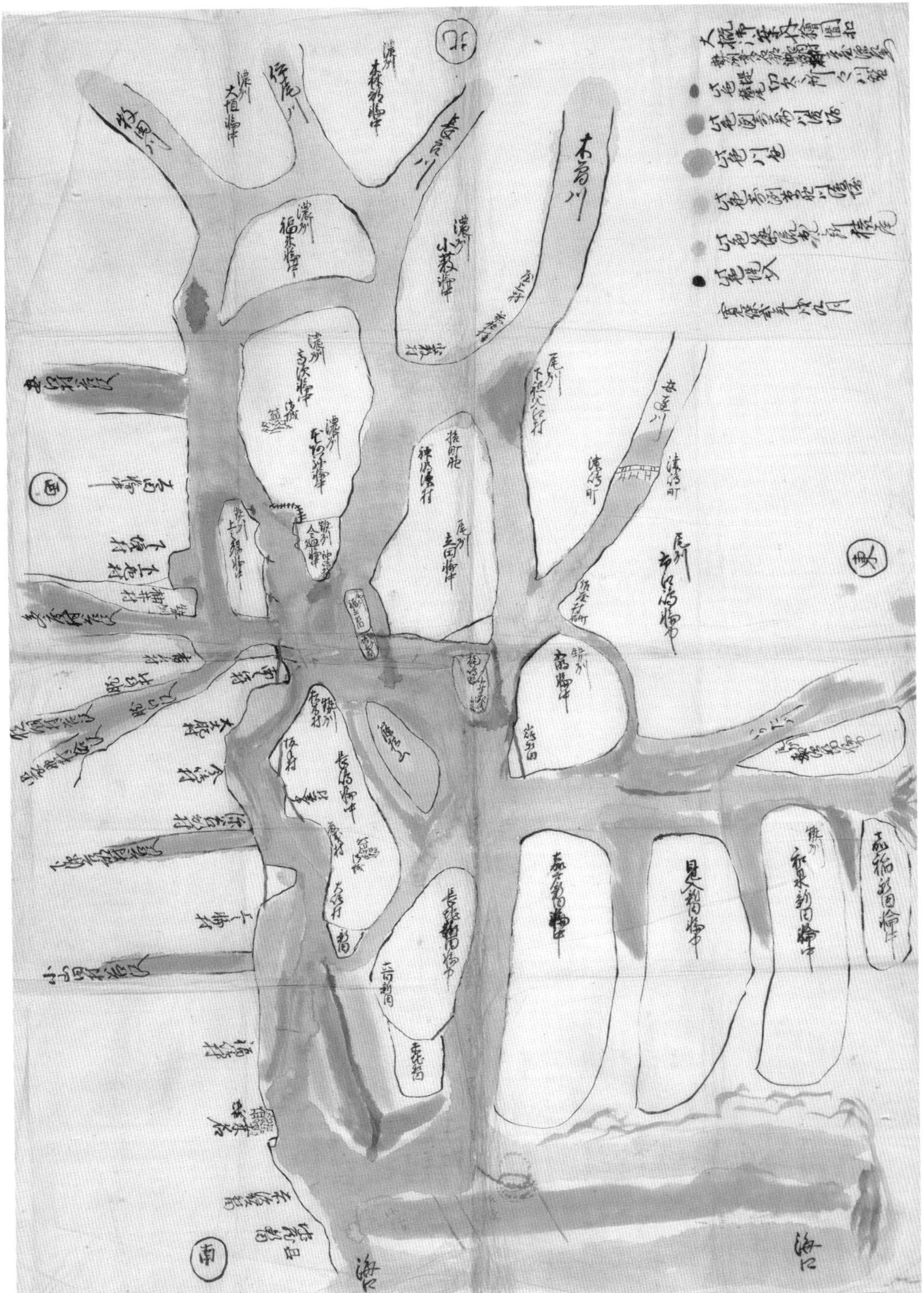

図4　大概御案内絵図扣　寛保２年（1742）９月　東高木家治水文書（個人所蔵）

その復旧が重大な問題として認識されていたことに加え、享保期以来の川普請の盛行で幕府負担が増え、普請費用の節減が強く迫られていた。

　このような幕府の動向に対し、流域では引き続き三川分流を求める提案が相次いだ。

　延享3年（1746）正月、高須輪中中央部の40カ村が木曽・伊尾川の分流工事を要求した。木曽川の常水が段々高くなり、伊尾川の水が押し支えられ、そのうえ桑名川の水行がことごとく差し支える。そこで木曽・伊尾川を海口まで分け通し、海へ流れ入れるよう仰せ付けられたい。そうすれば高須輪中の湛水状態は解消するとの主張である。

　同月には、高須輪中南部の16カ村が、油島・松之木村間の築留堤設置か、あるいは新川掘割による木曽・伊尾川の分流を提案している。

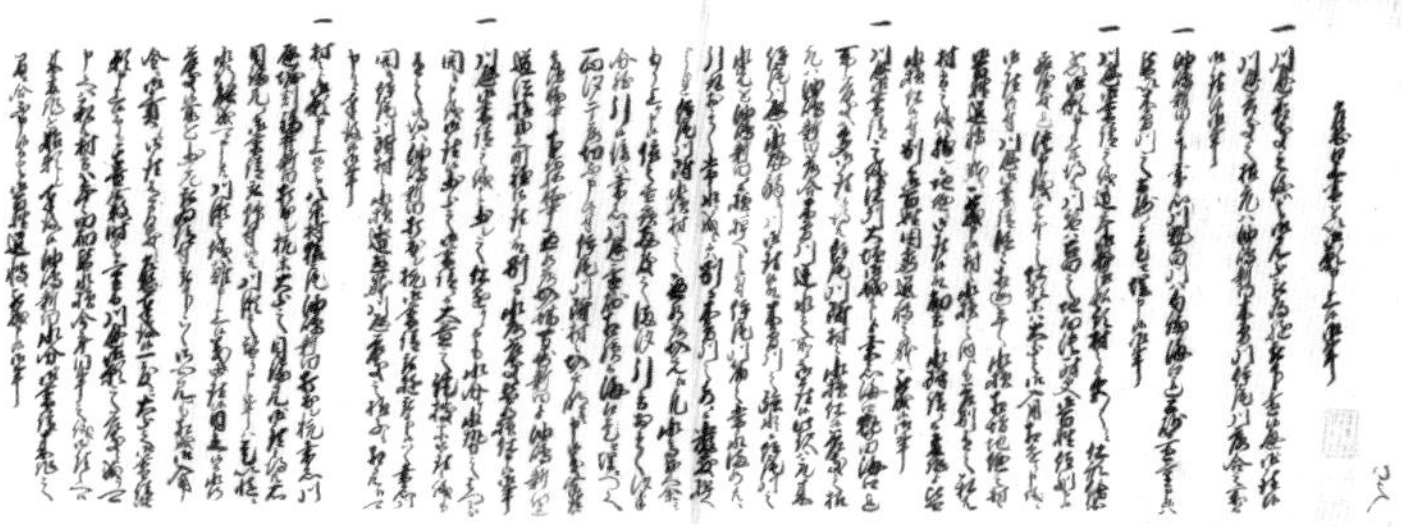
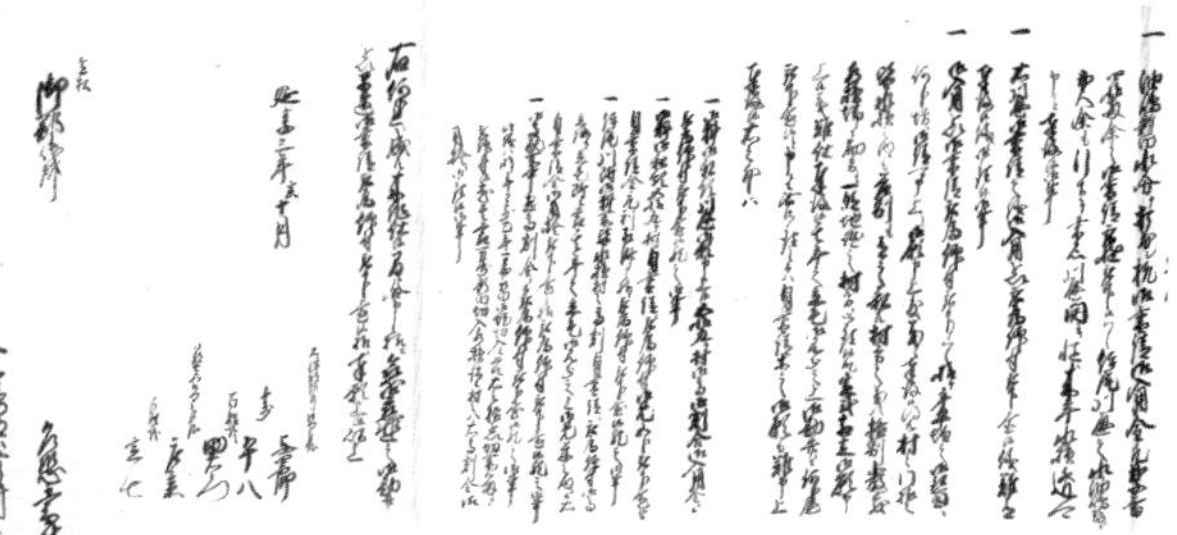

図5　油島新田打出し杭普請等につき願　延享３年（1746）10月（上下二分割で掲載）　高木家文書

図6　木曽長良分流工事願　延享４年（1747）10月　高木家文書

　延享3年10月には、帆引新田・七郎左衛門新田が安価な杭出《くいだし》（杭を河床から突き出して並べた構築物）による木曽・伊尾川の分流工事を売り込んでいる（図5）。

　翌年10月にも小藪村が木曽・長良川の分流工事を願い出るなど（図6）、両役所や地域村々で三川分流構想が共有されていく。抜本的な対策が絞り込まれつつあったが、解決策には違いもみられた。対立する利害を調整するのは至難の業だったのである。

大榑川問題

　こうした三川分流要求運動とリンクして取り組まれたのが、安八郡大藪村と勝村の間を西南流し、今尾で伊尾川に注ぐ大榑《おおぐれ》川の洪水問題であった。

　木曽・伊尾川に挟まれた長良川が、安八郡勝村で大榑川と横江川に分派し、大榑川は伊尾川に、横江川は木曽川へと合流する（図7参照）。大榑川は流頭と流末の高低差が大きかった。河床の高い木曽川から横江川に逆流した水が流入するため、大榑川沿いに洪水をもたらした。周辺輪中も排水障害による水腐れを起こすなどの被害が広がっていた。

　大榑川の洪水問題に対する最初期の動きは、井沢為永《ためなが》の美濃郡代在任中（1735〜37年）、大榑川口に締切石堰と猿尾を設置する公儀普請の要求であったと考えられる。この訴願は、経費問題から却下されたと言われてきたが、後年の資料では、障村《さわりむら》が多く御取り上げにならなかったとある。そこには地域間の対立が障害となっていたことが示唆されている。大榑川をめぐる地域間争論の端緒が、すでに開かれていたのである。

　延享4年（1747）12月と寛延元年（1748）8月には、最も被害を受けてきた福束・多芸輪中の御料32カ村、尾張藩領10カ村の計42カ村が、百姓自普請による常水締切堰などの工事を願い出た。

　これに対して長良川対岸となる桑原輪中が江戸に出訴し、故障申し立てをおこなっている。

　願村と障村の意見対立は容易には解消せず、多良・笠松両役所による説得と見分が繰り返された。その結果、両役所は寛延3年（1750）11月、障村は（小藪村を別として）格別低地でもなく、大榑川普請により横江川への通水が回復すれば被害は出ないと判断。小藪村へは排水用の新たな圦樋を措置することとし、大榑川口の猿尾延長と喰違《くいちがい》堰建設許可が江戸勘定所に上申された。

　勘定所への上申内容に照らせば、図7は寛延3年11月上申の添付絵図に比定することができる。

　図7で朱書となっている、大藪村渡場猿尾15間（約27m）継足、八左衛門東猿尾110間（約200m）継足、喰違堰延べ145間（約264m）、小藪村の圦長18間（約32・4m）が自普請の箇所である。この普請は寛延4年（1751）4月竣工した。

　願村からは早速5月に、喰違堰効果による排水改善の報告がなされているが、当初期待したほどの水量・水勢調節による減災効果は得られなかったようである。この問題は宝暦治水まで持ち越されることになる。

延享の手伝普請

　流域村々が連帯しての三川分流要求運動が展開されるなか、自家の治水役儀を強く意識する高木家は、延享3年（1746）、縁家である尾張藩重臣遠山家などの協力も得ながら、流域244カ村の調査をおこなった。その結果、直近5カ年の平均損毛率が8割を超える村が108カ村、5〜7割が84カ村と、流域が極めて危機的な状況にあることを勘定奉行所に訴えている。

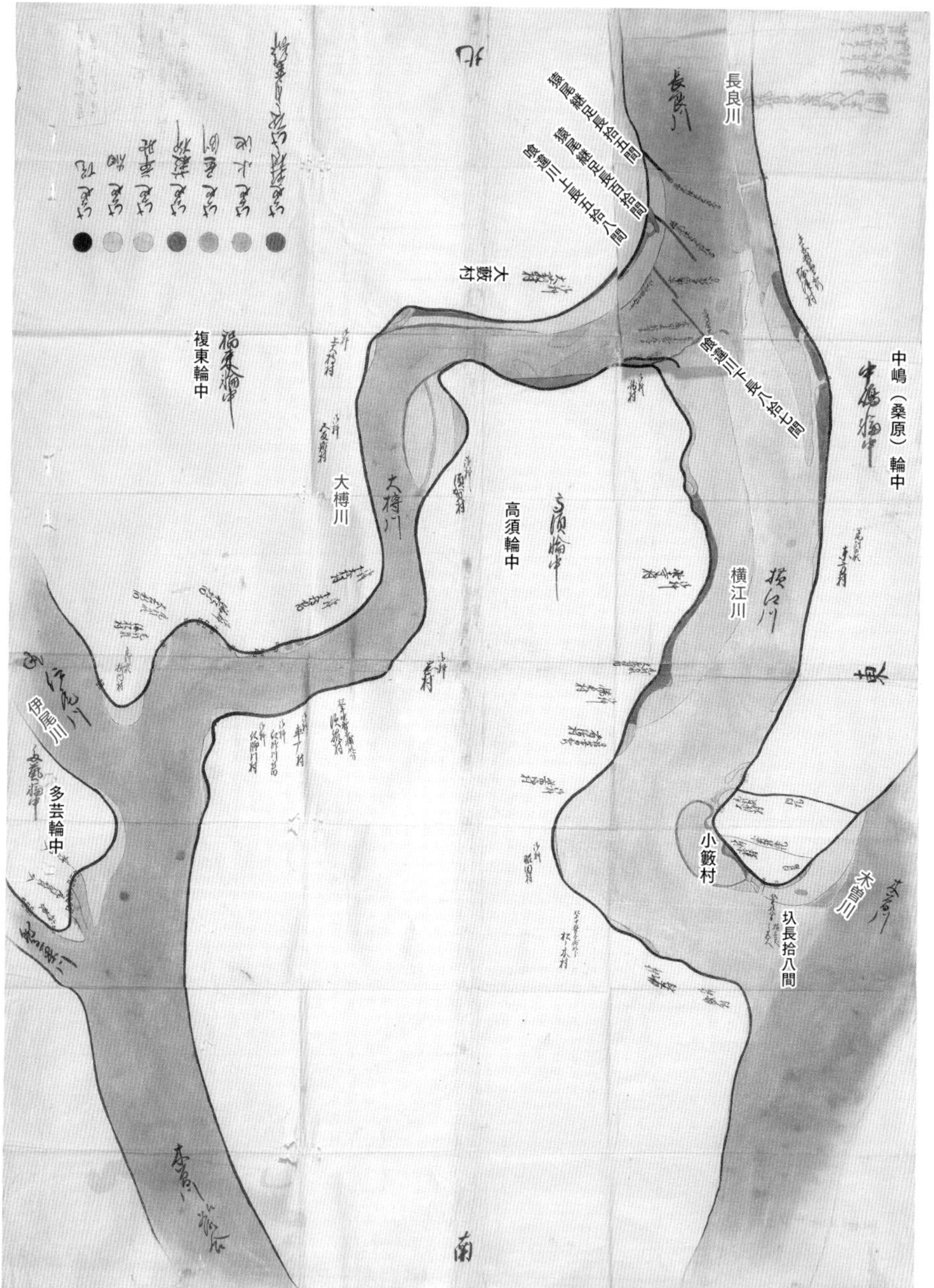

図7　濃州安八郡長良川通猿尾継足・大榑川通常水堰百姓自普請絵図　寛延３年（1751）11月　東高木家治水文書（個人所蔵）

これを受けて幕府は、延享4年（1747）に普請役を派遣して見分をおこない、翌年二本松藩に手伝普請を命じるとともに、高木家にも見廻りを指令した（図8）。流域で、以後16回も繰り返されることになる大名手伝普請の皮切りであった。

この普請では、油島新田地先に杭出を設置するなど三川分流への端緒がみられるものの、幕府は伊尾川下流部の浚渫を第一義に位置づけていた。

これに対し、東高木家当主の日記（図9）をみると、高木家では木曽・伊尾川の分流施工を最重要課題と記しており、また美濃独白の河川技術を肯んじない普請役への不信感を露わにしていた。

延享普請は期待したほどの効果が得られなかったとして、

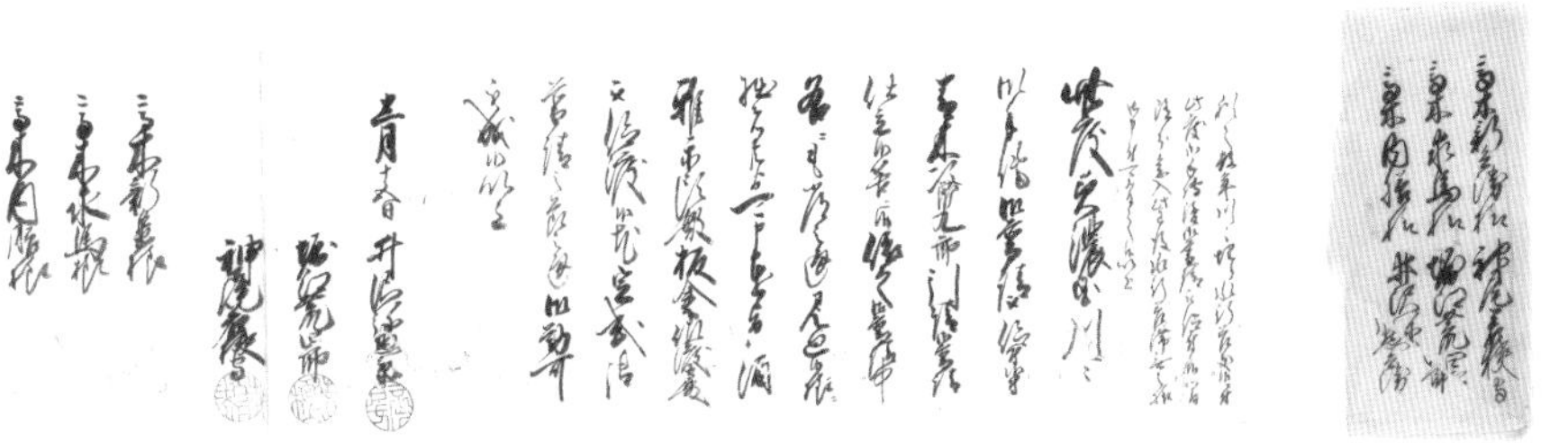

図8　濃州川々御手伝普請見廻り命令状　延享４年（1747）12月15日　高木家文書

その後も流域からの訴願が続出した。多良・笠松両役所も宝暦2年（1752）2月に勘定奉行所へ水行直しプランを再提出している。第一に逆川締切や石田村猿尾延長による木曽川の水を佐屋川へ分水するための措置、第二に佐屋川通水のため筏川の高洲を掘り割ること、そして油島へ川筋を分離する猿尾を設置する計画である。

これらは、流域社会の環境認識と運動に深く関わるものであった。流域社会と両役所が協働した成果物ともいえる寛保年間の流域調査報告の内容をベースとしており、宝暦治水の三川分流策へとつながるプランであった。

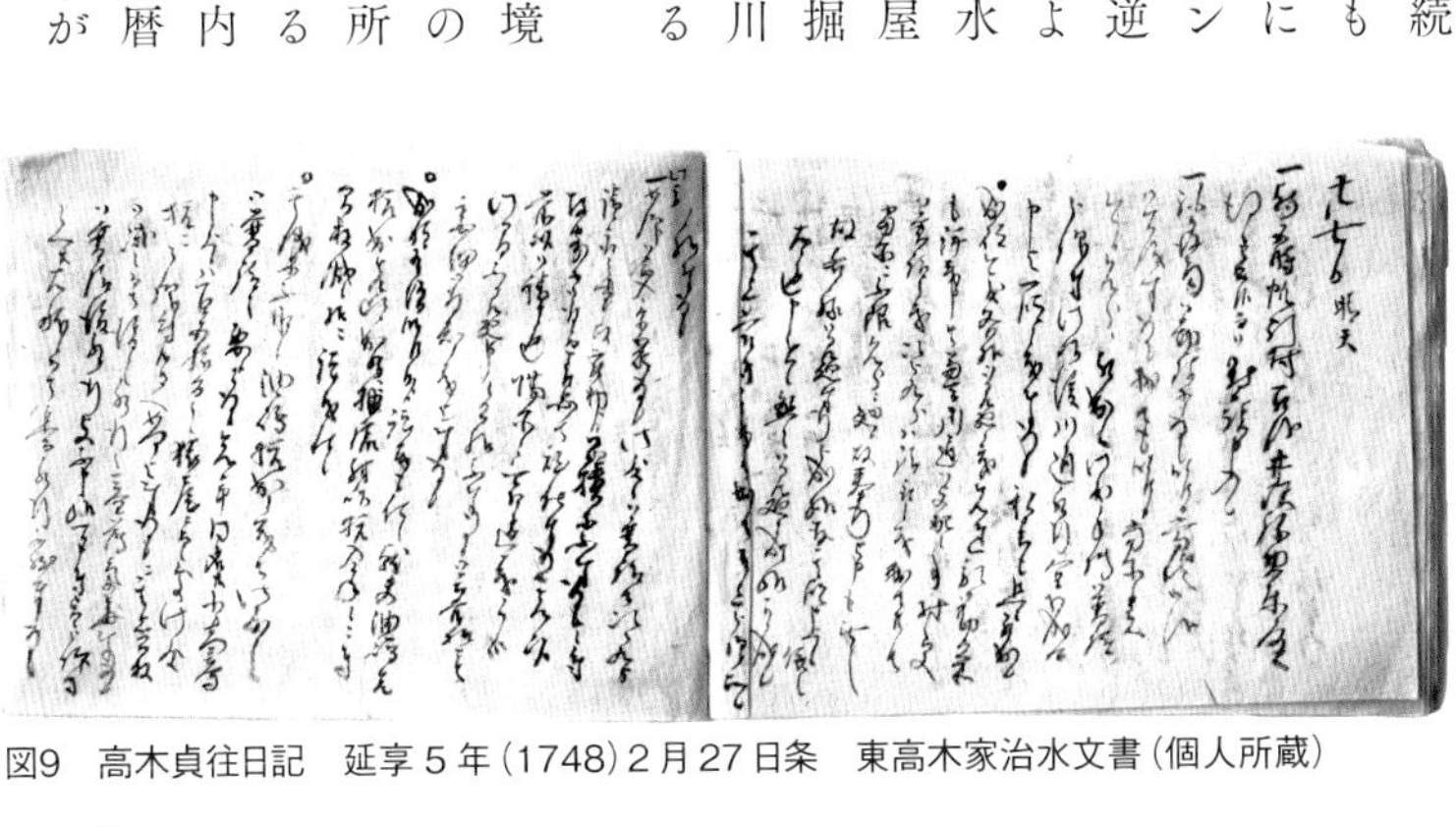

図9　高木貞往日記　延享５年（1748）２月27日条　東高木家治水文書（個人所蔵）

流域治水の困難性に挑んだ壮大なプロジェクト

宝暦治水工事の実相

工事計画と薩摩藩の役割

延享の手伝普請以後も流域での水害は続いた。深刻化する水害に対し、宝暦3年（1753）、幕府は代官吉田久左衛門を派遣した。吉田は水害地域の村々や関係役人に要望書を提出させ、三川分流に向けた工事プランを措定する。図2はその最終計画図であり、工事計画は73カ所にものぼる（朱書で「い」「ろ」「は」…と記された箇所）。しかし、最終案にもかかわらず、三川が合流する油島付近に3枚もの紙（❶❷❸）が貼り合わされているのはなぜだろうか。

これは江戸時代に特有の「見《み》試《ため》し」工法と称されるものだ。大規模な河道改修（水行普請）にあたって、他の工事の影響を見ながら試しながら、段階的に対応しようとしたのである。

注意を要するのは、この過程で提出された各村からの要望書の中に、他の普請願書に対する反対意見書が多数含まれていたことである。流域の要望を受けた減災対策としての普請の実施が、さらなる地域間対立を増幅する可能性を孕んでいた。

こうした準備を経て、宝暦3年12月、幕府は薩摩藩島津家に対し手伝普請を命じた。いわゆる宝暦治水の開始である。その際、勘定奉行一色政流《まさひろ》は、村々の請負で普請を実施する方針とともに、普請に「不案内」とされた薩摩藩の任務を、資材・人員管理（あわせて費用弁済）に限定し、最小限の役人派遣でよいと指示していた。つまり、薩摩藩が担ったのは、設計や施工の指揮・監督や労役の提供ではなく、工事の要となる調達役であった。

施工区域と担当割

実際の工事は、毎春恒例の定式普請および水害復旧工

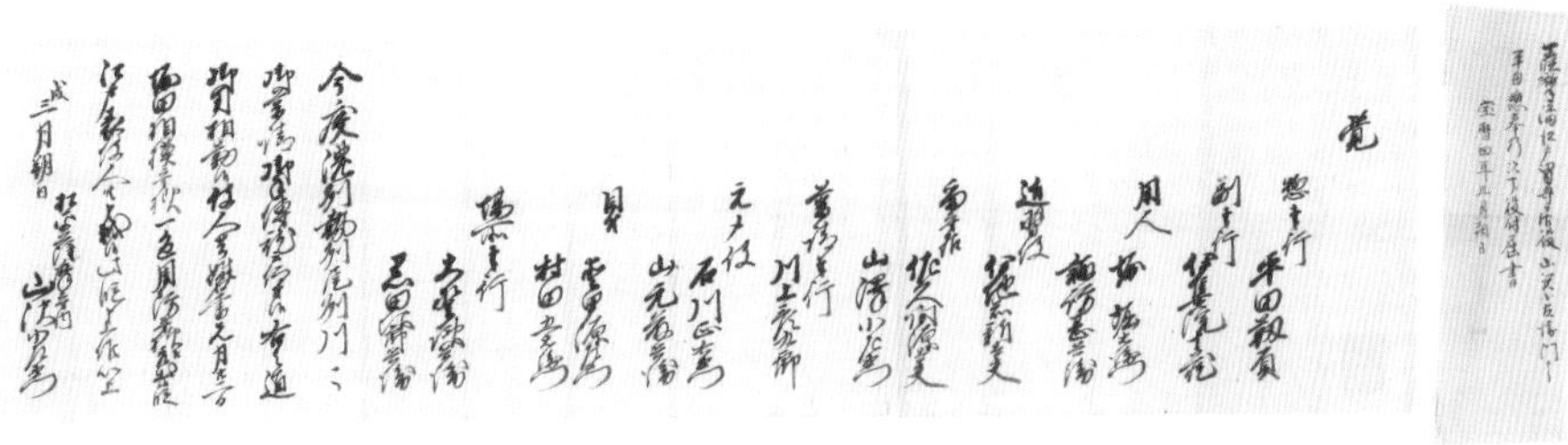

図1　薩摩藩手伝方役人覚　宝暦４年（1754）３月朔日　高木家文書。工事開始直後に薩摩藩留守居役山沢小左衛門から届けられた治水担当役人の姓名書。惣奉行平田靭負以下、役職者 14 名の記載がある。

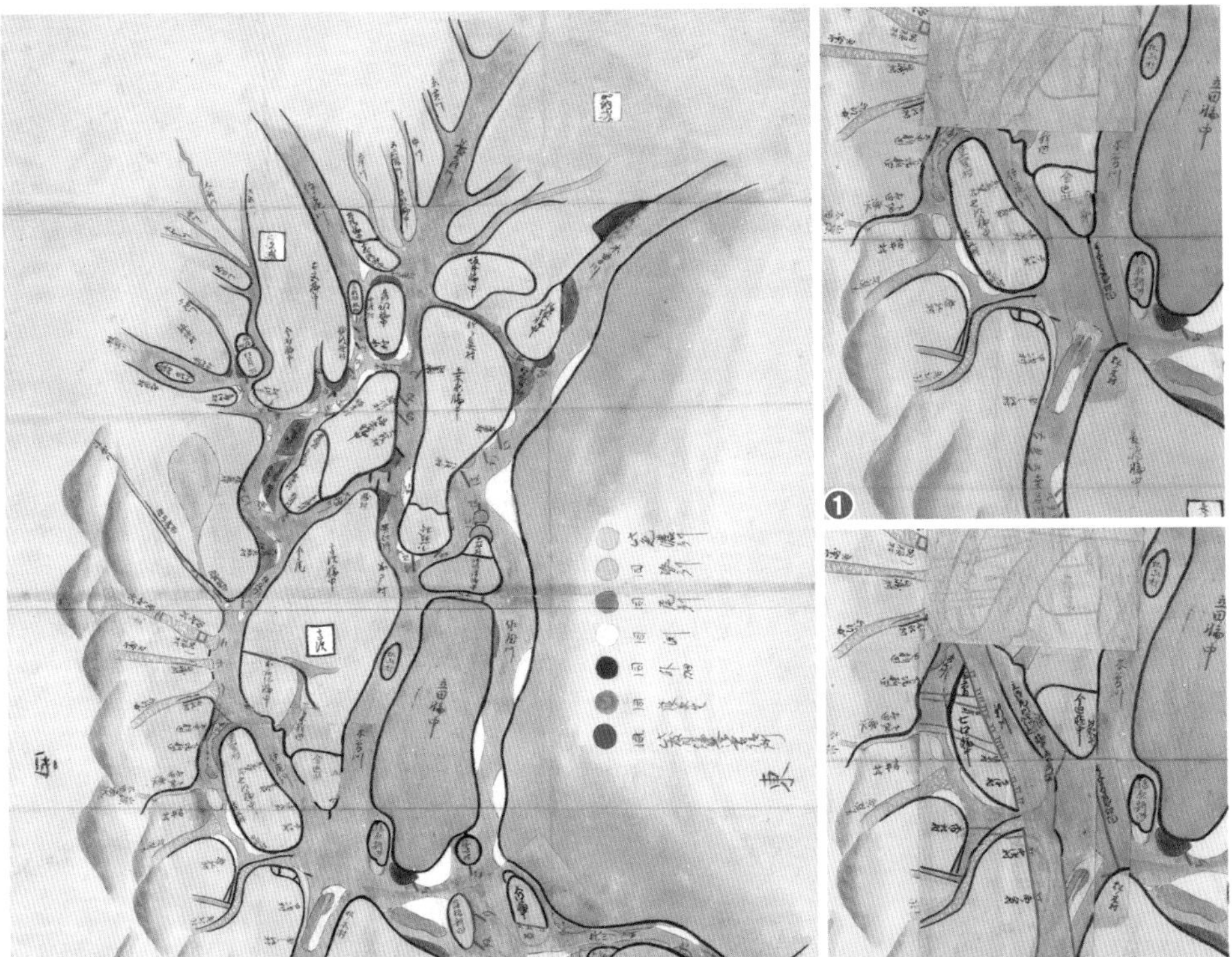

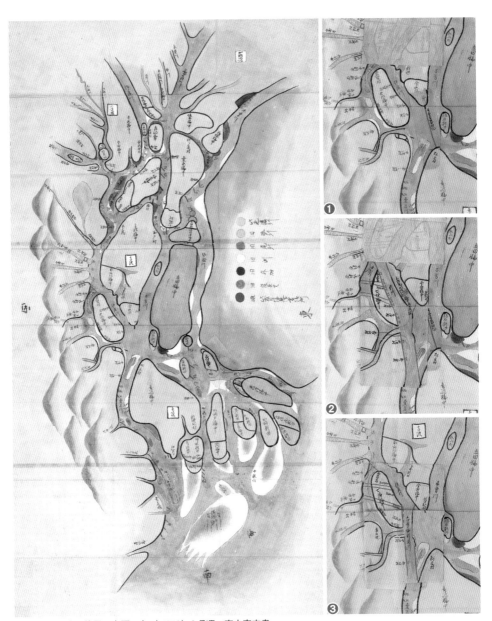

図2　普請目論見絵図　宝暦３年（1753）８月頃　高木家文書
❶は堤で完全に締め切る案。❷は新川と輪中悪水落堀を設ける案。❸は上之郷村より堀割新川を設ける案。❷❸の両案は、油島・松之木間の西にある七郷輪中などを掘り割り、新たに伊尾川の水を通すと同時に、金廻輪中・長島輪中間を締め切ることで、木曽川から分流させる案であった。

事（急破普請）からなる一期工事と、三川分流に挑む水行普請や圦樋《いりひ》普請、排水路整備、堀田造成を含む二期工事の二段構えで実施された。

普請区域は四工区に分けられ、一之手は西高木家、二之手は美濃郡代、三之手は東高木家、四之手は北高木家が、幕府普請役とともに担当奉行をつとめた（図3）。

一期工事は融雪による洪水被害を避けるため、薩摩藩惣奉行平田靱負《ゆきえ》の到着前、宝暦4年（1754）2月27日に開始された。工事は順調に進んで一之手（4カ村、普請堤防延べ1421間、約2・58km）は3月13日に竣工した。以下、四之手（9カ村、同6325間、約11・5km）、二之手（15カ村・同3289間、約5・98km）と続いて、普請箇所の多かった三之手（75カ村、同31896間、約57・99km）も5月2日に完成した。

その後、6、7月の出水により施工部分が崩壊したことに加え、新たな洩穴などが「目論見増し」として修復を命じられ、手伝方の負担につながっていった。

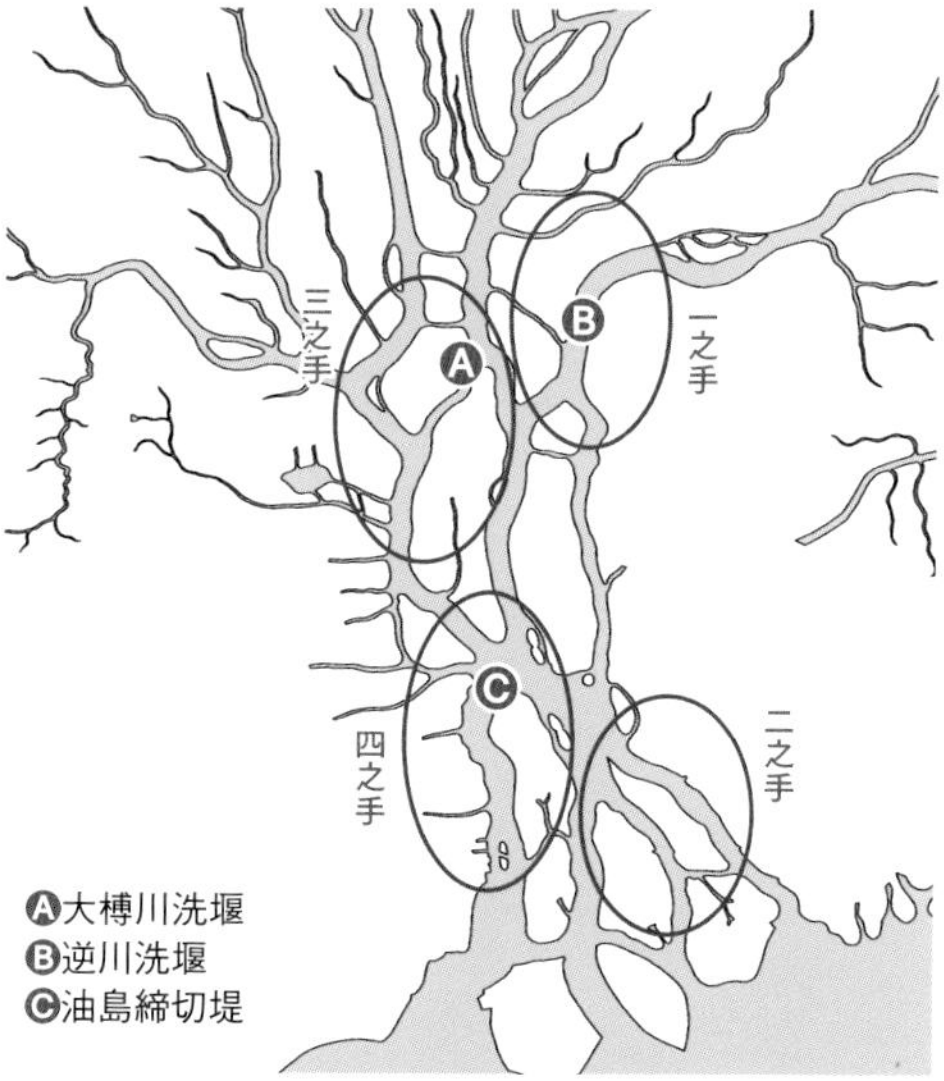

図3　四工区と難場普請　服部亜由未作成

内藤十左衛門の死

宝暦治水を前に西高木家では、治水巧者として本巣郡十五条村の内藤十左衛門を召し抱えている。彼は一期工事がはじまる宝暦4年2月15日に血判誓詞を提出し、任地である二之手に赴いたが、わずか2カ月後に自刃して果てた。彼が死ぬ間際に語った切腹

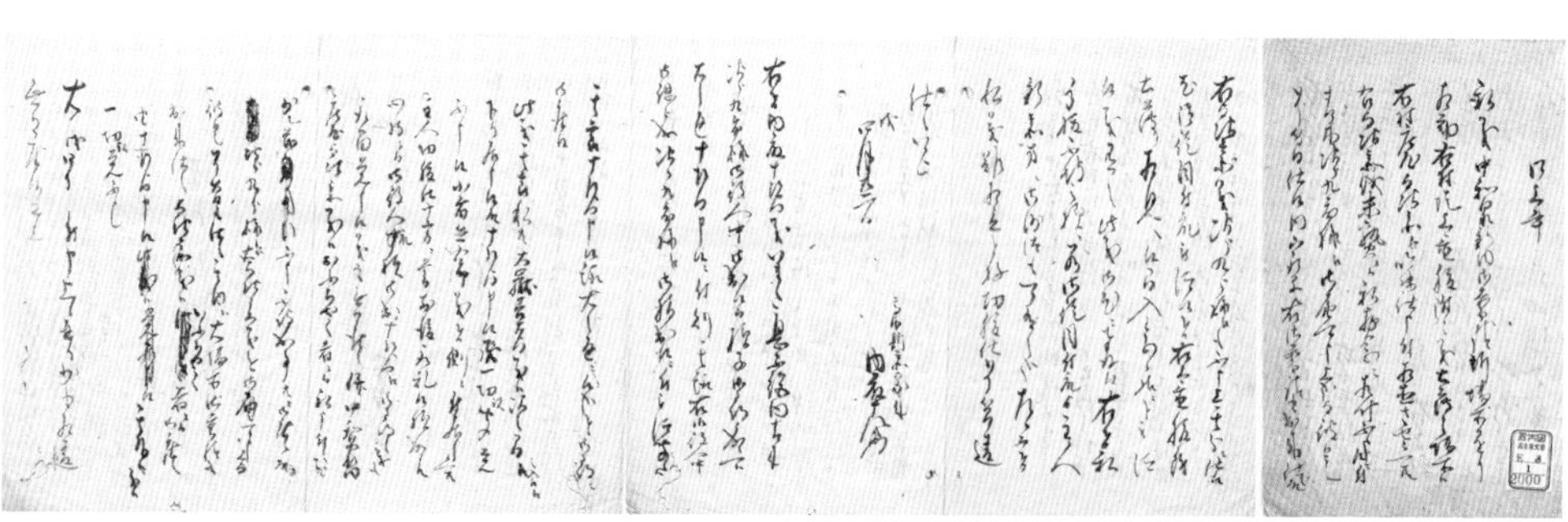
図4　口上書　宝暦4年（1754）4月22日　高木家文書

理由は、中和泉新田庄屋与次兵衛を統制しきれず、不備な施工箇所がもとで主人新兵衛に責任が及ぶのを避けるためとあった（図4）。彼が遺書を残したことが確認されているが、それは公式記録からは除外され、資料としても伝わっていない。

なお、宝暦治水では多数の薩摩藩士が自害したとされるが、遺言書を残した「変死者」永吉惣兵衛の一件（2015年公表）を除き、それを明証する資料は確認されていない。詳細な情報を残すのは内藤のケースのみであり、この事例を根拠として、近代になって薩摩藩士の切腹が語られてきた経緯がある。

これとは別に、西高木家の公的記録である「蒼海留帳」には、高湿の輪中地帯で暑気にも苦しめられたのであろう、多数の薩摩藩関係者が病死・病臥したため、工事の延期を願い出た薩摩藩役人佐久間源太夫の書状が留められている（図5）。薩摩藩関係者が置かれた状況の一端を知ることができる。

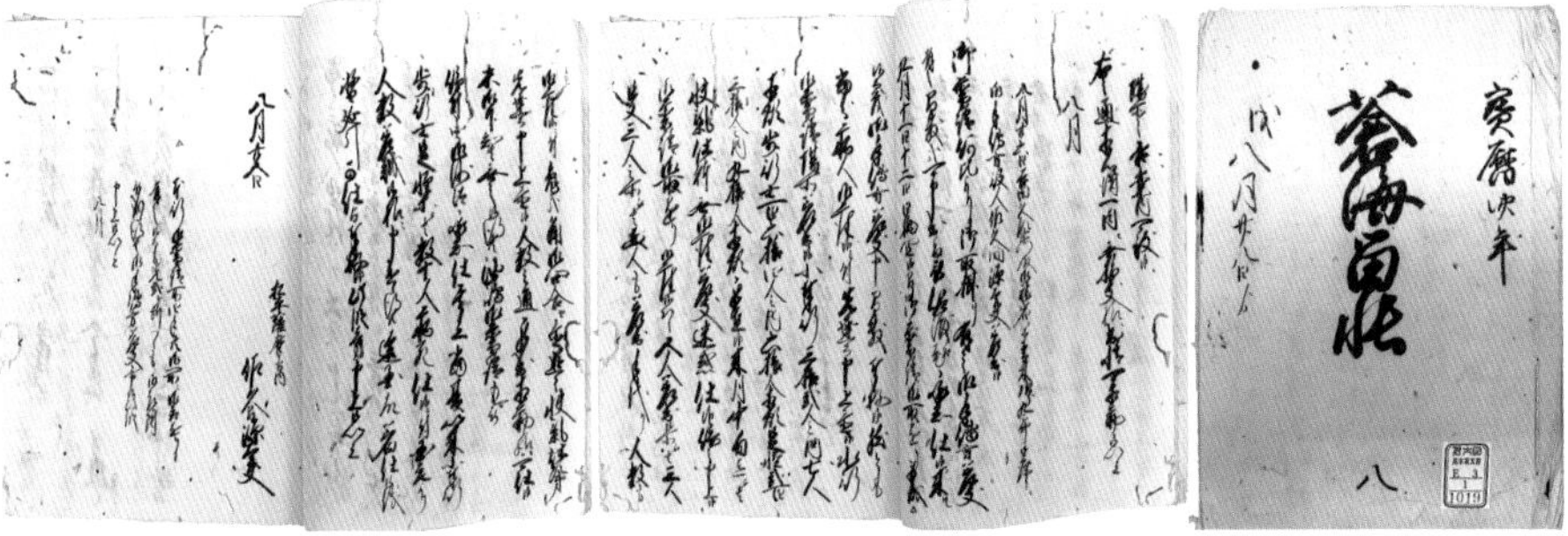

図5　佐久間源太夫書状写　宝暦４年（1754）８月25日（「蒼海留帳八」より）　高木家文書

難場普請

二期工事で困難を極めたのが、三川分流策の核となる、Ⓐ長良川・伊尾川を貫流する大榑《おおぐれ》川への洗堰の設置、Ⓑ木曽川と長良川を貫流する逆川への洗堰の設置、Ⓒ三川が合流し激流が渦巻く油島新田地先での締切堤の築造であった（図3）。

このうち油島新田地先における締切は、伊尾川の通水改善策として当初予定されていた七郷《ななさと》輪中掘割（図2参照）が費用対効果を勘案して中止となり、代替策として採用されたものである。しかし、村々の複雑な利害対立を受け、高木家などに代表される合流部分の全長1090間（約1982m）を完全に締め切る意見と、普請役たちの中明《あ》け意見とが対立した。

これについて勘定奉行は、地域間の利害対立は想定内のものであり、益・不益の影響を見ながら施工を進める「見試し」策として、中明けを指示した。図6は、宝暦治水直後の油島地先の様子を示している。図の中央で木曽川と伊尾川を分ける朱線が締切堤である。重要な物流を担っていた舟運のルート確保の問題や、締め切った場合の影響に配慮し、中間の300間余（約546m）が開いた状態となっ

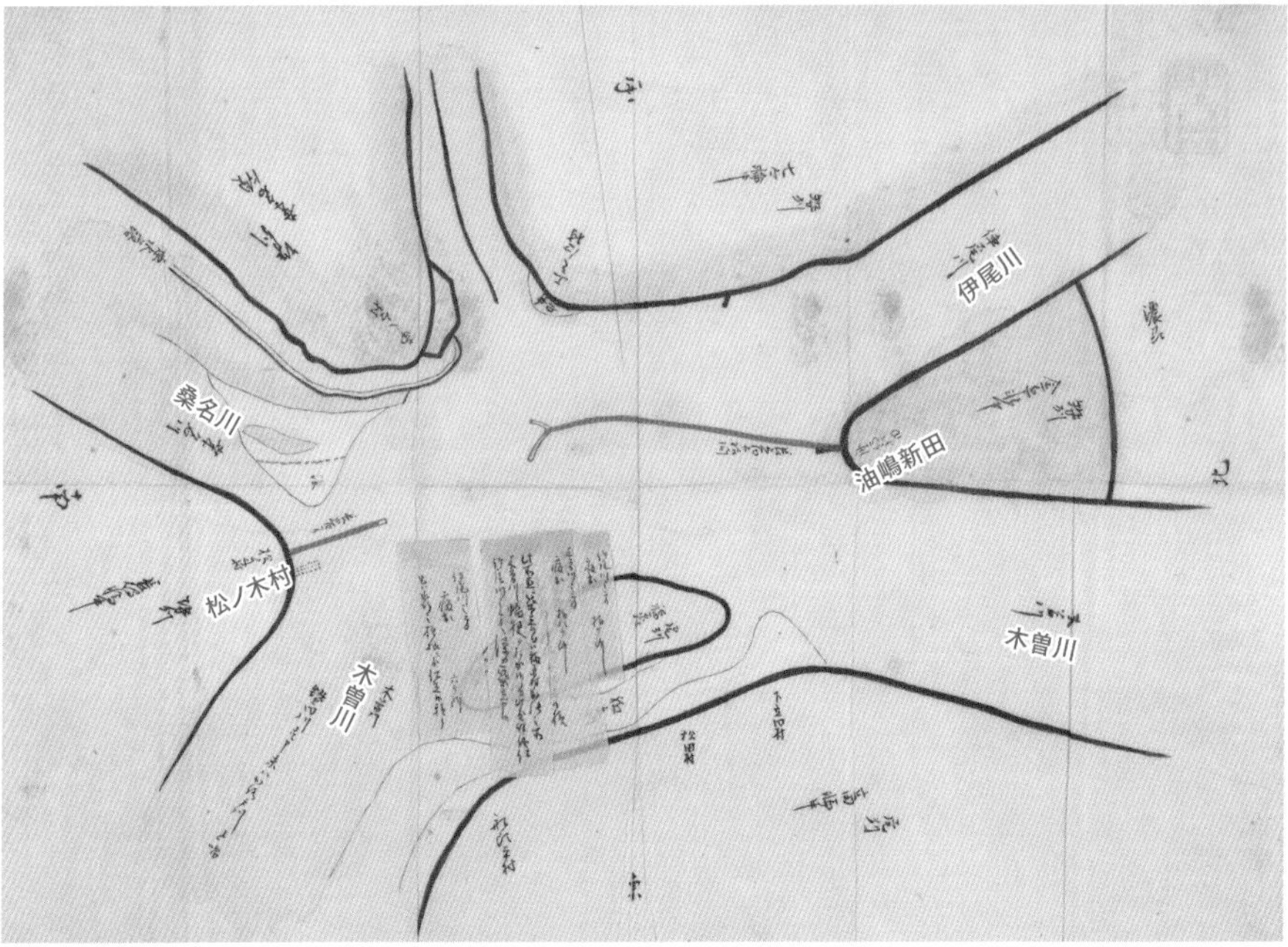

図6　油島新田地先締切絵図　高木家文書
油島新田からの締切堤は長さ550間（約996m）、平均高さ2間（約3.6m）。木曽川の水を刎ねるために堤を微妙にカーブさせている。松之木村からの締切堤は長さ200間（約362m）、平均高さ2間（約3.6m）で、中明け部分は約300間（546m）であった。

ている。

この油島新田地先締切堤と連動するのが、大榑川の締切問題であった。そもそも宝暦治水前の調査では、福東・多芸《たぎ》輪中惣代や大垣藩領87カ村、高須藩役人などから大榑川締切の提案が出されていたものの、当初設計には組み込まれていなかった。図2の普請目論見絵図にも見えていない。それが浮上するのは、二期工事に入る前のことだ。治水計画全体に関わる七郷《ななさと》輪中掘割の計画中止が決定され、その代替措置として油島締切が議論される宝暦4年（1754）6月頃であった。

油島締切への影響を勘案する高木三当主と美濃郡代青木次郎九郎が、出水5合目の洗堰《あらいぜき》を主張したのに対し、幕府普請役らは、洗堰では洪水に対して脆弱とし、維持修復の費用対効果から本堤並の締切を要求した。

この間、古宮《ふるみや》・今村輪中が本堤締切に反対したほか、長良川通の村々からも洗堰設置に伴う補償対策が求められていた。現地の幕府役人による評議では、施工位置は喰違堰の下流として、出水2合目までの洗堰が選ばれている。

しかし、勘定奉行は経費と工期を勘案して喰違堰の締切を指示してきたため、再度の評議が開かれた。最終的には、喰違堰の位置での締切では経費が増大するうえ、水勢が強くて維持も困難との見解が説得力をもった。長良川通の村々へ水当たりが強く、障村

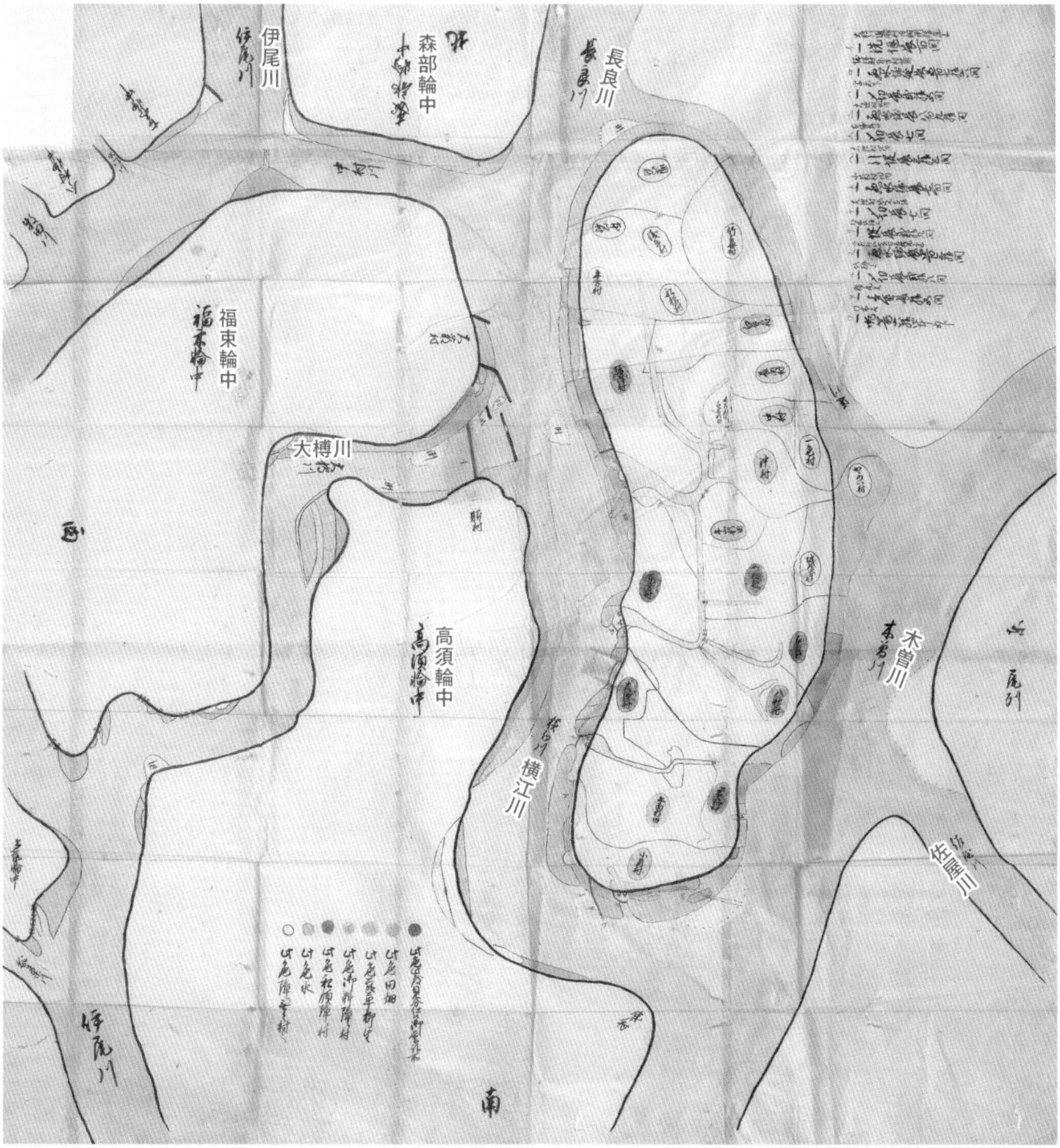

図7　御普請所見分絵図　東高木家治水文書（個人所蔵）
朱書が「此度見分仕候御普請所」で、「イ」（下図青丸内）が「洗堰長百間」。墨書は寛延年間に設置された喰違堰。

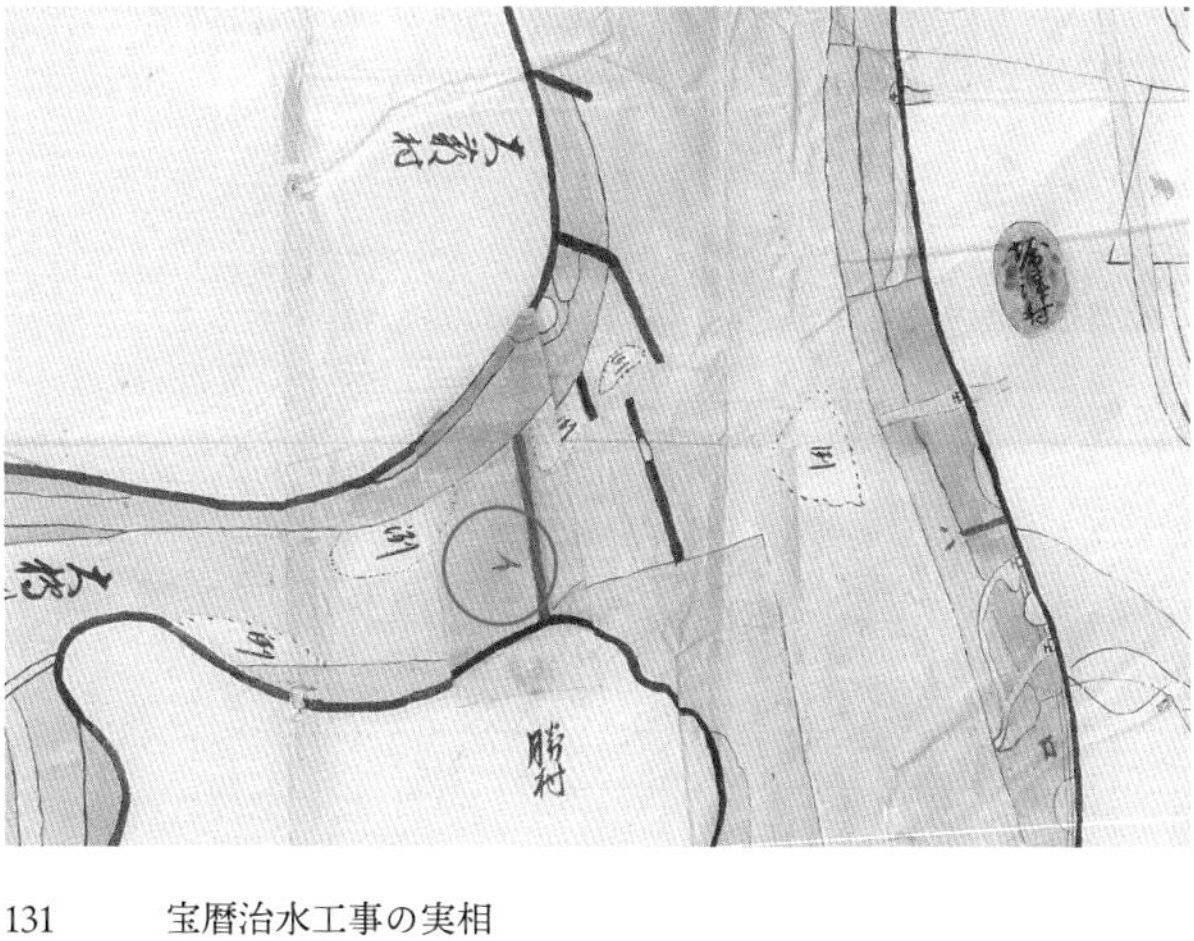

が出る点も判断材料とされた。さらに水制機能を勘案した結果、喰違堰より川下100間余（約182m）の場所で、常水上2合目の洗堰に決した（図7）。経費問題と村々の要

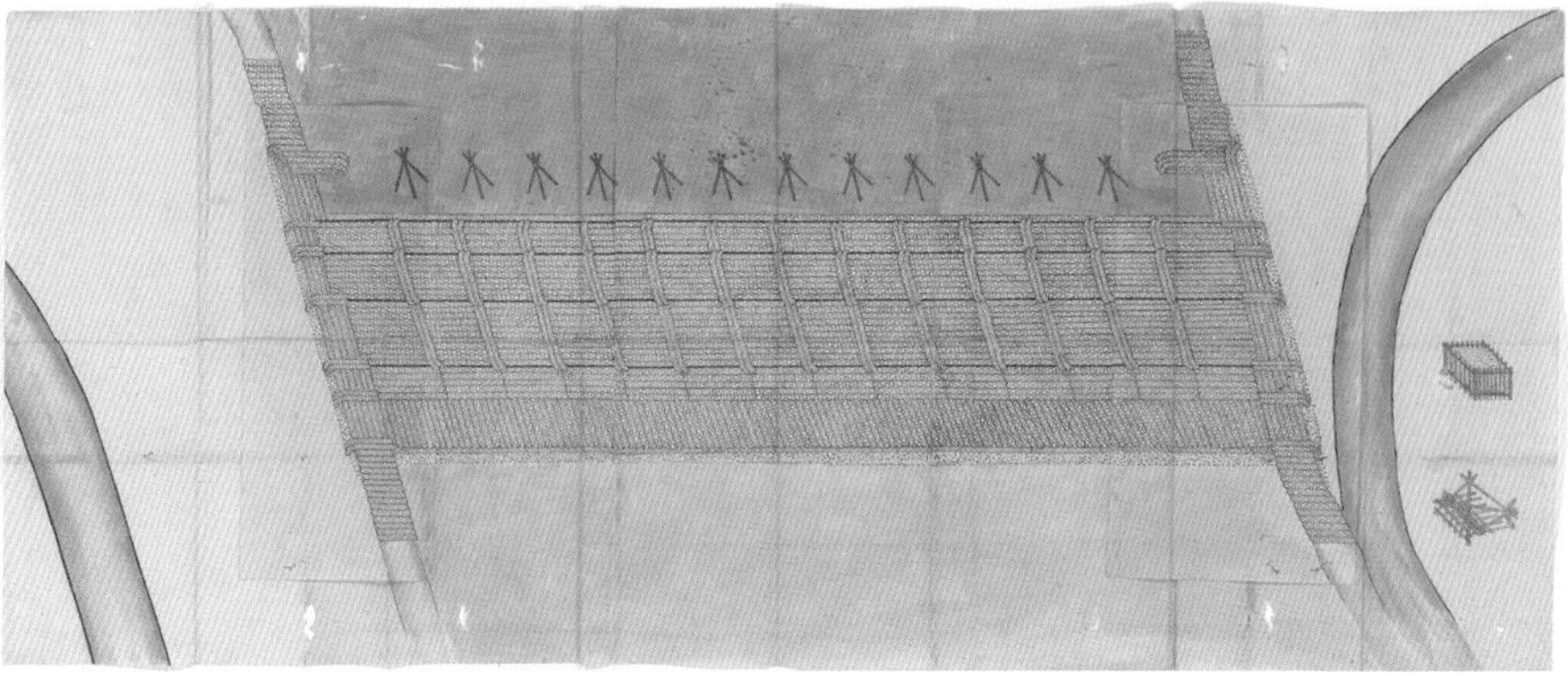

図8　大榑川洗堰出来形図　宝暦５年（1755）　東高木家治水文書（個人所蔵）

望を優先した結果の判断であり、地域の動向がなによりも重要な鍵を握っていたといえよう。

　完成した大榑川洗堰は、当時の普請技術の粋を集めた全長98間（約178m）、横幅23間（約42m）の巨大な構造物であった（図8）。絵図中には、使用された蒔石《まきいし》、蛇籠《じゃかご》、笈牛《おいうし》、枠を確認することができる（複数の貼紙の下には、護岸用の粗朶羽口《そだはぐち》などの内部構造が描かれている）。この堰によって、平時は大榑川への通水はなくなり、出水2合を越える場合にだけ長良川の水を溢流させることで、流域の減災が目指されたのである。

図９　大榑川洗堰写真　明治年間　輪之内町提供
薩摩堰崩壊後に再築されたもの。本書 144 ページ参照。

　こうして宝暦4年9月に着手された二期工事は、二之手が12月18日竣工、他工区も翌5年3月にはすべて竣工した（図11）。その後、幕府側・手伝側の双方立ち会いで4月6日までに内見分がおこなわれた。江戸からの検使による出来栄え見分も5月25日には終え、ここに宝暦治水事業が完了した。

図10　薩摩堰治水神社と薩摩堰遺跡碑。宝暦治水で造築された大榑川洗堰（薩摩堰）跡に1928年建立された記念碑と、1980年創建の神社。

歴史のなかの宝暦治水

宝暦治水は、地域の死活的要望を背景に、木曽三川の洪水被害の減災策としておこなわれたものである。逆川洗堰や大榑川洗堰、油島締切堤などの難関工事を通して三川分流に挑んだ画期的な治水工事であった。これ以降、下流部での水害発生率は減少しており、一定の効果があったことは確実である。

しかしその一方で、分流の鍵と目された大榑川洗堰は、竣工直後の洪水で洗堰脇が決壊してその機能を喪失してしまう。また、油島締切堤も合流点の三分の一は中明けの状態で竣工しており、治水上の効果は限定的であったと考えられる。

加えて、事前に提出された意見書には、他地域の要求に反対するものが多数含まれており、環境改善のため計画された普請が新たな地域間対立を生む可能性を孕んでいた。また、三川流域に深刻な被害をもたらす流出土砂への対策がなされていない以上、重大な災害が再発してくることも避けられなかった。宝暦治水後、三川の中流部では水行普請の影響による環境悪化の訴えが強く提起されてくるなど、水害が増加する傾向がみられたのである。

なお、宝暦治水を契機として、大榑川洗堰と油島締切堤の維持に向け組合の結成が命じられている。これと歩調を合わすように、18世紀後半以降、輪中村々が連合した水防共同体である輪中組合が各地で生まれてくる。宝暦治水が地域共同性を胚胎する契機となった可能性にも注目しておきたい。

宝暦治水は、大名手伝普請という仕組みをベースとして、複雑かつ厳しい環境に規定されつつ、地域全体で取り組まれたものであった。

流域には、油島に1938年建立された治水神社はじめ、数多くの記念碑・墓碑・治水遺跡・位牌、そして厖大な資料群が残されている。

この宝暦治水の歴史的な性格を理解するには、幕府と薩摩藩の単純な対立構図で捉えたり、宝暦治水＝薩摩藩として顕彰面のみに着目する方法ではなく、川という自然と人間がいかに関わってきたか、残された資料に基づき、その成果と課題を冷静にみつめていかねばならない。

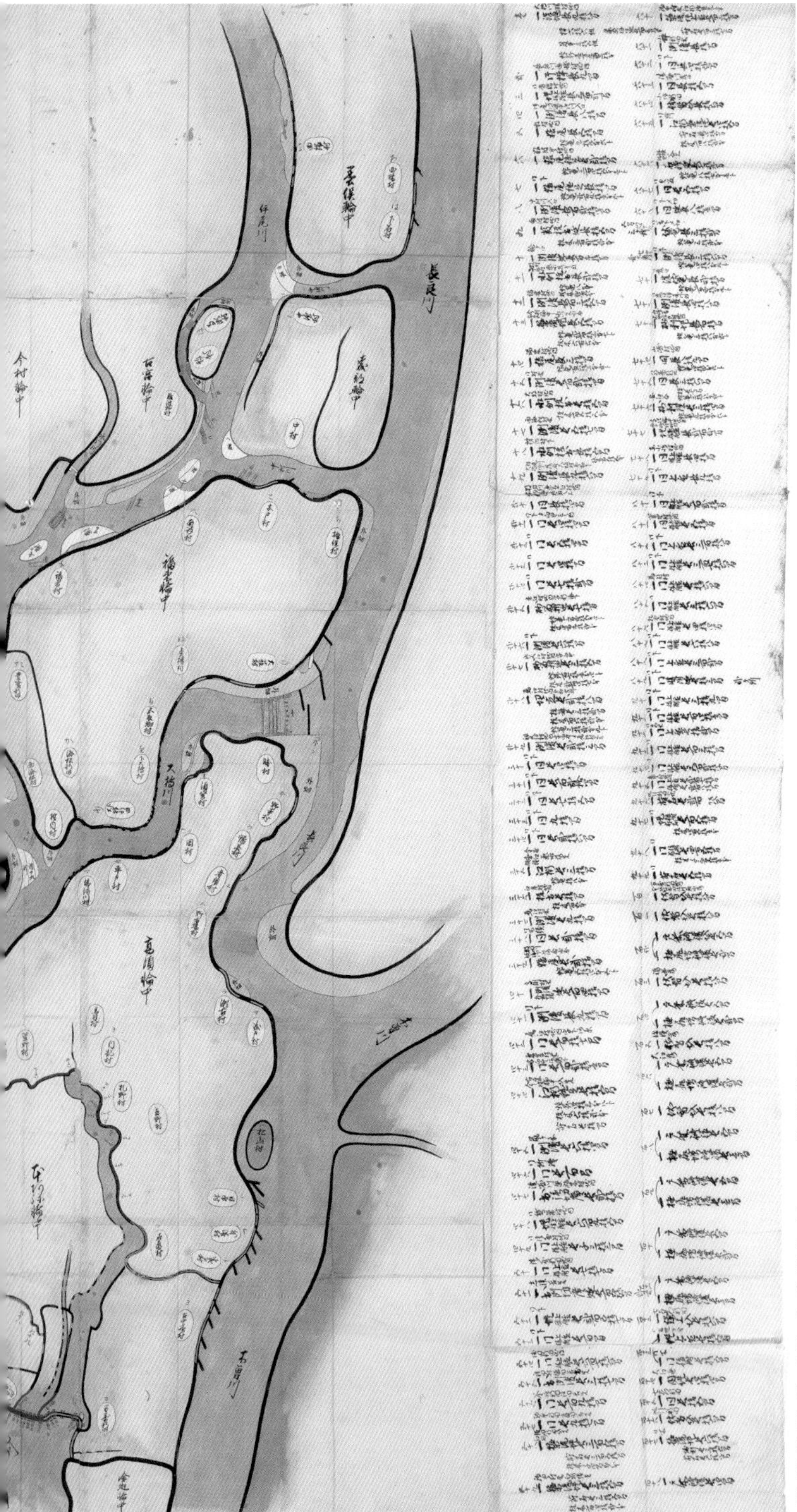

図11　三之手水行・定式・急破御普請出来形絵図　宝暦5年(1755)5月　東高木家治水文書(個人所蔵)。

高木内膳（東家）が担当した三之手の竣工図である。絵図中に桃色で強調された部分が定式・急破普請（一期工事）、大榑川洗堰など朱色の部分が水行普請（二期工事）である。左右の貼紙部分には、絵図中の記号と対応する形で、それぞれの施工箇所と施工内容が詳細に記され、この工事の規模と目的を知ることができる。

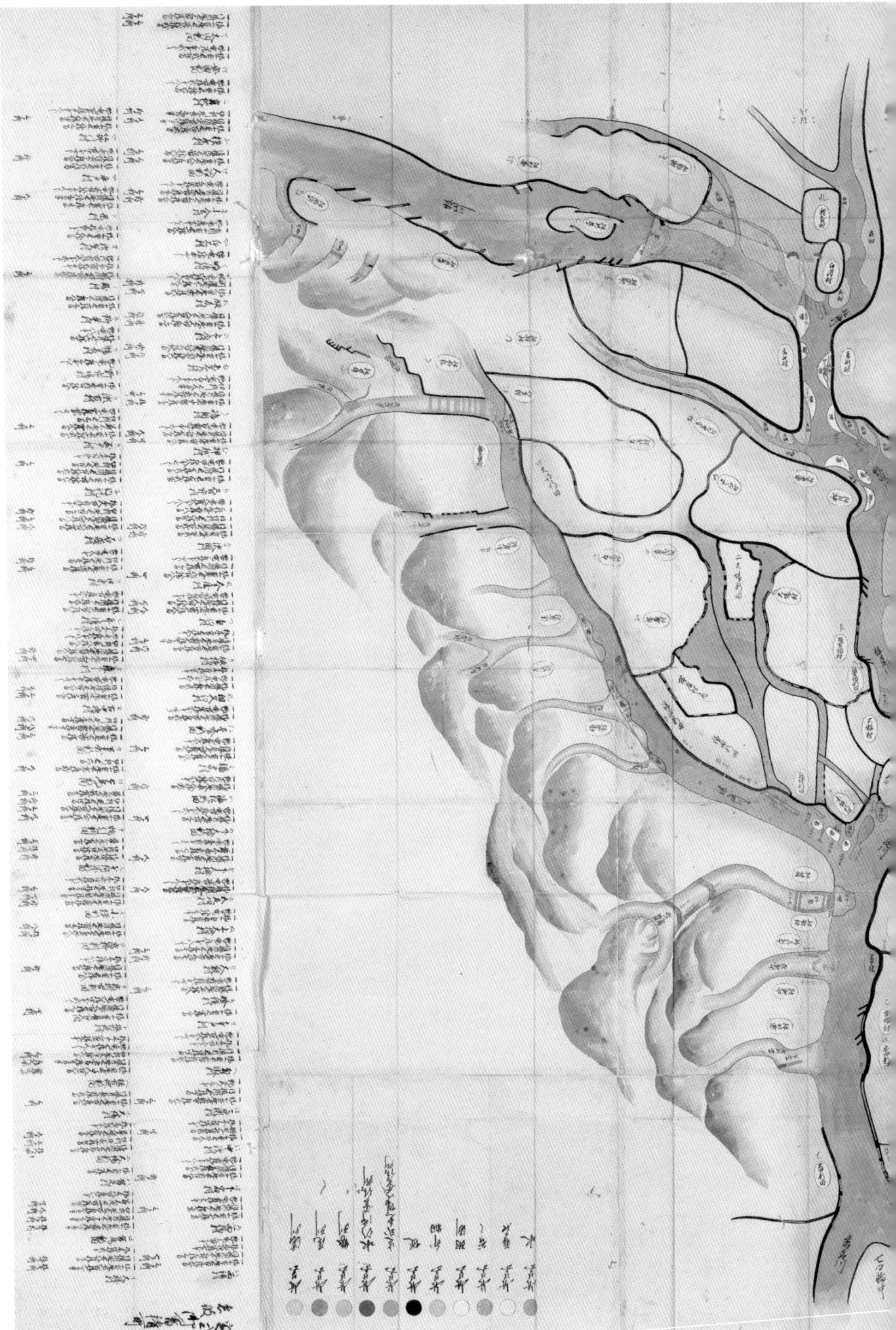

増幅する地域間矛盾への対応

宝暦治水以後の油島締切堤

中明《あ》けから喰違《くいちがい》洗堰へ

　宝暦治水で取り組まれた重要箇所のひとつが、木曽・伊尾川合流地点の油島新田・松之木村間における締切堤である。締切堤は、高須輪中などが最後まで完全締切を要求し続けたものの、一年ほど様子や影響をみながら対処することにしたため、中間の300間（約546m）が開いたままの状態で竣工した。

　宝暦9年（1759）8月、高須・本阿弥《ほんなみ》・金廻《かねまわり》・太田・七郷《ななさと》輪中の伊尾川筋村から、中明け部分の締切が不可避との要求が出された。図1はこのときの普請願絵図である。完全に締め切らなかったため、中明け口から土砂が馳せ込む様子が描かれている。このままでは河床上昇による排水障害が常態化するとして、貼紙のように中明け部分の締切を訴えたのである。

　一方、油島新田地先の締切を求める村々の動きを察知した長島輪中では、長島藩の支援も受けつつ、繰り返し締切反対を訴えた。明和元年（1764）8月には、木曽川左岸の尾州海西・海東郡98カ村が、油島締切の断固反対を訴え出るなど、水行普請が地域間矛盾を増幅させ、利害対立がより広域化していった。

　5つの輪中4万石余の水腐れが深刻化するなか、ようやく明和5年（1768）の手伝普請で幕府も締切へと踏み出した。堤・洗堰を継ぎ足す形で喰違洗堰が竣工したのである。

　喰違洗堰の構造は、資料的制約から明示することができない。後の形から、油島新田からの堤が950間（約1727m）、そのうち洗堰が230間（約418m）、松之木村からの堤が225間（約409m）で、双方の喰違部分の長さは50間（約91m）、その間隔は12間（約22m）であったと思われる（図3参照）。

　これにより、油島新田と松之木村間で合流していた木曽・伊尾川がおおむね締め切られる姿となった。

喰違洗堰をめぐる対立

　明和5年（1768）の改修により大規模な構えとなった油島喰違堰。組合結成を命ぜられた高須・本阿弥・金廻・太田・七郷の5輪中63カ村（勝・須賀・岡・車戸《くるまど》・仏《ぶ》師川《しがわ》の5カ村を除く）が修復・補強・洲浚いなどを担い、大きな負担を伴いながら機能の強化が図られていった。

　天明8年（1788）の5

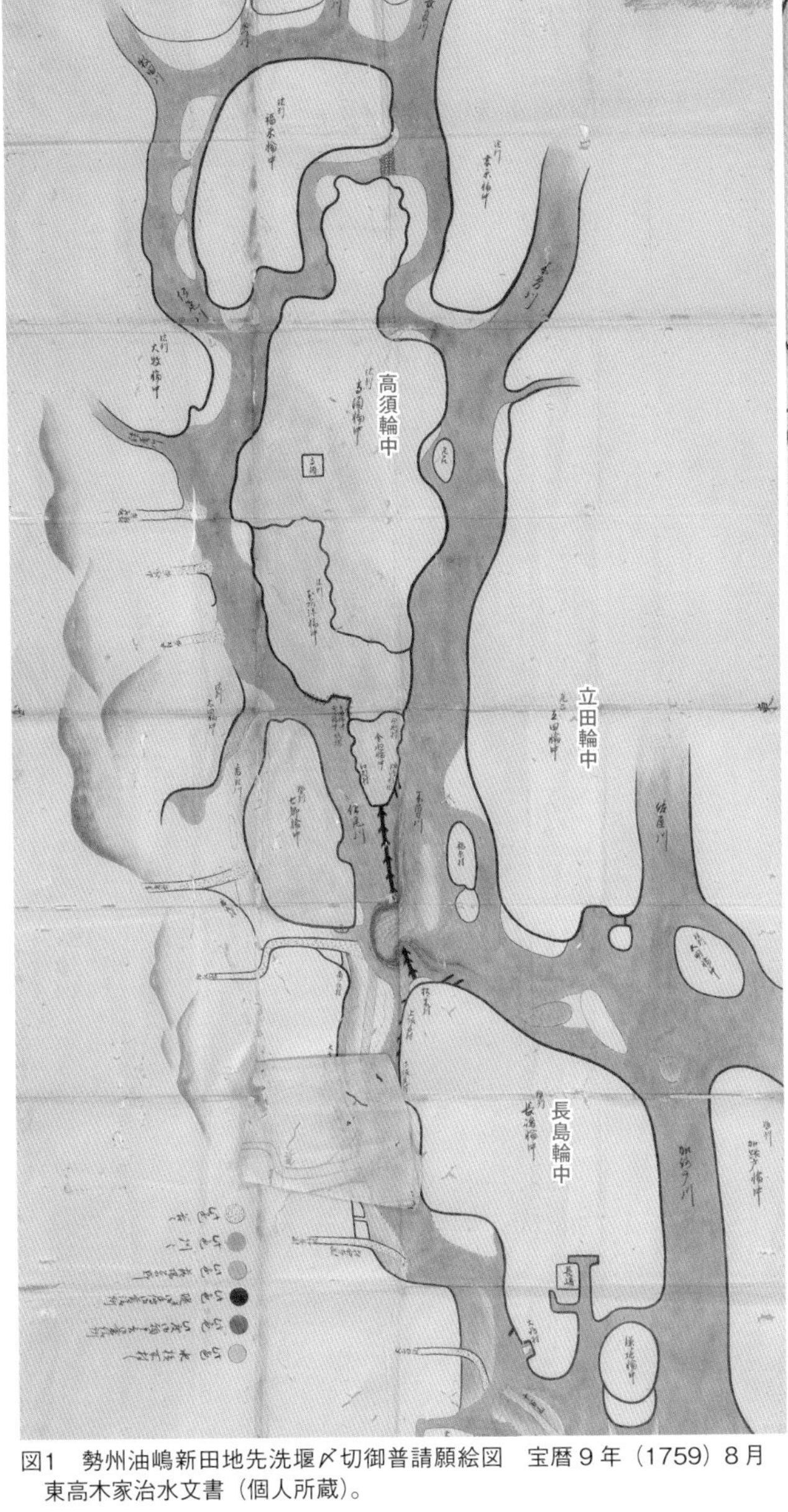

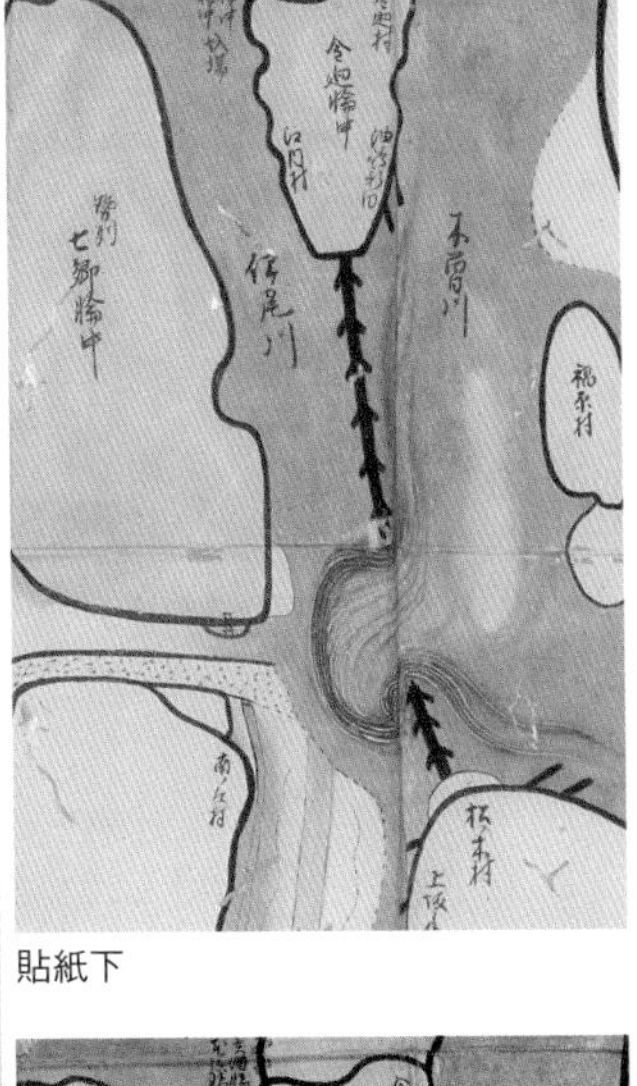
貼紙下

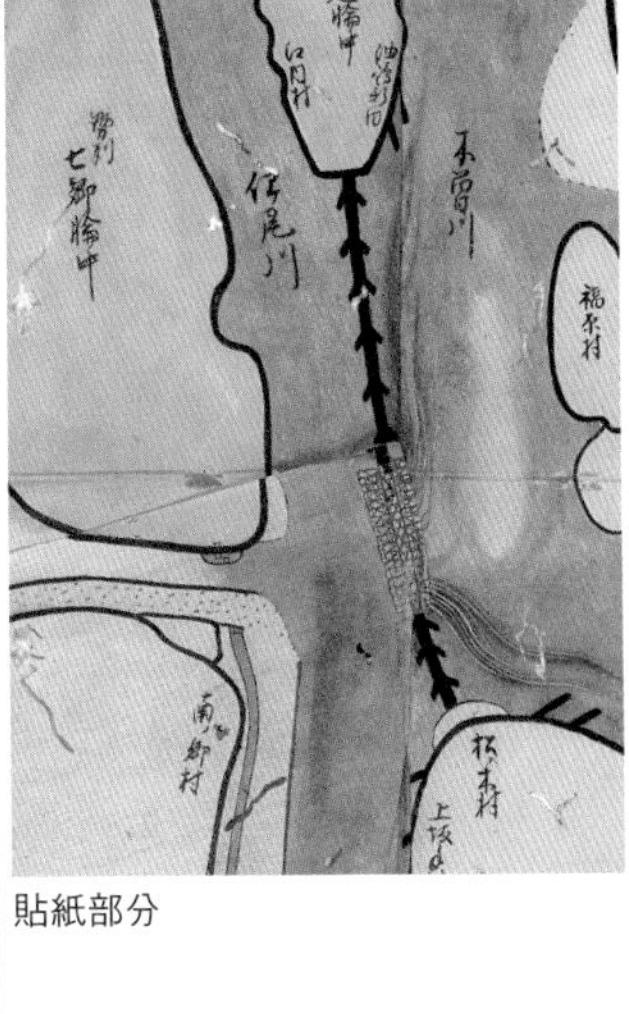
貼紙部分

図1　勢州油嶋新田地先洗堰〆切御普請願絵図　宝暦９年（1759）８月
東高木家治水文書（個人所蔵）。

輪中嘆願書によれば、残された喰違12間の明け所からの逆水が激しく、堆砂による伊尾川の流下障害を起こしたという。筏川《いかだ》・鍋田川が土砂堆積で潰川同様になり、木曽川は加路戸《かろと》川から桑名沖へ流れ込んで伊尾川の流水を盛り上げていた。

改善策として提示したのが図2の水行直し普請願絵図である。朱書の箇所が「御願場」である。①喰違部に木曽川へ刎猿尾50間（約91m）、伊尾川へ請猿尾1000間（約1818m）の築流しを設け、②加路戸川を掘り割り拡幅したうえで葭ヶ須《よしがす》輪中福井新田と横満蔵《よこまくら》新田の間を喰違猿尾で締め切る提案がなされている。加えて、③伊尾川右岸の断層谷からの排砂対策にも及んでおり、5輪中の排水障害をめぐる環境認識と改善

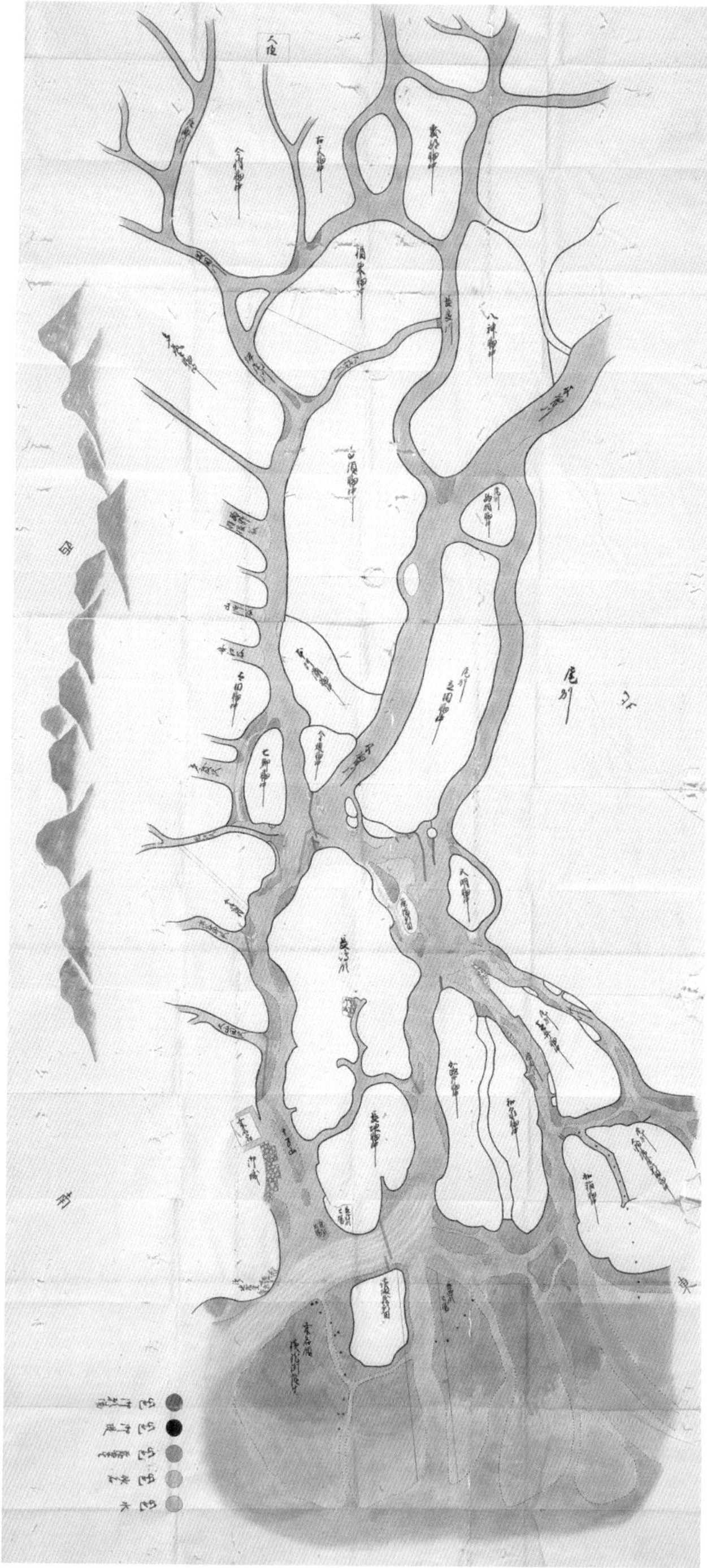

図2　高須・本阿弥・太田・金廻・七郷輪中村々水行直し普請願絵図　天明8年（1788）9月　東高木家治水文書（個人所蔵）

策を知ることができる。
この大規模な改修案は結局採択されなかった。しかし、伊尾川への請猿尾は後年まで課題として継承されるなど、木曽三川が合流する重要箇所である油島地先をめぐっては、この後も複雑な利害対立が続いた。

図3は寛政12年（1800）の修復計画に付された絵図である。組合では、洪水による破損が度重なり自普請の限界を超えたため、前例のない公儀普請を願い出た。これに対し多良・笠松両役所では閏4月3日に現地を立会見分したうえ、6月に勘定奉行所へこの絵図を添えた普請伺を提出した。絵図の付箋にある通り、洗掘された堰の修復や蛇籠《じゃかご》・片枠《かたわく》の補修が焦眉の急であり、翌年の公儀普請に組み込んで実施された。

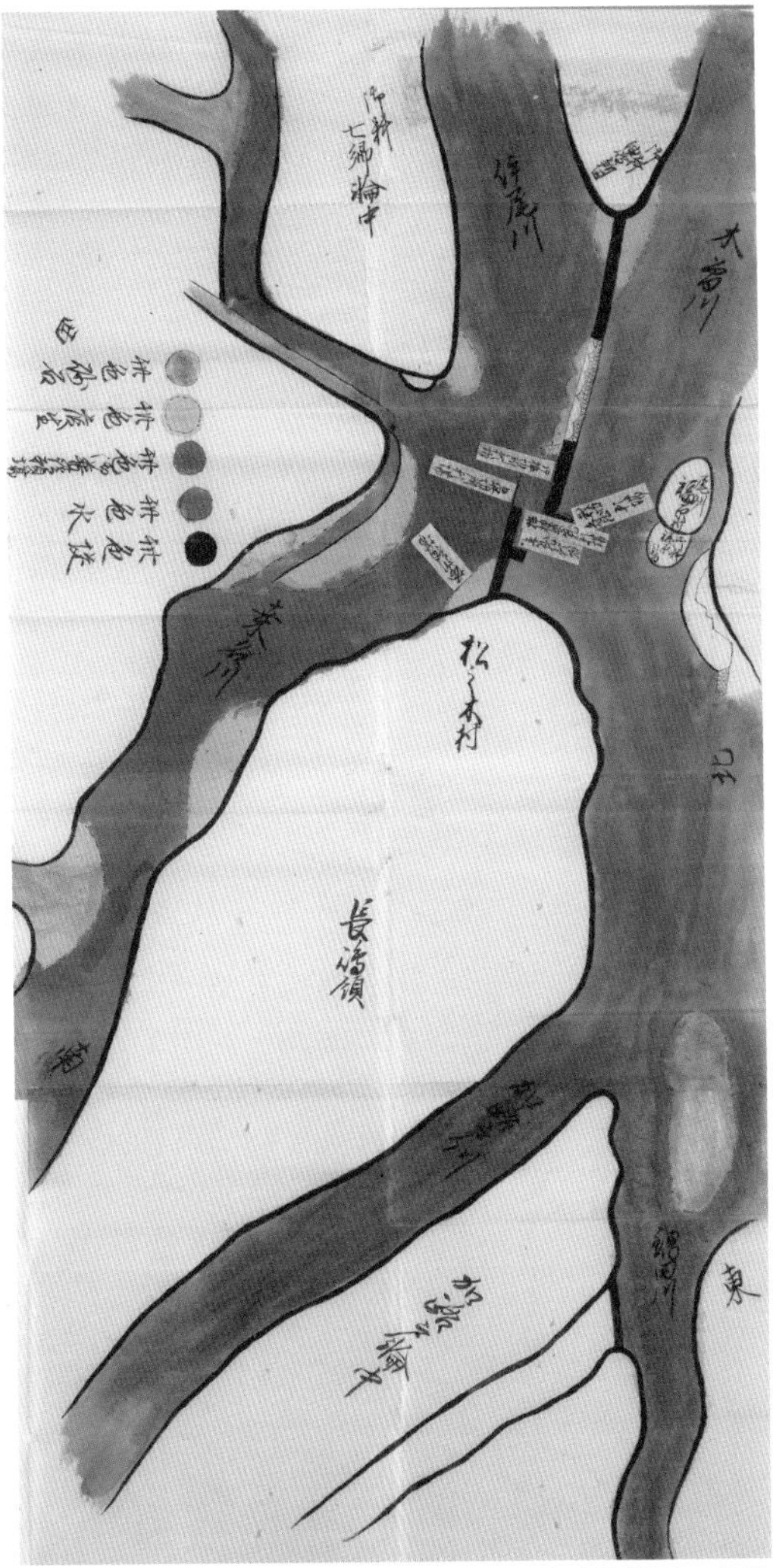

図3　勢州桑名郡油島新田松之木村地先喰違堰絵図　寛政12年（1800）　高木家文書

文政年間の争論

その後、喰違洗堰は度重なる修復もあって次第に強固なものとなった。伊尾川筋輪中の湛水被害を軽減する効果を発揮する一方、木曽川の流れに大きな影響を与え、流域社会に新たな緊張をもたらした。

文政2年（1819）5月、木曽・長良川沿いの立田・神《しん》明津《みょうづ》・桑原・大浦・足近《あぢか》・森部・墨俣輪中132カ村が、喰違堰の増強により木曽川の流下が阻害され排水や運航の障害が起きていると訴えた。訴えた相手は、油島喰違洗堰で恩恵を受ける伊尾川沿いの本阿弥・金廻・長島輪中をはじめ大垣・桑名藩領の242カ村であり、大規模な広域訴訟となった（図4）。

願書に添付された図5に朱色で強調するのが、直近の自普請のときに無許可でおこなわれたと訴訟側が主張する新規工作物（石枠・猿尾）や捨て石である。茶色の顔料を用いて泥水の渦巻いている木曽川筋の滞水状況も巧みに表現している。

この訴訟は、双方の利害を調停すべく取曖人《とりあつかい》（仲裁者）が入り、双方が納得して内済証文が取り交わされた。図6はその内済内容である。それは、❶油島新田側の堤から木曽川方面に突き出した北側の猿尾を撤去する、❷洗堰230間の高さは常水3合目を基準とする、❸伊尾川方面の請猿尾を20間（約36m）継ぎ足して29間（約53m）に延伸するというものであった。さらに、以後は益村《えきむら》・障村《さわりむら》双方の立ち会いを修復条件とした。木曽川の流下障害物の除去（❶）と伊尾川の流下を促進（❸）する合わせ技で、双方の利害調整の跡がわかる。

このとき延長された伊尾川方面の請猿尾は、河口部での新田開発が流下障害を招く可能性があることから、文政7年（1824）にさらに300間（約546m）延長された。これにより全長329間（約598m）という長大な築流し堤が完成した（図7・8も参照）。

長大な請猿尾は、新田開発の影響による流下障害を緩和し、伊尾川・木曽川の水が逆流しないよう河口までスムーズに流すための措置であった。しかし、請猿尾周囲への土砂堆積という新たな問題を発生させた。

文政8年（1825）、桑原輪中からの訴えにより、請猿尾の附洲を浚う責任として、150間（約273m）は伊尾川通の村々、残りを木曽川通の村々が担うこととなった。新たな洲浚いの負担を含め、大量の土砂を排出する木曽川を堰き止め流れを変更させる役割を担う油島喰違洗堰の維持には、多大な困難が伴い続けたのである。

天保年間以降の洗堰

図7は天保11年（1840）の紛争時に作成されたと思われる油島喰違洗堰寄洲絵図である。請猿尾の南、松之木村側の喰違堰周辺に土砂が堆積してできた寄洲が畑化した様子が描かれている。天保4年（1833）には、こうした寄洲が伊尾川の流下障害となっているとして、油島喰違洗堰組合と大榑川洗堰組合が取り払いを願い出る事態も起きていた。

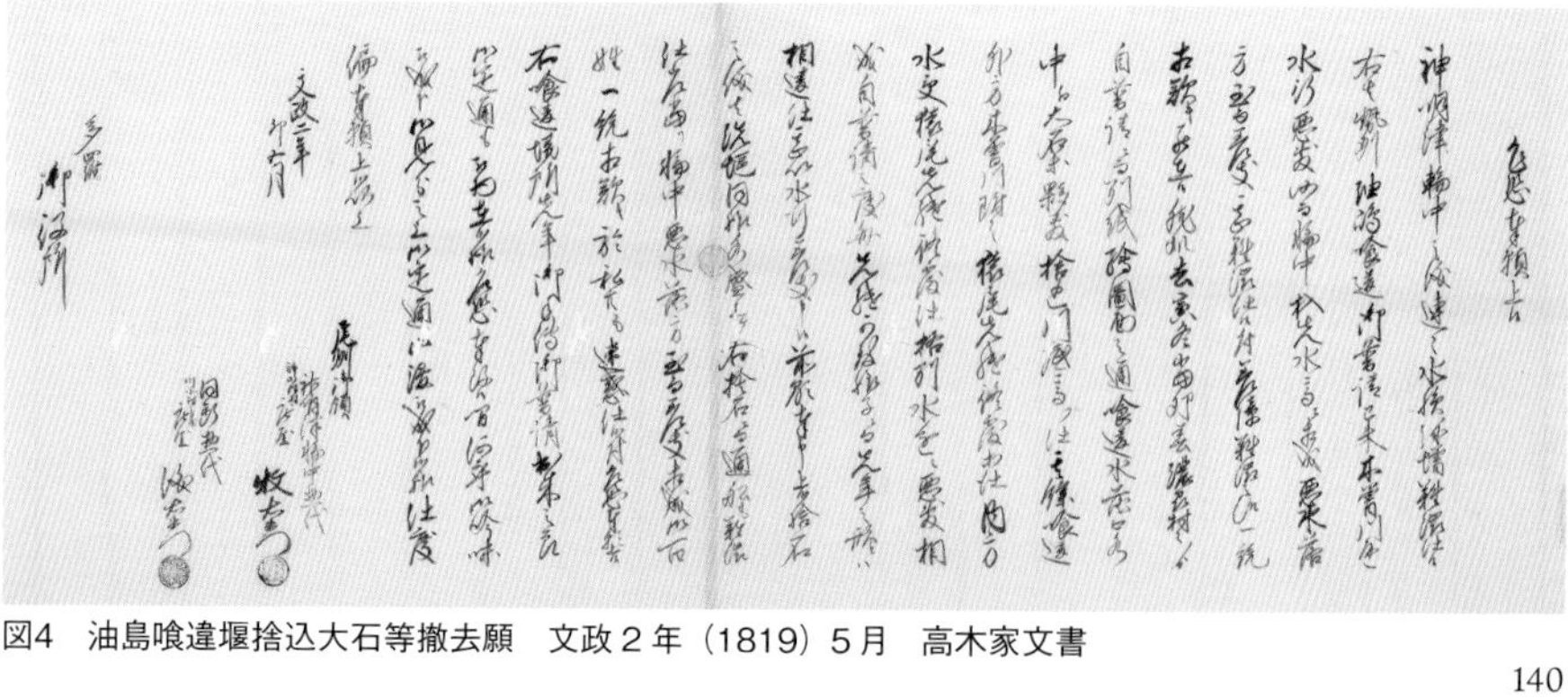

図4　油島喰違堰捨込大石等撤去願　文政２年（1819）５月　高木家文書

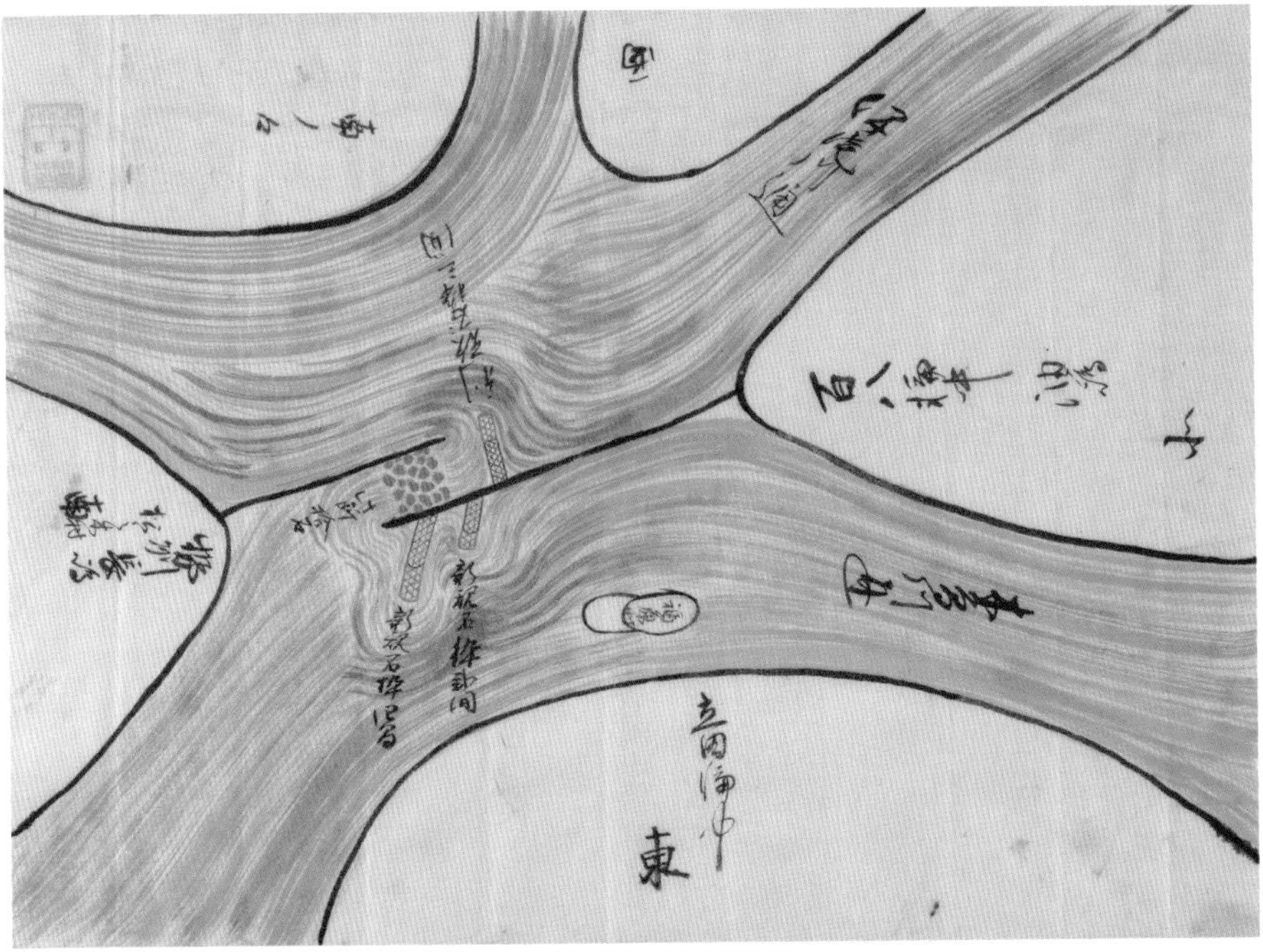

図5　油島喰違洗堰争論絵図　文政２年（1819）５月　高木家文書

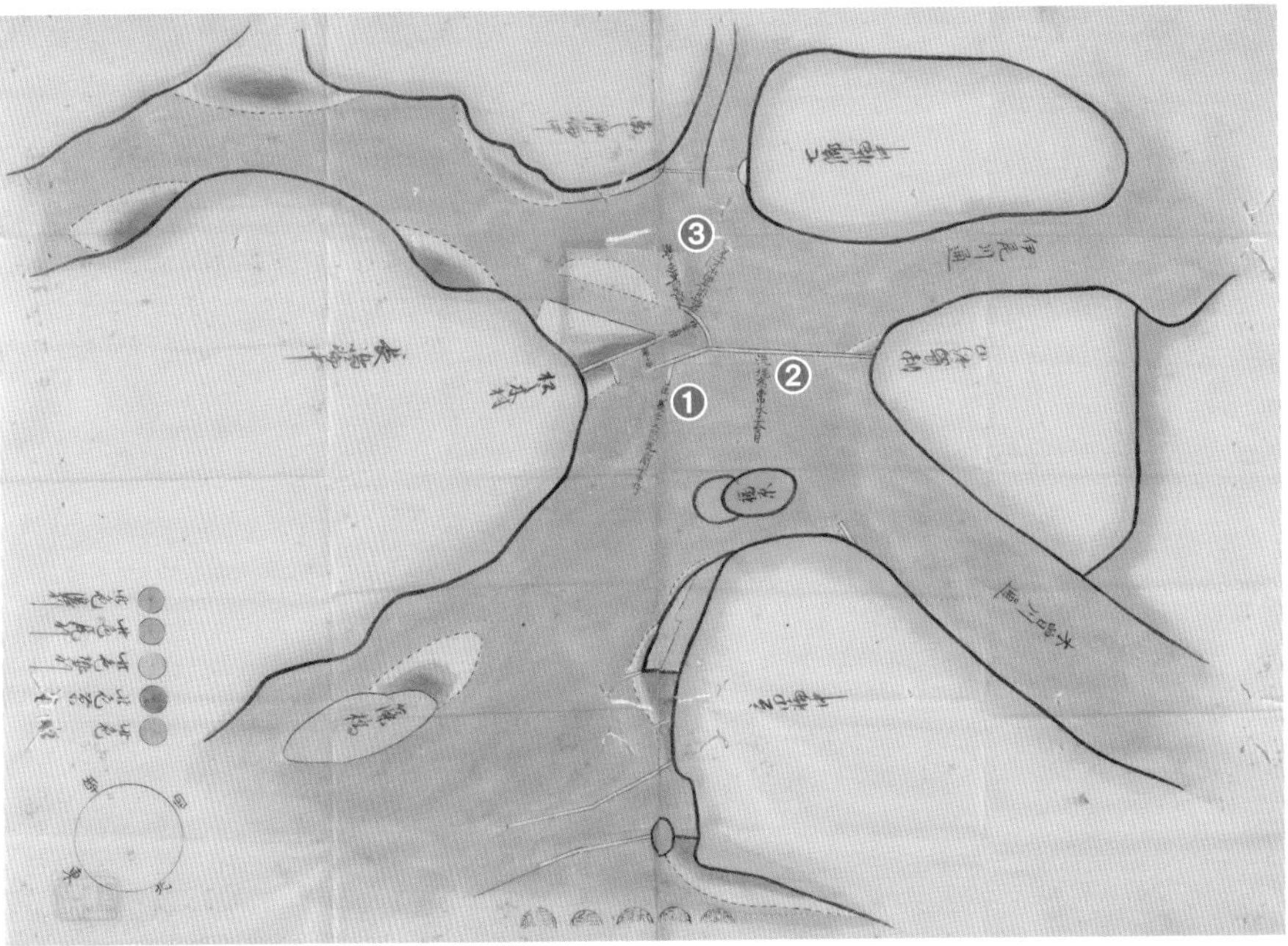

図6　油島喰違洗堰争論内済絵図　文政２年（1819）12月　高木家文書

さらに弘化2年（1845）9月には、同じく寄洲を主要争点として、桑原・立田・神明津輪中が油島喰違洗堰組合63カ村を訴え、嘉永5年（1852）まで足かけ8年に及ぶ争論が展開された。

請猿尾周辺で堆積を繰り返す寄洲は、木曽川および伊尾川の流れを妨げる要因となる一方、喰違洗堰全体の強化にもつながるため、利害関係が複雑に絡み合う問題でもあった。

弘化2年の争論絵図である図8には、文政7年の請猿尾延長についての記述など、それまでの修復経緯も記されている。図8および関連文書の情報から明らかとなる幕末の喰違洗堰の姿は、以下の通りである。

油島新田からの堤は、❶松並木（宝暦治水時の植樹と伝えられるが、採取された年輪年代が一致せず、後年の植樹が

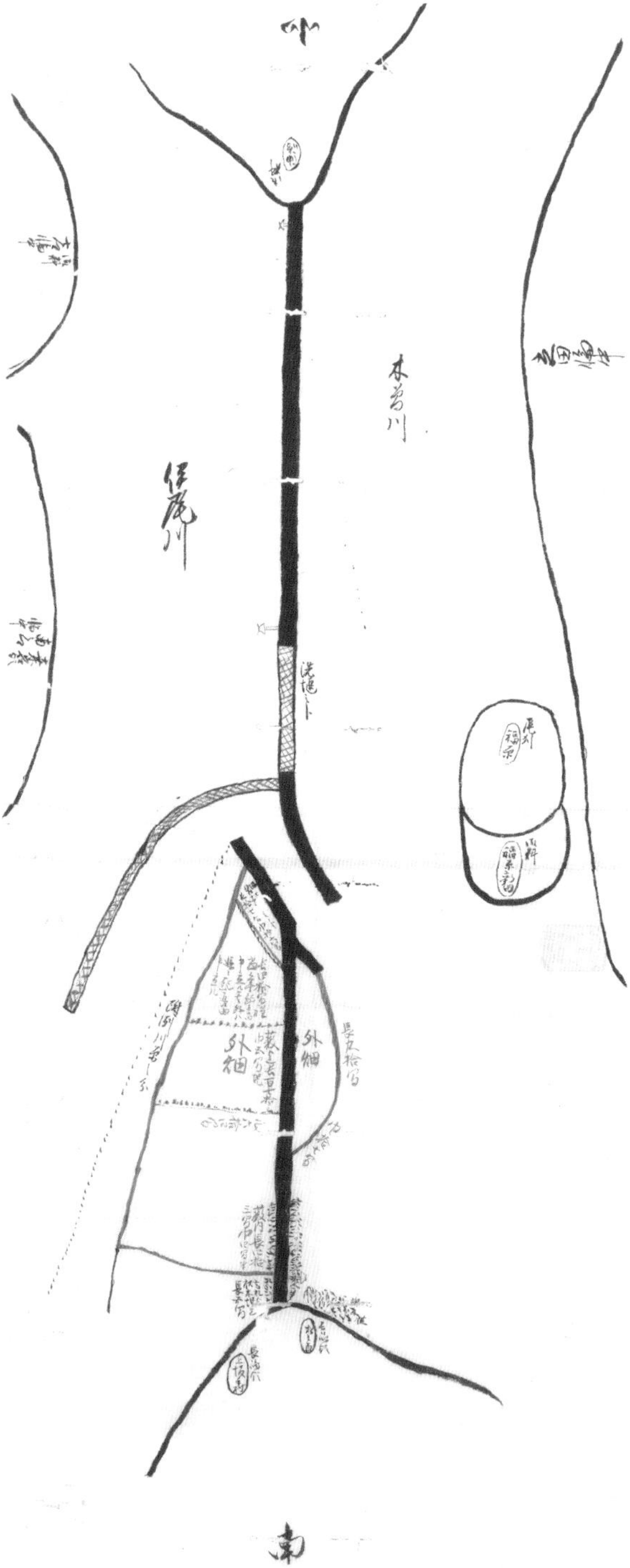

図7　油島喰違洗堰寄洲絵図
天保11年（1840）　高木家文書

想定される）を伴って延びる堤が632間（約1149m）、❷その先の立札から洗堰までの瘤《こぶ》部分が23間（約42m）、❸洗堰が全長176間（320m）、幅18間（約33m）、❹その先の突堤部が135間（246m）、❺木曽川方面への出猿尾は文政10年（1827）増強の長さ26間（約47m）である。

　松之木村から延びた堤は、❻全長225間（約409m）、幅7間（約13m）、❼杭出を伴う双方の喰違部分は50間（約91m）、その間は20間（約36m）、水深8尺5寸（約2・58m）の規定であった。❽請猿尾部分の全長は329間（約598m）、そのうち120間（約218m）が枠出、その先の文政2・7年先継分209間（約380m）は杭出目差籠であった。

　巨大な構造物である喰違洗堰は、本堤による完全締切に着手する明治32年（1899）まで、大掛かりな復旧工事を繰り返しながら維持されていくのである。

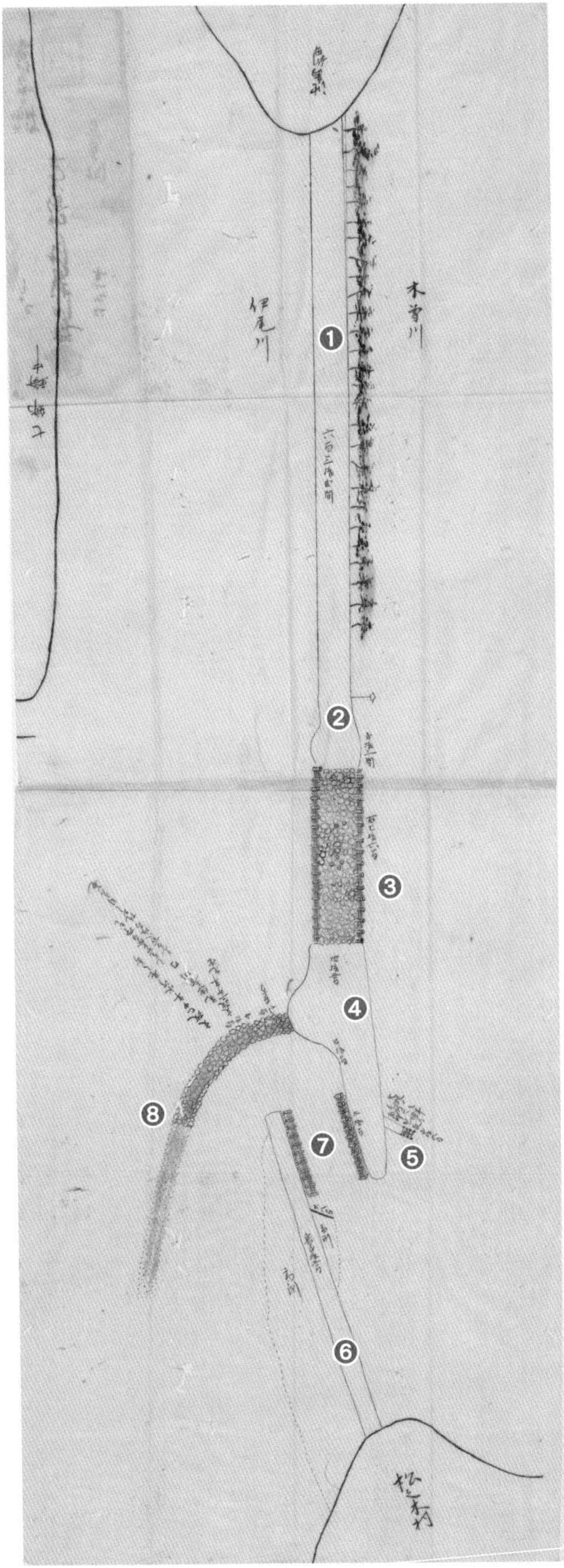

図８　油島喰違洗堰寄洲絵図　弘化２年（1845）　高木家文書

宝暦治水以後の大榑川洗堰

続発する争論と洗堰維持の苦闘

大榑川《おおぐれがわ》洗堰の再建

大榑川洗堰は、当時の普請技術の粋を集めて構築されたものであった。しかし、設計途上での幕府普請役の懸念が的中する形で、竣工のわずか2カ月後、宝暦5年（1755）5月27・28日の大洪水により堰の脇部分が崩壊し、その機能を喪失してしまった（図1）。

この通称「薩摩堰」は、その後も残存して補助的役割を担い続けるが、長良川からの圧水を抑えるには不十分であり、別途本格的な手当が必須となった。

このため大榑川洗堰普請組合（後述）は、長良川が流入する川口に洗堰を自普請で再建することを出願して認められ、宝暦8年（1758）に新たな洗堰が竣工した。

再建された洗堰は、全長108間（約196m）、出水2合までを堰き止めるように設計された巨大な石造構築物であった（図2）

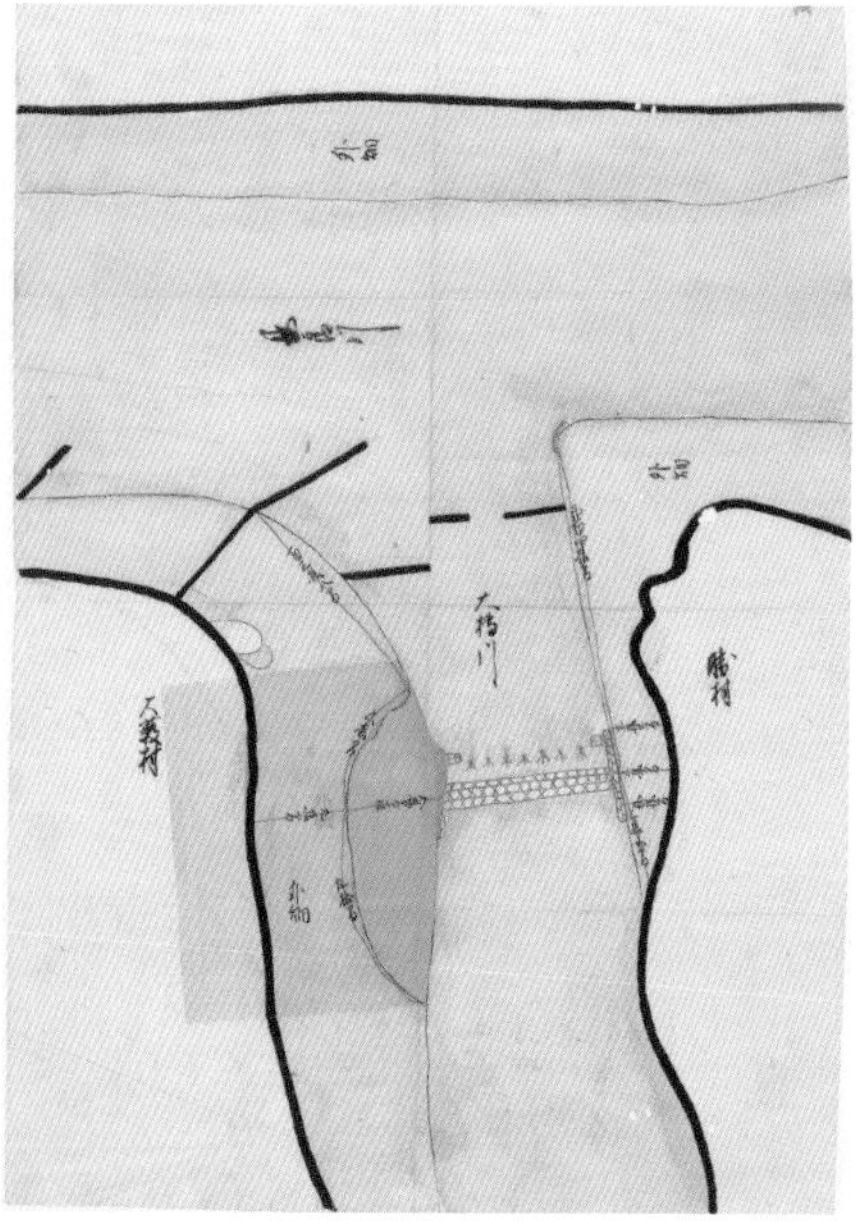

図1　大榑川外畑欠所絵図　宝暦5年（1755）5月
東高木家治水文書（個人所蔵）

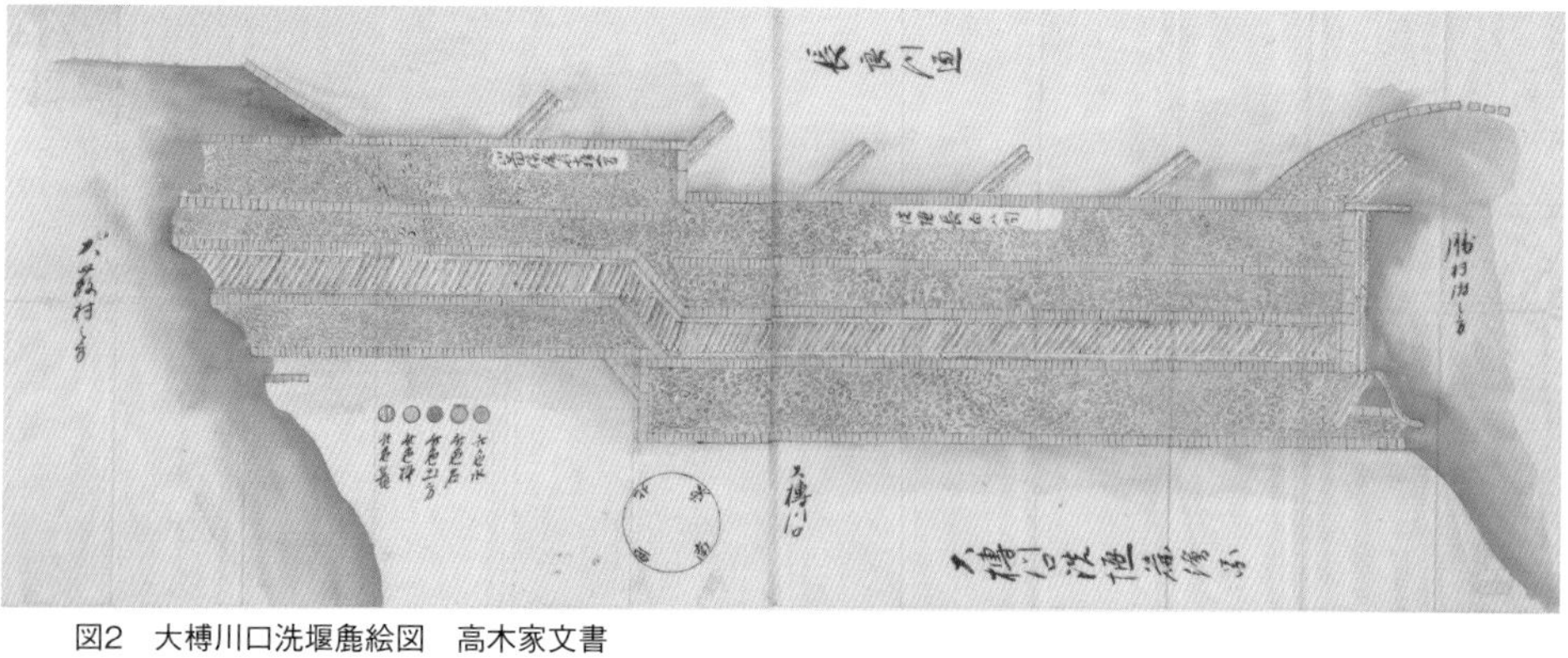

図2　大榑川口洗堰麁絵図　高木家文書

さらに洗堰の効果を高めるため、宝暦9・10年（1759・60）に多良・笠松両役所の許可を得て堰上に2尺（約61㎝）の石積をおこなった。宝暦12年（1762）には、洗掘しやすい堰本体の下部を大規模に埋め立てることが計画された。

その後も明和3年（1766）の手伝普請で抜本的な補強がおこなわれるなど、長良川の強い水勢を受ける大榑川洗堰は、連年のように修築や補強工事が必要とされた。

大榑川洗堰組合

宝暦治水では大榑川洗堰や油島締切などの重要施設の維持・管理のため、幕府は多良・笠松両役所に命じて関係村々に組合を結成させていた。

大榑川洗堰の場合は、宝暦4年（1754）9月頃から障村への補償問題が議論されてきた経緯があった。そこで、まずは締切を願い出た幕領55カ村、私領143カ村の計198カ村、高9万7000石余の組合が結成され、村高に応じて障村への補償費計277石余を負担する仕組みがつくられた。

これとは別に、大榑川洗堰の維持管理に向けて定められたのが、小破修復組合194カ村である。

その後、洗堰による益の多寡を論じて負担免除を求める村が続出したため、明和2年（1765）になると、組合村数は大益34カ村まで減少した後、天保元年（1830）に再加入した駒野新田を加えた35カ村により

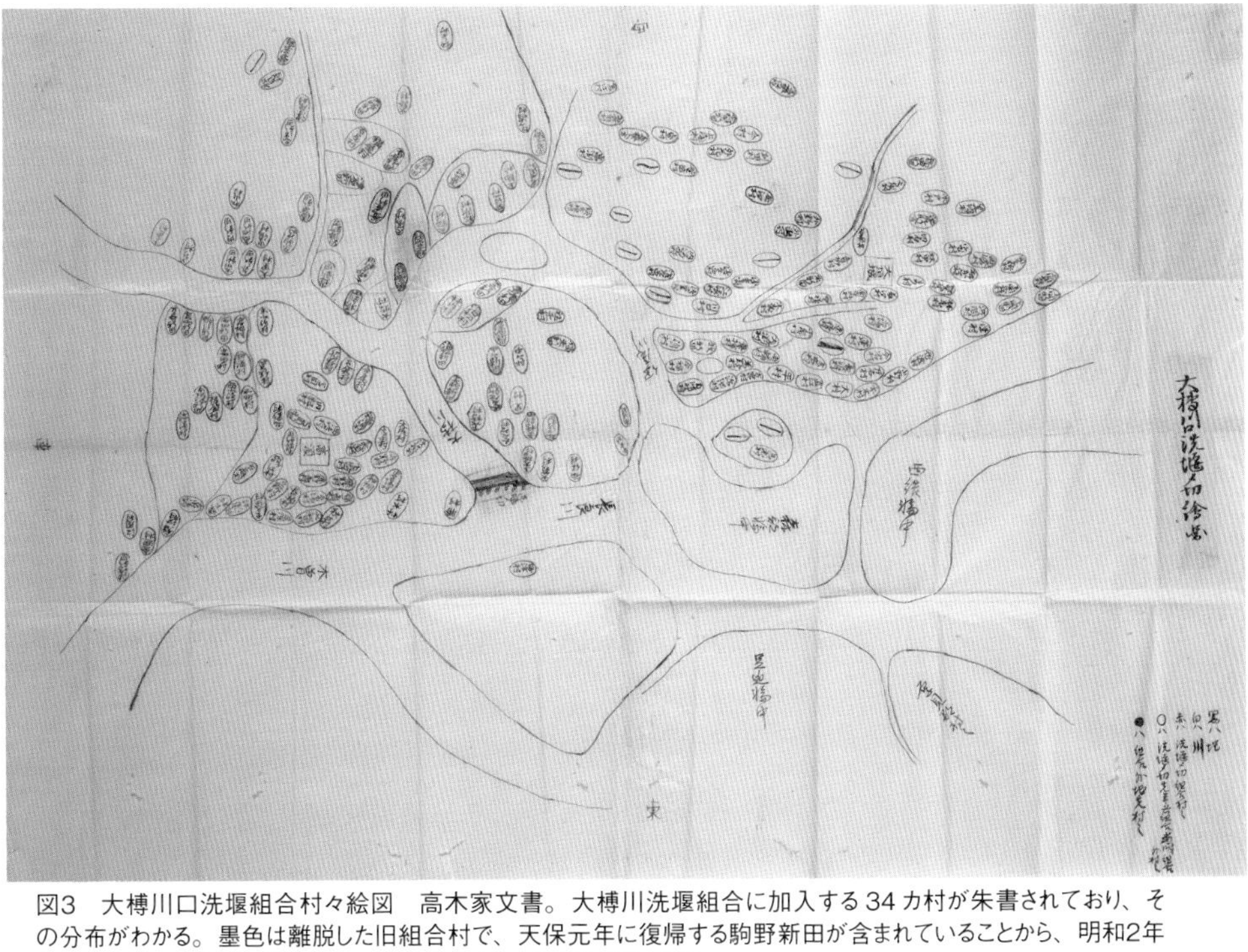

図3　大榑川口洗堰組合村々絵図　高木家文書。大榑川洗堰組合に加入する34カ村が朱書されており、その分布がわかる。墨色は離脱した旧組合村で、天保元年に復帰する駒野新田が含まれていることから、明和2年（1765）～天保元年（1830）の間に作成された絵図と考えられる。

洗堰は維持されていくことになる（図3）。

なお、笠松代官所の求めで洗堰組合が提出した記録によれば、洗堰にかかる組合負担は年平均200両以上となっていた。この数字をみても、組合村々が多大な犠牲を払って堰を維持してきたことが理解できるだろう。

益村・障村争論

大榑川洗堰は補強や修復を繰り返すことで強力な効果を発揮しはじめていた。しかし、洗堰の機能が強化されるに従い、長良川流域の上流部では土砂堆積が進んで輪中内で排水障害が起きるようになった。天明4年（1784）を発端として、その元凶とみた洗堰の撤去を要求する動きが広がった。これに洗堰組合などが反対し、寛政元年（1789）まで足かけ6年にわたる対立が続いた。

天明4年（1784）6月に曲利《まがり》村はじめ26カ村（Ⓐ）、7月に森部輪中11カ村（Ⓑ）、8月に墨俣《すのまた》・足近《あぢか》輪中19カ村（Ⓒ）および加納輪中22カ村（Ⓓ）が被災状況を訴えた。設置以来30年間の修復工事および土砂堆積により規定の2合目を超える高さをもつ強固な堰が出現し、長良川の水勢を弱めたことで、逆流の発生や輪中の湛水化が進行しているという。

これに対し、翌年3月に洗堰組合34カ村（Ⓔ）および高須藩領25カ村（Ⓕ）、大垣藩領85カ村（Ⓖ）が、修復ごとに見分を受けてきた洗堰の高さにはまったく問題がなく、現状変更には応じられないと反論した。

図4はこのときの絵図である。洗堰によって水害が減少した「益村《えきむら》」が黄色に、水害がかえって増加した「障村《さわりむら》」が桃色に色分けされており、対立する村々の立地条件の違いを明瞭に示す絵図となっている。

両者の訴答を受けた高木家・美濃郡代は、流域の被害は三川全体の河床上昇が根本原因であり、30年に及ぶ莫大な投資で維持されてきた施設の撤去などありえないとの判断を示した。三川分流を推進してきた幕府治水計画のもと、その中核施設の撤去などは、決して認められなかったのである。

確かに、土砂堆積が進むのは大榑川洗堰だけに起因する問題ではなかった。しかし洗堰が、それまで大榑川へと流れていた大量の水や土砂を遮り、長良川の流下やその水位に影響を与えたことは確実である。これが流域環境の変化と結びついて理解され、利害対立を激化させるケースがあったことは否めない。

このように、宝暦治水およびその後の三川分離施工の強化策は、それまで被害が集中していた伊尾川筋に一定の恩恵をもたらす一方、地域間矛盾を増幅し、争論を激発させる側面をもっていたのであり、その影響は幕末まで及んだのであった。

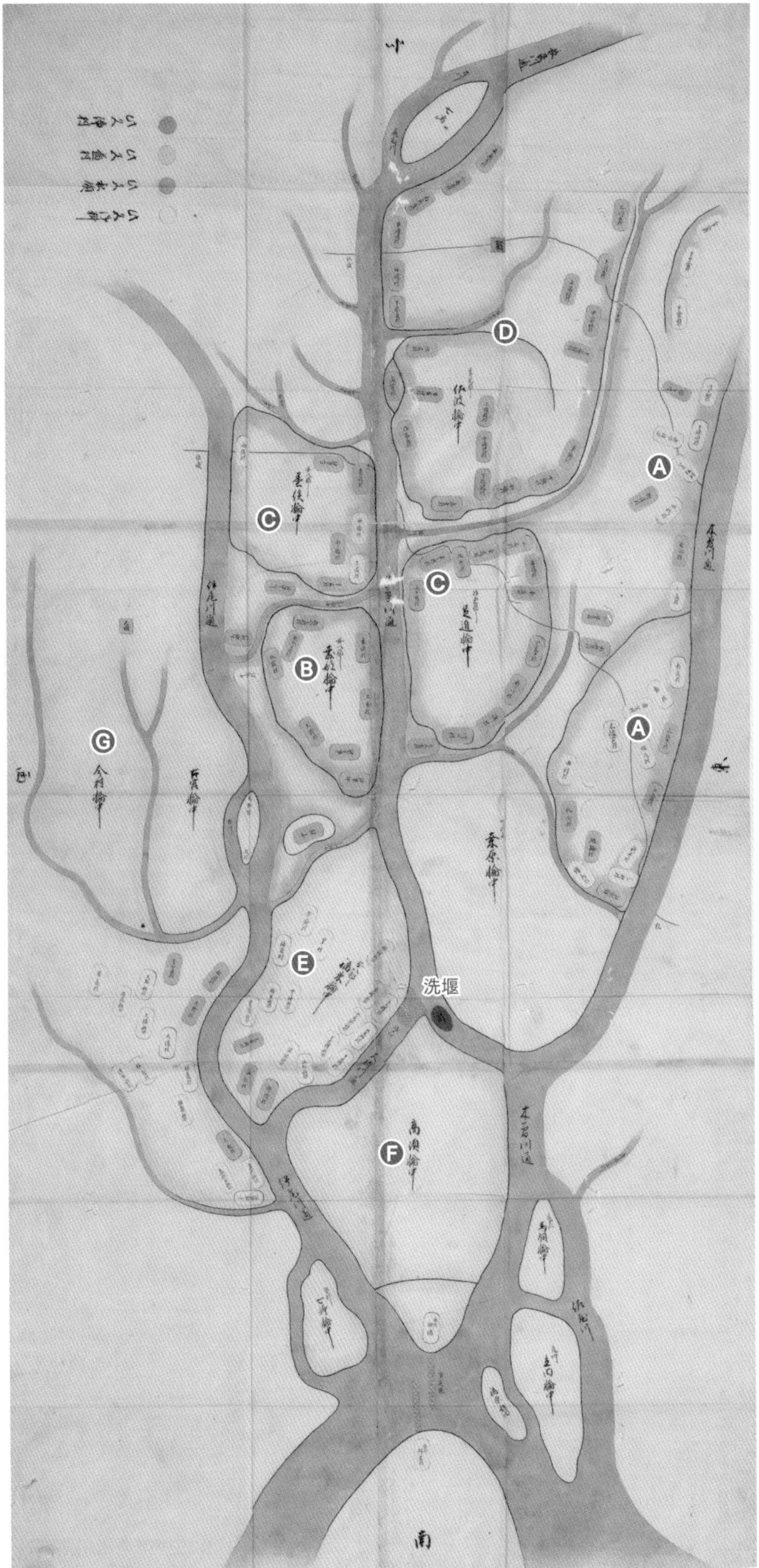

図4　大榑川洗堰益村・障村争論絵図
高木家文書

巨大な河原と渦巻き

楡俣村・大藪村猿尾先継願絵図

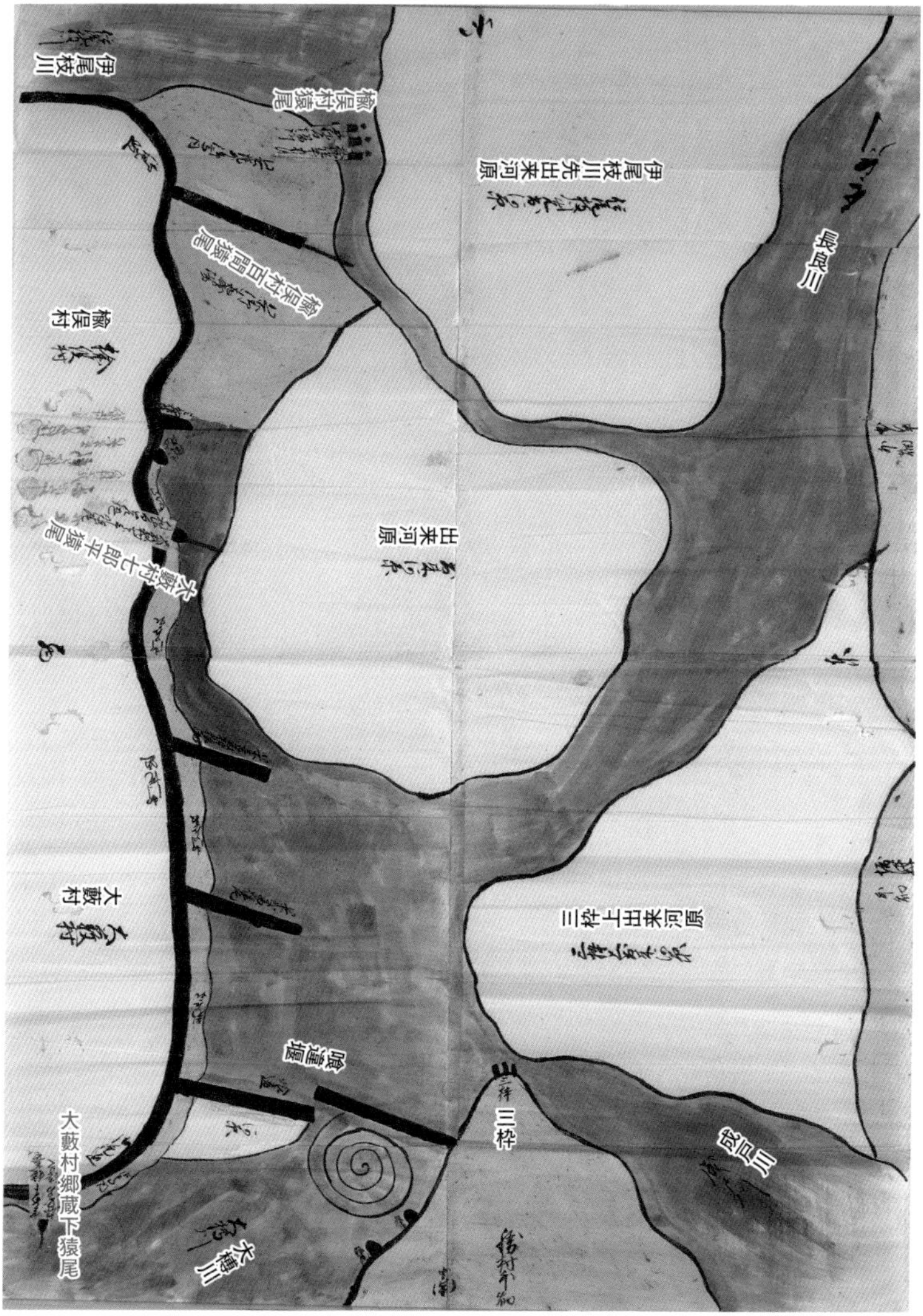

楡俣村・大藪村猿尾先継願絵図　宝暦３年（1753）　高木家文書

この絵図は宝暦3年（1753）に楡俣村《にれまた》と大藪村《おおやぶ》が猿尾延長の許可を願い出たときのものである。

注目したいのは、ひとつには、喰違堰の上流に出現した巨大な河原である。これらの河原により、成戸川への水落ちに差し障りが生じていた。そこで両村は猿尾を継ぎ足すことで伊尾枝川の水を河原へ押し出し、川底を掘り下げ、水落ちを改善しようとしたのである。

いまひとつ注目したいのは、喰違堰の下流に描かれた大きな渦である。この渦から大榑《おおぐれ》川に流れ込む水流の激しさが伝わってくる。（石川　寛）

VI

輪中と災害

石川寛

開発と水害の記録

高須輪中絵図を読む

高須輪中

木曽三川流域の特徴的景観であった輪中の村々とは、高木家は水行奉行の役儀を介して密接な関わりをもち、多くの関係資料を残した。そこにみられるのは、激しく利害対立する一方で、村や領主の違いをこえて連携する人々の姿であったり、輪中の技術や環境を示すものであったりと多様である。

高須輪中を描いた図1もそのひとつである。東を長良川・木曽川、西を伊尾川、北を大榑《おおぐれ》川に囲まれた高須輪中は、合併前の海津町・平田町のほぼ全域を占める。絵図中の朱線は道、墨線は堤を示しており、村は御料（桃色）と私領（黄色）で色が塗り分けられている。図1は大榑川流頭部の洗堰や木曽川・伊尾川合流点の締切堤がみえないことから、宝暦治水以前（1755年以前）の高須輪中を描いたものである。

輪中の特徴として、集落や耕地を水害から守るため連続する懸廻《かけまわし》堤で囲繞されていることがあるが（水防上、必要ない箇所には堤を築造しないこともある）、ここでも高須輪中全体が堤を意味する墨線で囲まれているのがわかる。よくみると、大きな高須輪中は、堤によって複数の小輪中に区切られている。微高地の北部が早くから開発され（古高須輪中、秋江輪中）、江戸時代初めに南西部の低湿地が開発されて本阿弥《ほんなみ》輪中が成立し、それ以前から形成されていた最南端の金廻《かなまわり》輪中、その北の福江輪中が合わさって、高須輪中が成立した。図1は、典型的な複合輪中であった高須輪中の姿をよく示している。なお、金廻輪中は、明治期に岐阜県に編入されるまで、伊勢国桑名郡の所属であった（絵図にも「勢州」と書かれている）。

満中池

図1には金廻輪中の北側に1枚の貼紙がある（図2）。その貼紙をめくると伊尾川の入江である古万寿（満中池）が現れる（図3）。拡大してみると、満中池をめぐる横手堤に朱色の短い線が何本か描かれているのがわかる。これは堤に設けられた圦である。輪中は外の水への対応のみならず、中の水への対応も大きな課題であり、堤を懸廻すと同時に、輪中内の悪水（余水。用水に対する排水の総称。）を排水するための圦（樋を埋め水の出入を調節する場所。水

図1　高須輪中絵図　高木家文書

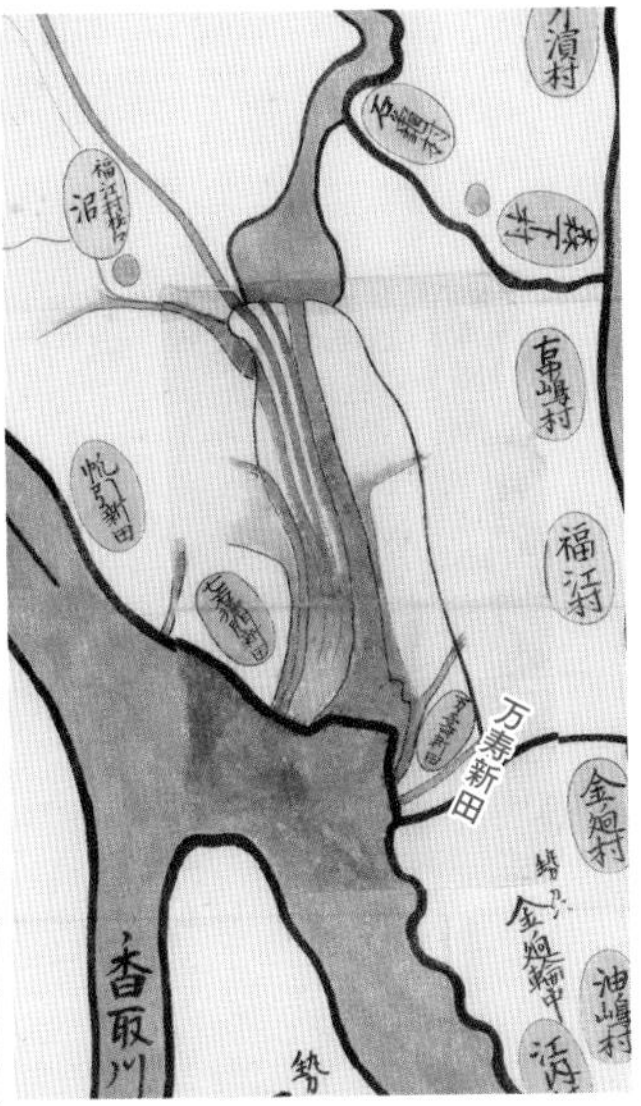

図2　Ⓐ万寿新田（貼紙）

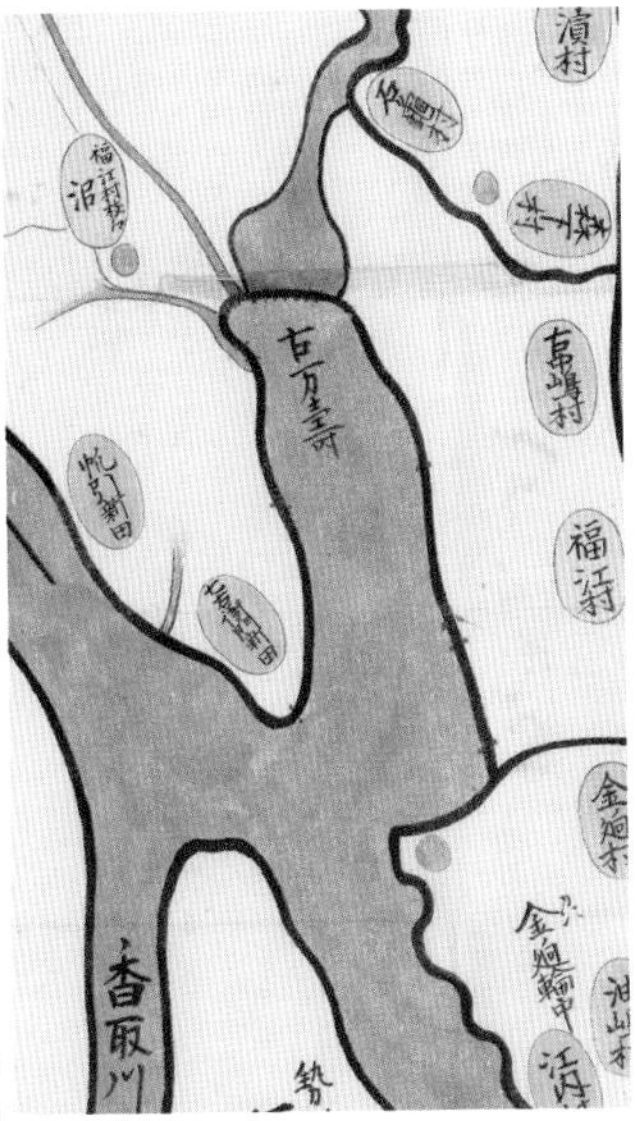

図3　古万寿（貼紙下）

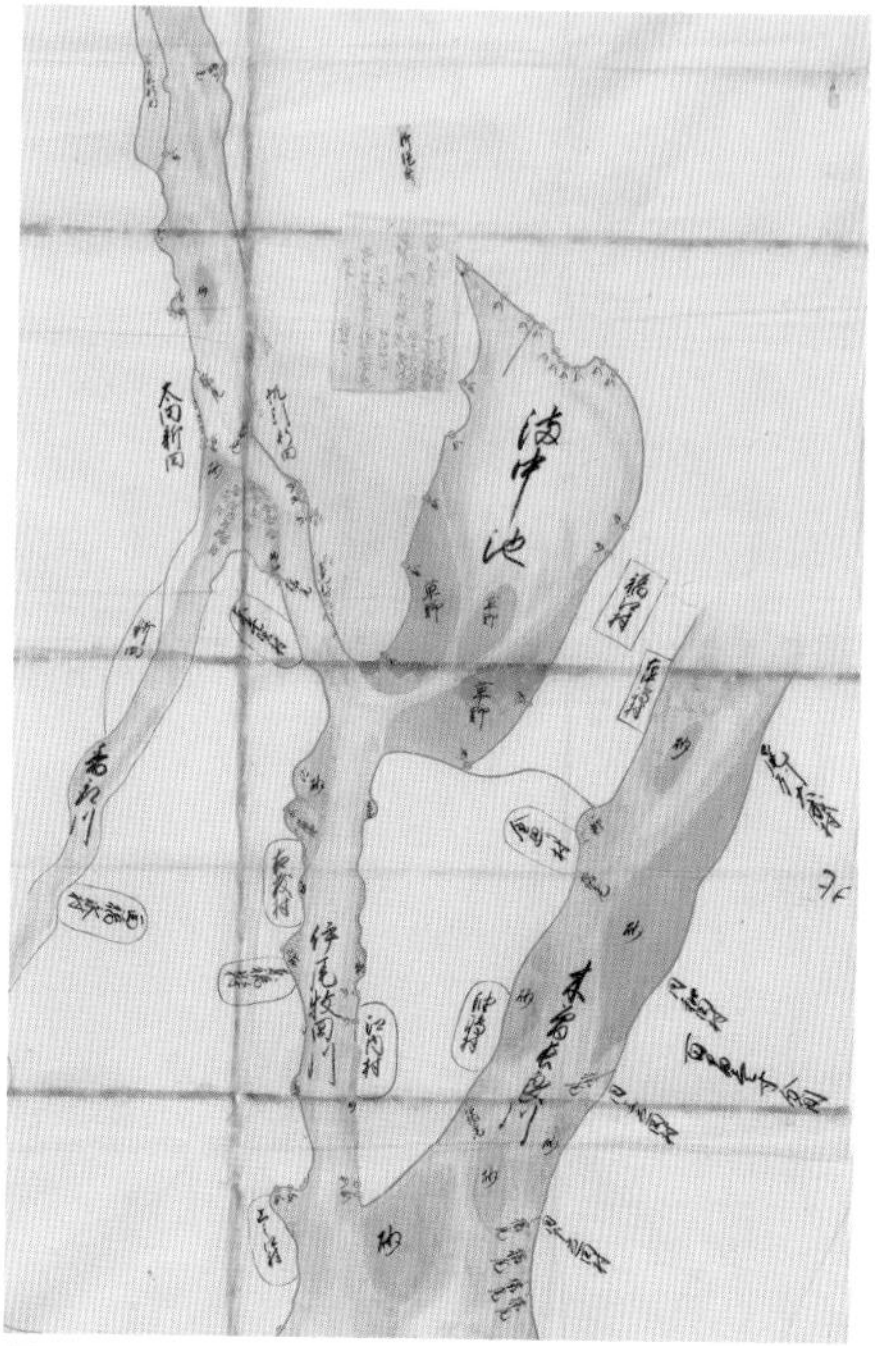

図4　18世紀初めの満中池　高木家文書

門。）を備えることが条件であった。高須輪中も中央を流れる大江川とその西側の中江川が排水溝となって輪中内の悪水を集め、この圦から満中池に排水していたのである。

　しかし、河床が上昇した伊尾川から満中池に土砂が流れ込み、圦から満中池への排水が次第に困難となっていった。その様子は図4によく現れている。図4は満中池西の帆引新田・七右衛門新田が開発されてから半世紀を経た18世紀初めの絵図である。満中池に土砂が流れ込んで堆積し、草野になっているのがよくわかる。このため南側のいくつかの圦はその機能を果たさなくなっていた。

　そこで満中池を埋め立てて新田とし、圦を伊尾川沿いまで移すことが計画された。このときの普請は享保7年（1722）から10年の歳月を要した。その結果、約99町歩の満中池の半分が開発されて万寿新田となった。残りは江筋（水路）とし、伊尾川に沿って新たな横手堤を築いて、そこに圦を集中させた。図2の貼紙はこの普請後の様子を描いたものである。高須輪中絵図は、貼紙の存在から、古万寿（満中池）の開発前後の様子を示すことが作成目的であったと考えられる。

押堀

　もう1枚の高須輪中絵図（図5）は東高木家に伝わったものである。長さは3mに及び、図1の3倍近くもある巨大な絵図である。「名古屋県支配下」や「長嶋県御支配下」の文字が見えるので、明治4年（1871）後半頃の絵図と推測される。堤の規模が細かく測量されているので、堤の情報を記すことが目的だったのであろう。

　図1と比較すると輪中内の書き込みが省略されているが、押堀《おっぽり》についてはより詳細に描かれている。押堀とは、川の水が堤を乗り越えて、もしくは堤を破って流れ込んだ時、その水の圧力で地面がえぐられた跡に水が溜まってできる池のことである。押堀は図1にも描かれているが、図5の方が情報量が多い。たとえば、伊尾川沿いの安田村・帆引新田の周辺を拡大すると（図6）、大小6つの池が確認できる。これが押堀であり、それぞれ池の名前や反別（面積）などの書き込みが

図5　高須輪中絵図　東高木家治水文書（個人所蔵）

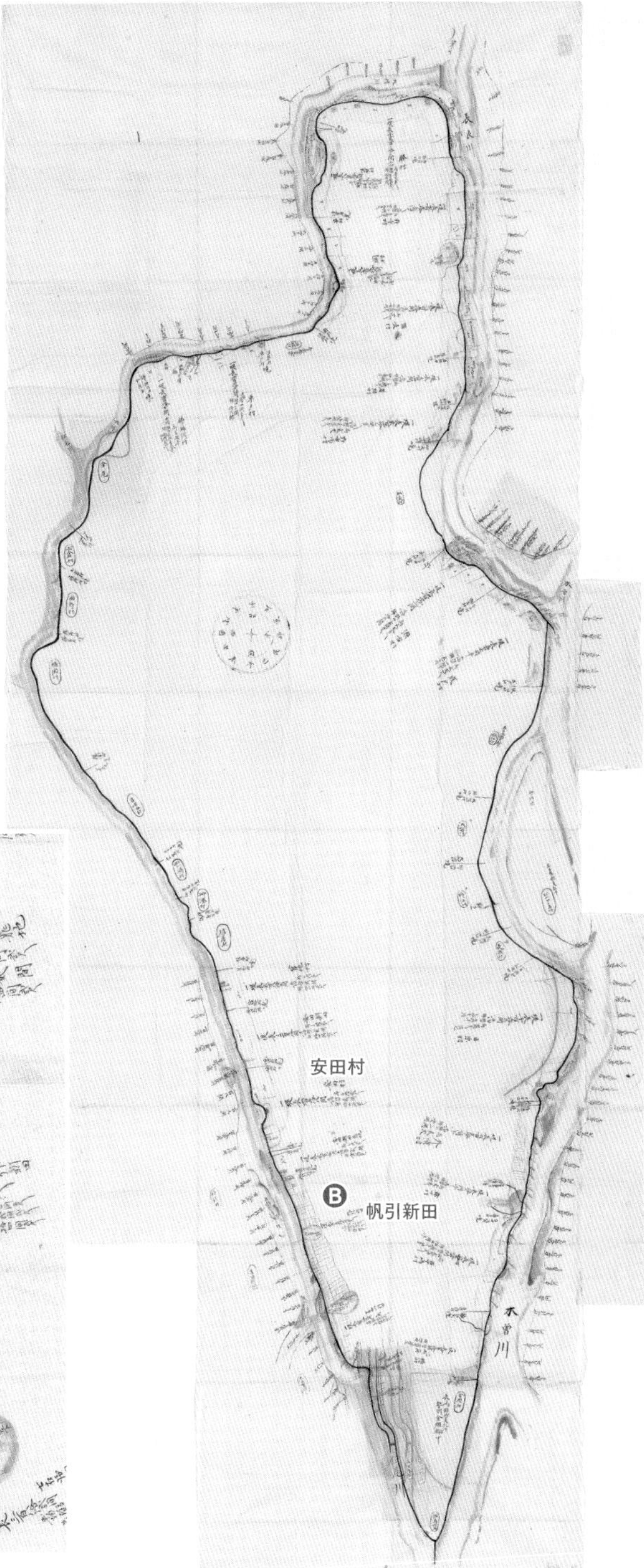

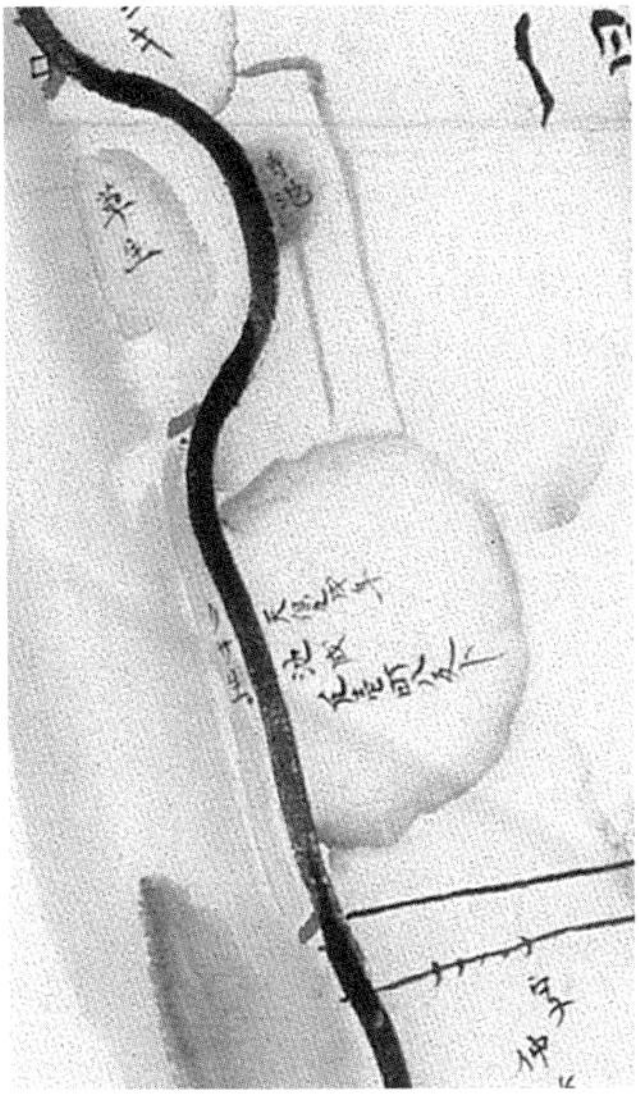

図7　Ⓒ天保9年の池成

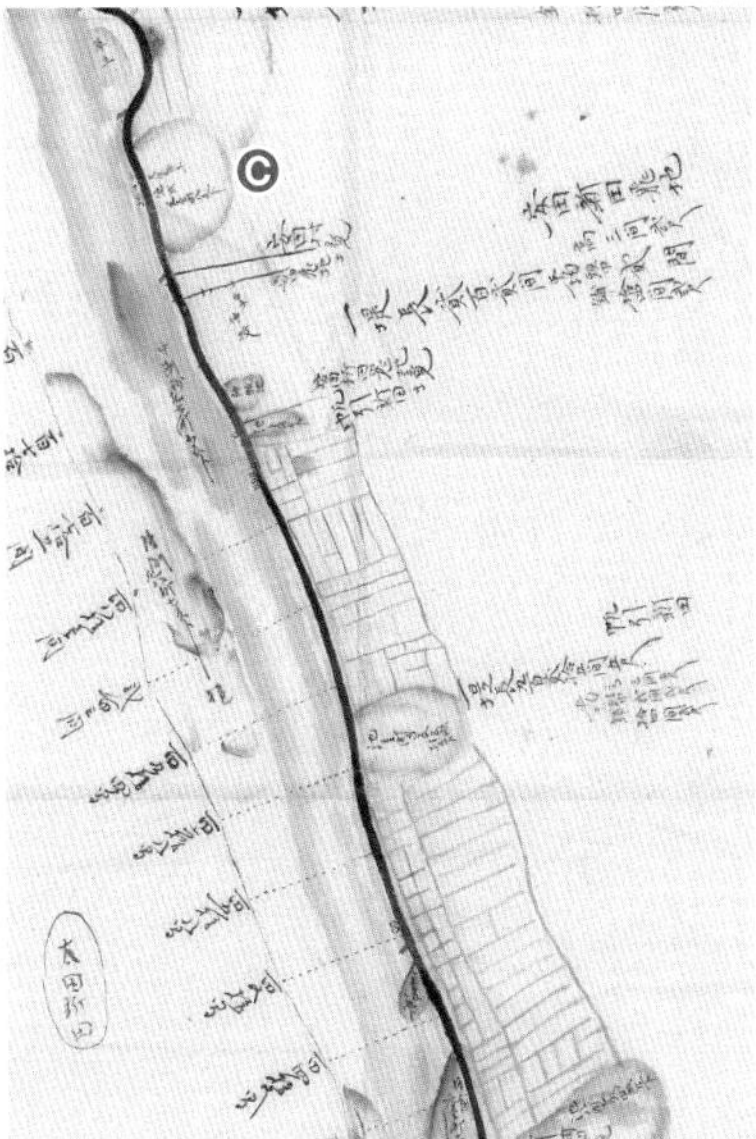

図6　Ⓑ安田村・帆引新田の押堀

ある。このうちのひとつには「天保九戊年池成《いけなり》　凡壱町八反歩」とあり（図7）、天保9年（1838）の洪水で安田村の本堤が切れたときにできた池（切所池成）であることがわかる。また、その北側の堤が不自然に迂回しているのも、おそらく押堀跡である。破堤した堤の修復をあきらめ、

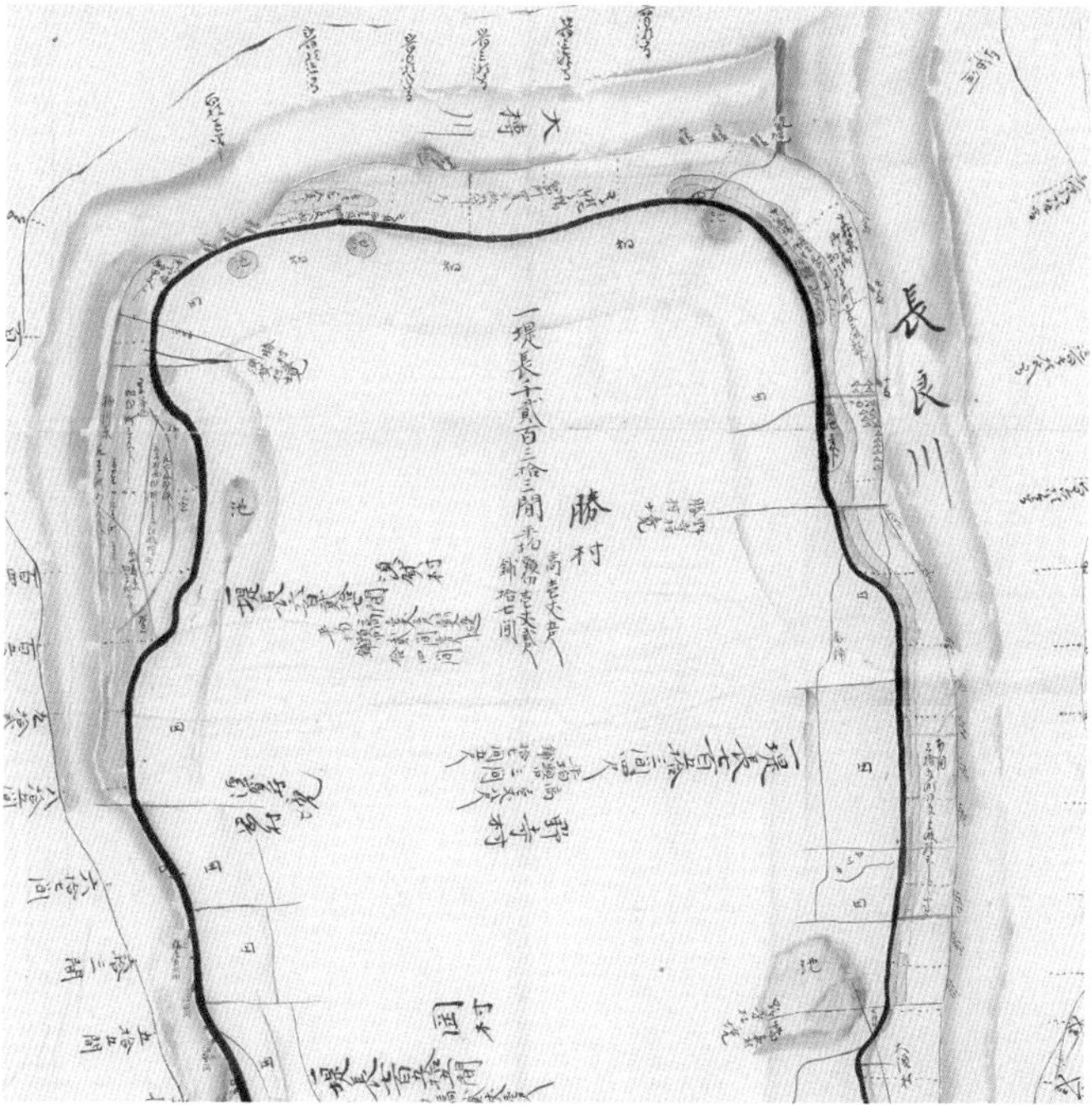

図8　高須輪中北部の押堀（図5の部分）

図9　勝賀大池

図10　勝賀大池　1947年　国土地理院USA-M525-17（https://mapps.gsi.go.jp/maplibSearch.do?specificationId=58636）を切抜。

押堀を堤外としたのであろう。

輪中の北部にもいくつかの押堀が確認できる（図8）。押堀は近代の宅地造成などで埋め立てられた場所も多いが、勝村の押堀は規模を縮小しながらも現存する。それは、勝村と須賀村が合併して勝賀《かつが》村となったため、勝賀大池と呼ばれる。

図11　勝賀決壊跡の水害紀年碑

押堀のある場所は水害を繰り返すおそれがあった。勝賀東の長良川堤防も明治29年（1896）と昭和27年（1952）に決壊している。明治29年は7月19日深夜からの暴風雨により揖斐・長良・大榑川が増水し、21日夕方に勝賀村字梶池の堤防が決壊した。それに続いて今尾町字鯰池の堤防も決壊したため、高須輪中は一大湖状となり、5000戸余が一時に浸水したという（山下中二『明治廿九年高須輪中及附近大風水害記』）。昭和27年は本州を襲ったダイナ台風により6月24日に勝賀地内の堤防が決壊し、建物の床上・床下浸水が3000戸を超える大水害となった。

砂入

図5の高須輪中絵図には砂入《すないり》荒地も描かれている（図12）。砂入荒地は破堤入水により大量の土砂が堤内に流れ込んで堆積し（砂入）、耕作のできない土地（荒地）となった場所である。図12の場所は長良川と木曽川が合流する地点にあたる。池（押堀）も並んで描かれていることから、この地が破堤入水を繰り返す危険な場所であったことが推測される。

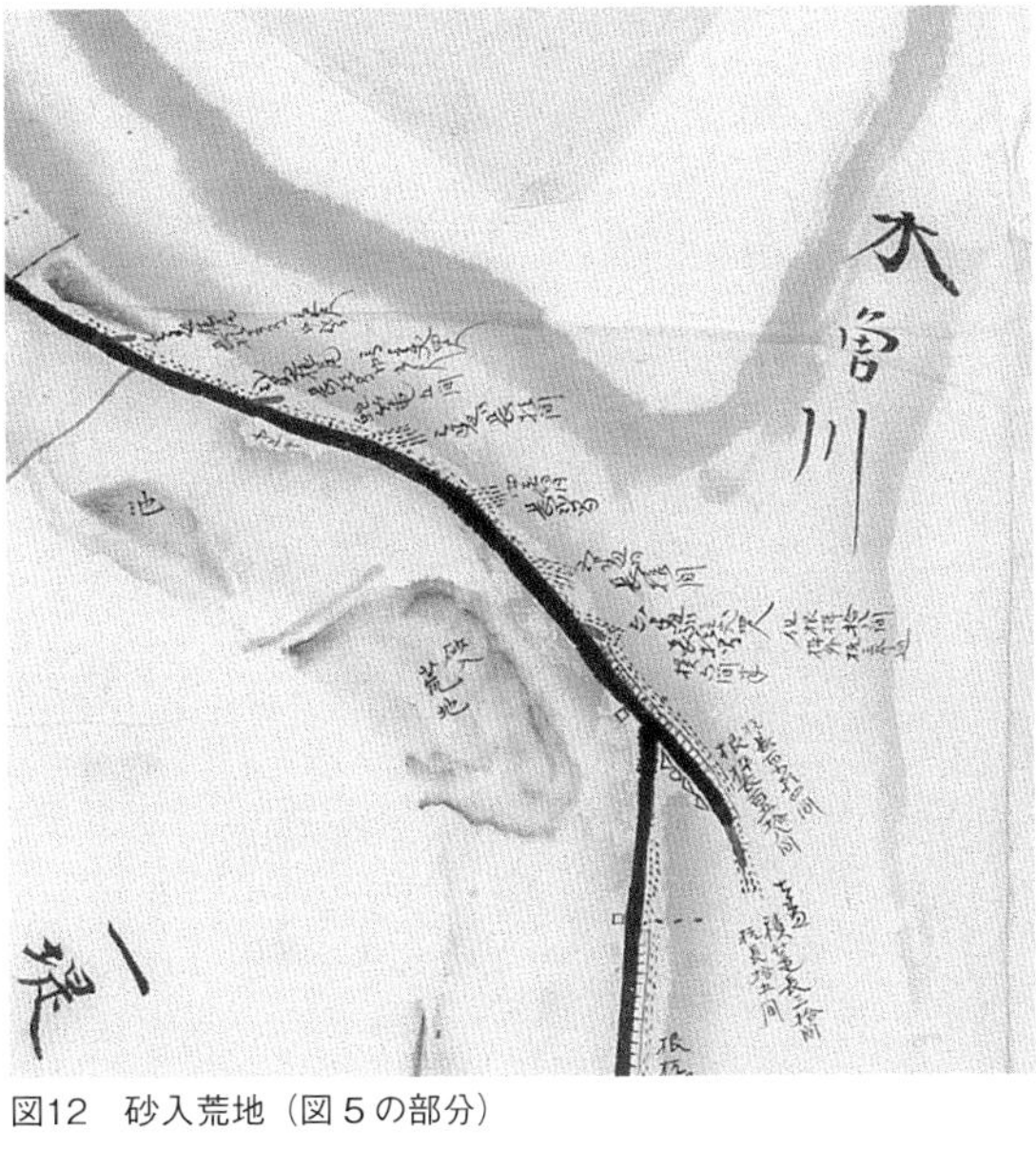

図12　砂入荒地（図5の部分）

押堀や砂入は水害の痕跡である。こうした古絵図に描かれた災害情報を読み取り、防災や減災に活かしていくことが望まれる。

悪水対策に挑んだ
輪中の技術と工夫

下笠輪中・大場新田の悪水路掘り下げ

　木曽三川流域で土砂堆積や河床の上昇が深刻化すると、輪中内の悪水を圦からすぐ外の川に排水することが困難となっていき、悪水路（排水路）を堤外で川下に延長して排水条件の改善を図ろうとする事例が多くなる。このように川下に悪水路を延ばすことを江下《えさ》げといった。また、途中に支川がある場合、その川底に樋を埋めて通過させた。これを伏越《ふせこし》という。輪中の村々は流域環境の変化に対応して、新たな堤の築造や嵩上げで外の水を防ぐ一方、江下げや伏越といった技術でもって悪水の排除に挑んだ。

　図1は下笠輪中の悪水路を川下へ掘り下げる普請に際して作成された。下笠輪中は、現在の養老町域にあたる多芸《たぎ》輪中の内郭輪中であり、大野村・船附《ふなつき》村・栗笠《くりがさ》村・下笠《しもがさ》村（いずれも尾張藩領）が存在した。北東を牧田川・伊尾川が流れる。下笠輪中は北高南低の地形であったため、高位部の堤防に沿って集落が形成され、低位部の南部に悪水を排水する圦を設け、さらに他の新田の境界に沿ってつくられた江筋《えすじ》（水路）を通り小坪《こつぼ》新田地先にある圦（絵図に「下笠輪［中］落圦」と書かれる）から伊尾川へ排水していた。

　ところが18世紀になると、ここでも水落ちが悪化し、排水に支障をきたすようになった。絵図には下笠輪中落圦の先に寄洲が形成され（付箋で重なっている箇所）、伊尾川の流路が狭まっているのが確認できる。このため延享5年（1748）3月、下笠輪中4カ村と大場新田（御料）は連名で福岡村野方に新溝を掘り割ることを多良奉行所へ願い出た。5カ村はすでに享保20年（1735）にも同様の出願をしていたが、そのときは尾張藩の反対で見合わせとなっていた。それから13年が経過し、さらに状況は悪化したようで、再度の出願となったのである。

　この出願を受けた高木家が現地を見分したときの見取絵図が図1になる。落圦の先から堤外の福岡村野方を掘り割り、長さ176間（約320m）、堀口10間（約18m）、堀底8間（約14・5m）、深平均9尺（約2・7m）の排水路を設けた。その際、排水路の先端東に長さ38間（約69m）、片敷2間（約3・6m）、馬踏1間（約1・8m）、高3尺6寸（約1・1m）の江桁を仕

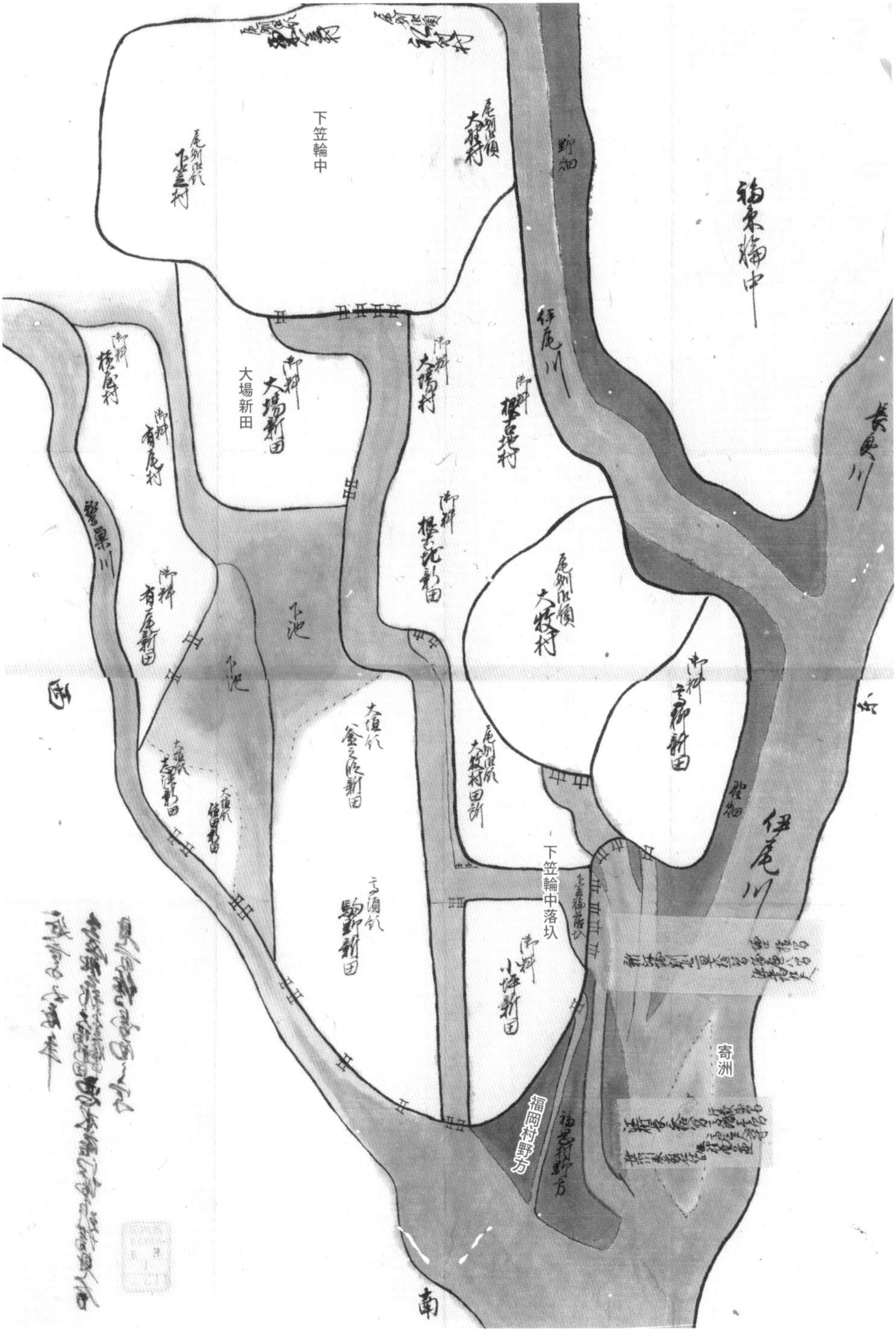

図1　多芸郡大場新田・下笠輪中悪水落江堀下願見分見取絵図面之写　延享５年（1748）　高木家文書

立てて蒔石を敷き砂除とした。こうして落圦から野方の排水路を通って寄州より下流に悪水を放流したのである。

森部輪中の伏越江下げ

森部輪中は現在の安八町東部に位置した輪中で、北に中須川、東に長良川、南に中村川が流れ、森部村・大森村・南条村・大野村・氷取《こおりとり》村（以上尾張藩領）、善光村・南今ヶ渕村（以上は旗本知行所）の集落があった。

森部輪中の村々は享和2年（1802）6月に多良・笠松両役所へ普請のための見分を願い出た（図2）。そのとき作成されたと思われる絵図が図3になる。森部輪中は南部の大森村と南条村に悪水吐圦樋を設け、堤外から中村川と長良川が落ち合う場所まで江筋を延ばして輪中の悪水を放流していた。ところが大《おお》榑《ぐれ》川洗堰の影響で付近の河床が上昇し、悪水吐先にも附寄洲（凡例に「砂川原并石類」とある黄色く塗られた箇所）が形成されて排水が困難となり、水腐《すいふ》の被害が拡大した。そのため絵図中に朱引したように、新たに江筋を掘り割り、途中の川底や猿尾下に伏越樋を埋めて、福東輪中大藪村一番猿尾の上手まで自普請で江下げすることを計画したのである。

宝暦治水で築造された大榑川洗堰が効果を発揮しはじめると、中流域も土砂堆積と水位上昇の影響を受けるようになり、新たな対応に迫られたのである。

なお、6月の出願は6カ村でおこなわれ、森部村は名を連ねていなかった。はじめ御普請を幕府に願い出たが認めるところとはならず、やむなく自普請（村の自己負担）で実施することにしたが、森部村は輪中内でも比較的高地に位置して水腐の被害を受けにくかったため、自普請に加わらなかったのである。11月に牧村庄屋長右衛門の取曖《とりあつかい》（仲裁）により森部村も自普請に参加することになったが、同じ輪中内であっても水害への対応が一致していたわけではなかった。

自普請は享和3年（1803）7月までに完了し、9月に普請箇所を記した請書と絵図（図4）が笠松・多良両役所へ提出された。

図4の朱で引いた二重線が自普請の箇所を示している。大森村・南条村地内にある長さ15間（約27m）の悪水吐圦樋から南条村土橋まではこれまでの江筋（古江筋）を利用し、土橋からは新江筋を掘り割りした。その長さは、土橋から古江筋が交わる箇所まで280間（約509m）、古江筋から中村川まで107間（約195m）、中村川から楡俣《にれまた》村猿尾まで86間（約156m）であり、途中、古江筋に20間（約36m）、中村川に42間（約76m）、楡俣村猿尾下に7間（約13m）の伏越樋を埋めた。そこから先は福東輪中楡俣村・大藪村地内の堤外畑を借り受け726間（約1302m）の新江筋を掘り割り、大藪村一番猿尾の上手まで江下げした。掘割の幅は平均して5間ほど（約9m）、新江筋の全長は2km以上に及ぶ大普請であった。

伏越江下げ自普請の結果、

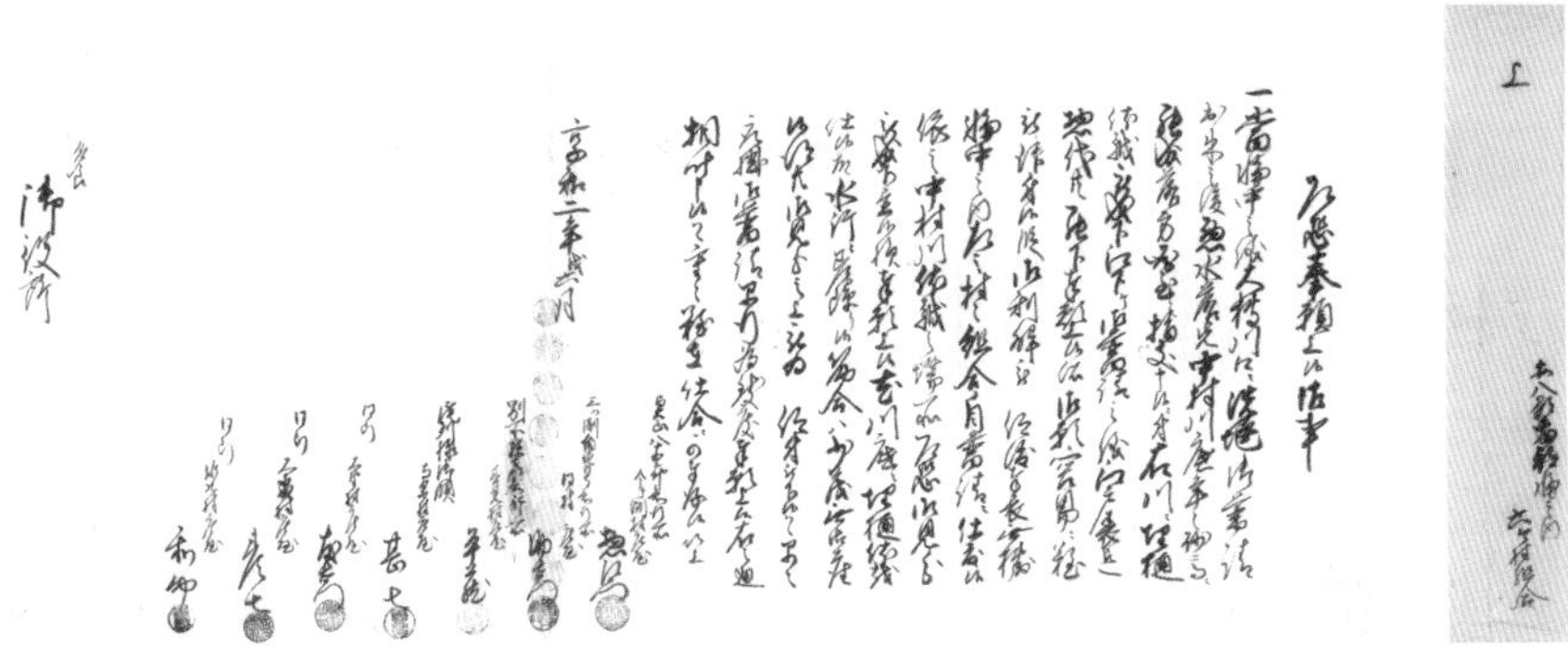

図2　森部輪中伏越江下げ自普請願　享和２年（1802）６月　高木家文書

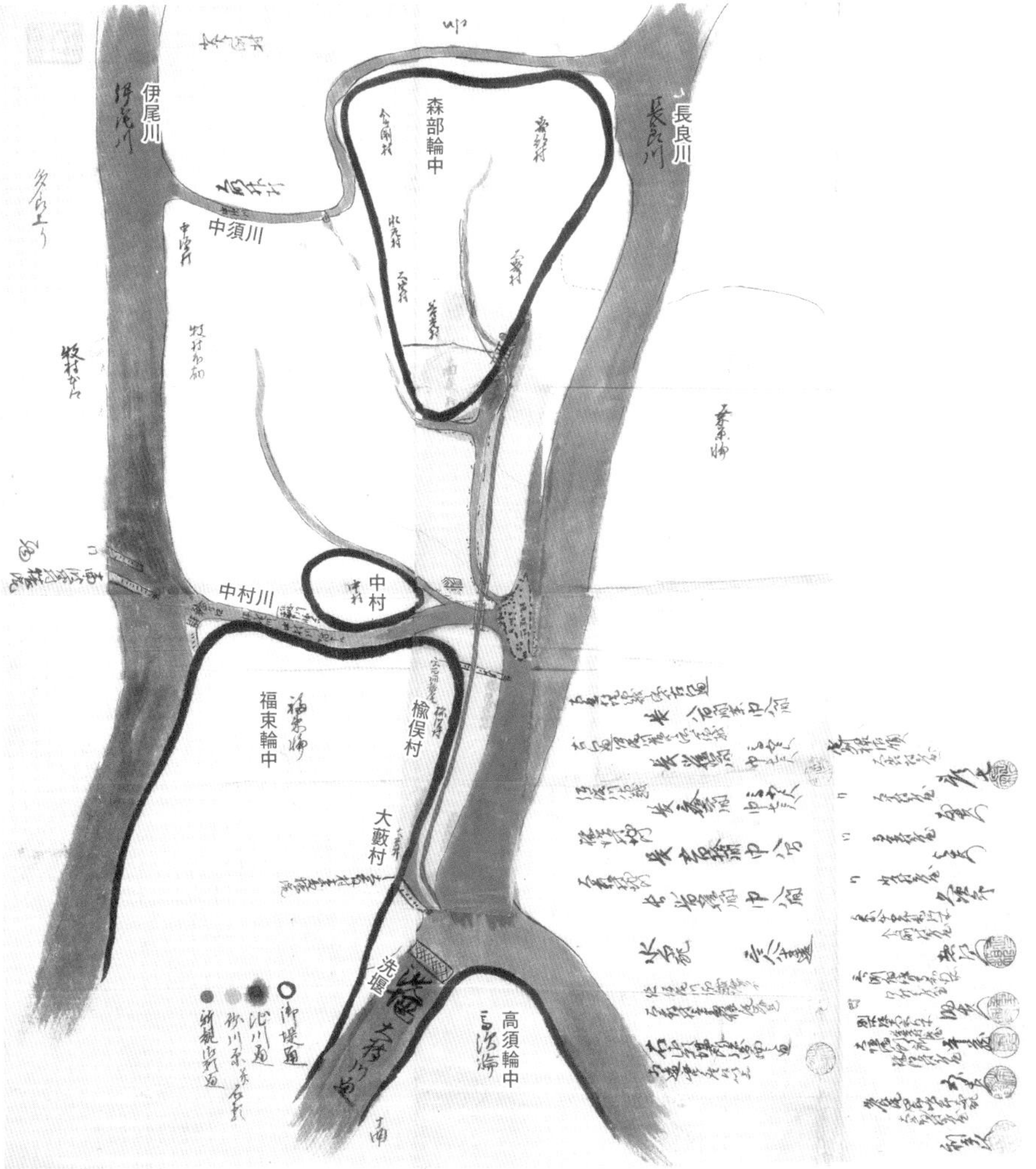

図3　森部輪中伏越江下げ自普請願絵図　高木家文書

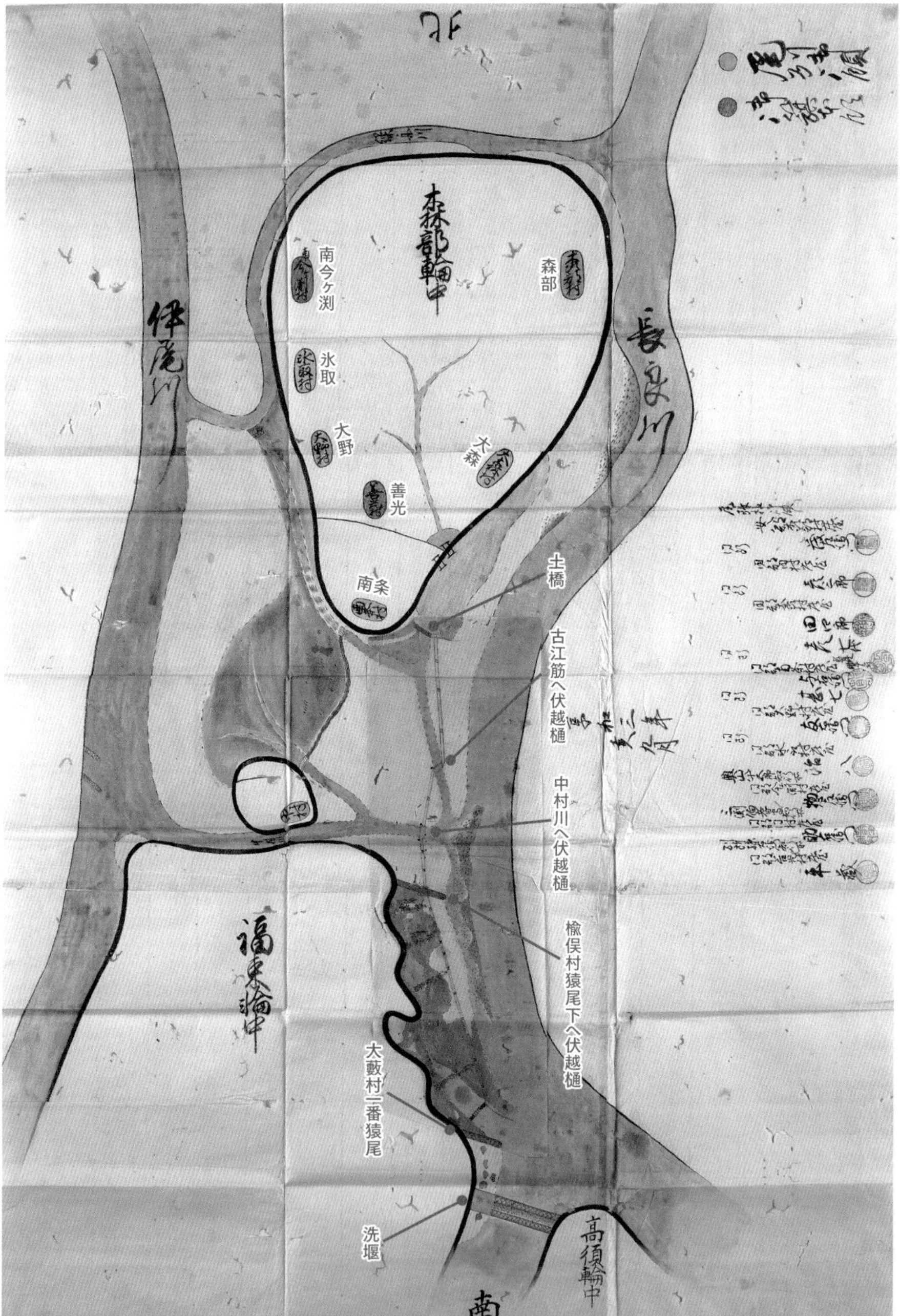

図4　森部輪中伏越江下げ自普請絵図　享和３年（1803）９月　高木家文書

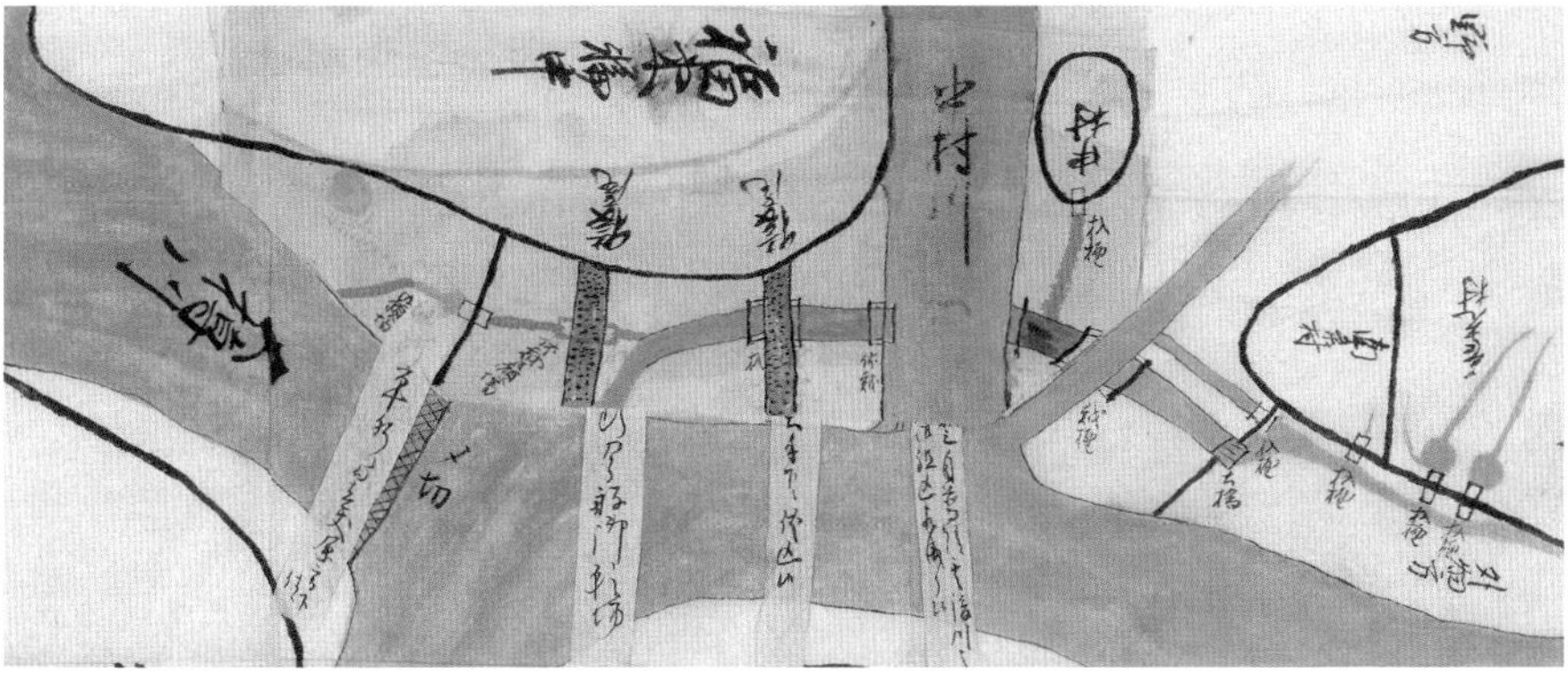

図5　森部輪中大榑川洗堰下江堀継伏樋願絵図（部分）　文政 13 年（1830）　東高木家治水文書（個人所蔵）

森部輪中の悪水条件は改善した。ところが、それも年を経るにつれ効果が薄れてきたため、文政13年（1830）に大藪村猿尾を伏越して、大榑川洗堰下流へさらに江下げすることを出願した（図5）。土砂堆積の原因が大榑川洗堰にある以上、その影響を受けない洗堰下流に直接排水することを計画したのである。しかし、この計画は洗堰組合の反対にあい実現しなかった。

安八豪雨と輪中絵図

昭和51年（1976）9月、台風17号と停滞した前線の影響で木曽三川流域には豪雨が降

図６　長良川右岸、大森地先の堤防決壊による浸水状況（岐阜県安八郡安八町・大垣市墨俣町）
国土交通省中部地方整備局 木曽川上流河川事務所提供

決壊個所"水門"跡だった

江戸時代の古地図からわかる

原因究明に一石

長良の水、堤防内を伝う？

❶長良川の堤防決壊個所と同位置とみられる古地図の二本の樋門（長方形の部分）輪中堤防の内側には決壊直前まであったという池が見える❷享和３年（1803）に作られた埋樋の発端。現在の南条樋門付近とみられるが、左の写真では埋樋はすでになく、同じ線上を明きょが走っている

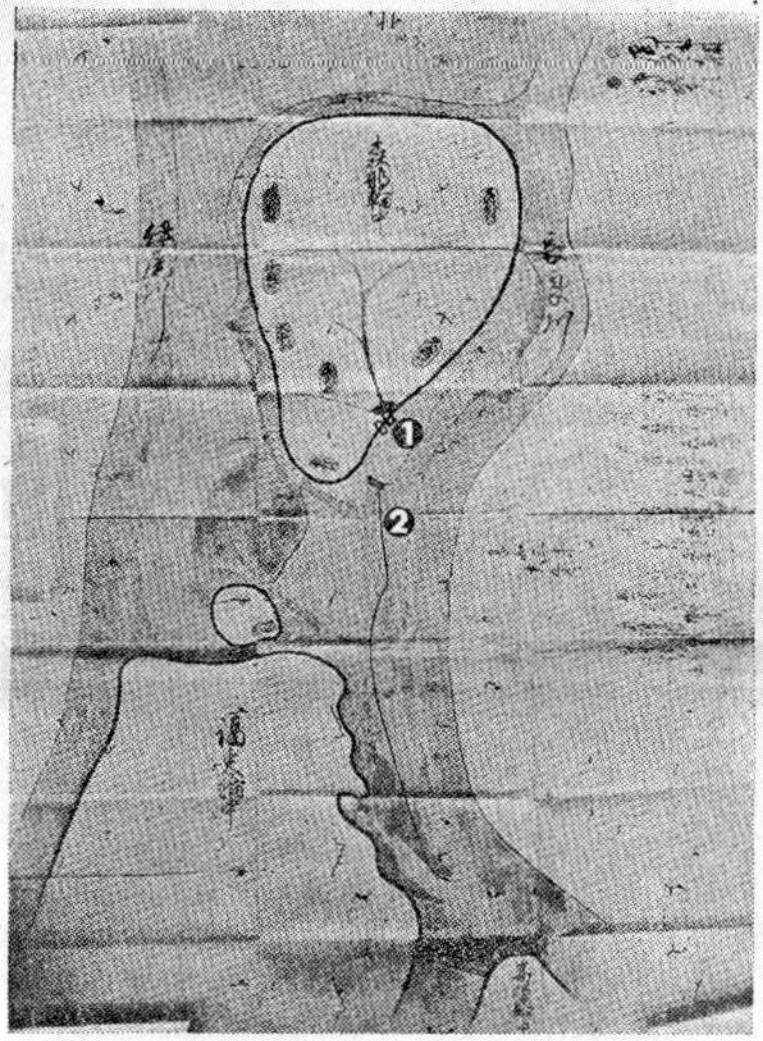

決壊堤防の下は江戸時代の樋（ひ）門跡だった。台風17号の前ぶれ豪雨で決壊した岐阜県安八郡安八町の長良川右岸堤防の決壊個所は百七十余年前に廃止された森部輪中の二本の伏越し樋門の位置とピタリ一致することが、十七日、名古屋大学古川図書館所蔵の古地図でわかった。この樋門跡は、決壊前、堤防の内側にあったという池に通じ、廃止以前は池にたまった水を排水する役目。この樋門跡が堤防の決壊の原因と直接結びつくかどうかはまだメスが加えられていないが、決壊原因の一つとして長良川の水のこの池への漏水に目が向けられているおり、樋門跡が川水を堤内へ逆流させ、決壊に導いた"犯人"であることも十分考えられる。

名大古川図書館の所蔵

この古地図は、江戸時代を通して木曽、長良、揖斐三川の水行奉行（水奉行）だった美濃・高木家文書のうちの一点。同図書館は約七万点を所蔵するが、うち一万七千点は薩摩義士で名高い"宝暦治水"の原本など治水関係で占められ、この古地図もその一点。作成年に享和三年（一八〇三）亥九月、と記され「安八郡森部村庄屋、茂左衛門」ら森部輪中内の森部、大森、南条、大野、氷取（尾張藩領）今ケ淵（江戸旗本奥山家、三淵家領）善光寺（同別所家領）各村庄屋ら十一人が署名。当時の長良、伊尾（揖斐）両川の流れや、森部、中村、福東、高須各輪中の様子、樋門、洗堰（あらいぜき）など排水、治水の状況が赤、緑、濃、黄、グレーの五色ではっきり描かれている。

注目されるのは、この地図の作成目的で、これを説明しているのが、前年（享和二年）笠松御役所（代官所）に提出された「悪水落江下自普請願請印帳」と題する文書「当輪中ノ儀、大榑（ぐれ）川口ニ洗堰御普請出来ノ後、悪水落先中村川川底年々砂高ニ罷（まかり）成リ、落方ハ必至ト差支エ…」という内容。つまり、地図の最下部の大榑川（明治末期埋立て）の河口洗堰が出来てから森部輪中南部右岸の排水口の中村川の川底が年々砂で埋まって高くなり水はけができなくなったため、輪中から中村川の川底をくぐり大榑川河口に至るまでの埋樋伏越し（暗きょ）を輪中の全村の組合の手で作らせてほしいというもの。

この工事は当初、幕府の直轄事業でしてほしいと輪中の代表が江戸へ陳情に出かけたが、却下され、やむをえず自前に出たいきさつも記している。同三月二十八日には高木家あてに出した「三日後に施工するから見に来てほしい」という文書もあり、施工、完成したことはまず間違いない。

地図で見ると、この暗きょは、輪中内の池から堤防をくぐって中村川（図では樋門のすぐ右側で、長良川とは州をはさんでいた）へ落ちる従来の二本の樋門からやや南に始まり大榑川河口まで一本の線で延び同縮尺で埋樋部分だけの構造を詳しく書いた付図もつけられている。この埋樋の始まりはちょうど現在南条樋門（森部樋門）が設けられている位置。そして、埋樋の完成により、従来の樋門は、この時点で廃止された。

輪中の古老の中には決壊堤防の内側の池がかつて"切れ所"と呼ばれ、江戸時代に堤防が切れたいわれがあることを話す人もいるが、明治末期に大改修した堤防の下に百七十余年前の樋門跡が隠されていると知る人は全くいない。この樋門跡が、長良川の川水を輪中へ漏水させ、堤防決壊の"引金"になったとすれば、決壊は、まさに"歴史的な人災"ということになる。

一方、名大の所蔵の高木家文書は、八年がかりで目録を分類、整理中だが、膨大な資料のため、六年目のことしやっと三万五千点を整理したばかり。治水関係の資料は、ことしやっと整理に着手した段階。これを専門に取り組んでいる西田真樹・文学部助手は「江戸時代の治水工学に対する研究は他には資料が少ないせいもあってあまり進んでいないようだ。門外漢がいうのは適切を欠くかもしれないが、明治末期の三川の大改修、分流は、大局的に見れば大きな効果があっただろうが細かい点で自然の節理にかなう配慮がなされたかどうかは疑問。河川工学者がこの古地図はじめ、長良川関係の未整理の資料を詳しく調べればこんどの堤防決壊の原因にも大きな参考になるのではないか」と語っている。

図７　毎日新聞 1976 年 9 月 18 日

図８　「長良川堤防破堤箇所」碑と治水観音尊像

り続き、12日に安八町森部地内の長良川右岸堤防が破堤、安八町と墨俣町のほぼ全域が浸水する大惨事にみまわれた（図6）。

　このときの破堤の原因については、専門家の間からさまざまな説が出されたが、9月18日の毎日新聞に「決壊個所〝水門〟跡だった」とする記事が載った（図7）。記事は、決壊個所は森部輪中の伏越樋門の位置と一致することが江戸時代の古地図からわかったというもの。その根拠となった、新聞にも掲載された古地図というのが、図4の自普請絵図であった。

　記事では、樋門跡は決壊前、堤防の内側にあったという池（押堀のこと）に通じ、池にたまった水を排水する役目を果たしていたとして、「この樋門跡が堤防の決壊の原因と直接結びつくかどうかはまだメスが加えられていないが、決壊原因の一つとして長良川の水のこの池への漏水に目が向けられているおり、樋門跡が川水を堤内へ逆流させ、決壊に導いた〝犯人〟であることも十分考えられる」としている。

　翌日には、土木工学が専門の西畑勇夫名古屋大学教授が「同資料をもとに「樋門跡が堤内への川水浸透の〝引金〟の一つになったことは、まず間違いない」と判読した。」とする続報が掲載された。西畑氏は、明治36年（1903）ごろ完成した木曽三川大改修の際、森部輪中付近は旧輪中堤を補強しないまま利用しており、それが長良川堤防の歴史的な弱点であったと指摘する。

　実は文政13年（1830）の森部輪中江下げ計画を反対したとき、洗堰組合は洪水時に伏越樋や江筋が吹き抜け水害になる危険性を指摘していた（「出水之節伏越圦樋或《あるい》は江筋より押抜切所川欠ニ相成」、東高木家治水文書）。昭和51年の安八豪雨で樋門跡と決壊場所が一致したことを考えると、洗堰組合の主張は教訓とすべきところがある。

江戸時代の砂防

羽根谷の土石流災害とその対応

養老山地の土石流

養老山地の東側は急峻な断層崖となっており、降雨のたびに大量の土砂が押し出される土石流の常襲地域であった。土石流がもたらす災害は流域の村々にとって大きな問題となっており、絵図に描かれることも多かった。図1は151ページに掲載した高須輪中絵図、図2は19ページに掲載した濃勢尾州川筋絵図のうち、津屋川以南の羽根村から安江村に至る地域を拡大したものである。羽根・駒野谷、上野《うえの》河戸《こうず》谷、山崎谷、安江谷（盤若谷）から大量の土砂が伊尾川に押し出される様子が描かれており、とくに図2ではその様子が強調されている。安江村より南の様子は121ページに掲載した絵図にみることができる（図3）。多度村・猪飼《いかい》村・御衣野《みぞの》村・下深谷部村・小山田村の各谷沢からの土砂により河道に寄州が形成されているのが確認できる。これら谷沢から流れ出た土砂は伊尾川や津屋川の河床を上昇させ、また河道に狭隘部を作り出して水の流れを悪化させ、対岸の輪中や上流の村々へ被害をもたらした。

羽根谷の定浚いと砂留

羽根村（大垣藩領）と駒野村（高須藩領）の境に位置する羽根谷は土砂の流出が著しく、両村と上流の村々との対立を生んだ。

享保2年（1717）、伊尾川に54間（98m）の出張りができたとして上流の村々が羽根谷の砂留を願い出たのに対し、羽根・駒野両村は砂留を設けては両村が亡所になると反論して争論になったという。この争論は高木家と美濃郡代が吟味し、さらに江戸表での裁許により、羽根・駒野両村がこれ以降、自普請で定《じょう》浚《ざら》いをすることで決着した。

しかし、その後も大雨ごとに押し出された大量の砂石が伊尾川を埋めるため川の水が逆流し、津屋川沿いの小坪新田から駒野新田、徳田新田、志津新田、津屋村、小倉《おぐら》村、大跡新田、鷲巣《わしのす》村、飯ノ木《はんのき》村までの堤が堪えきれず、寛延元年（1748）、宝暦2年（1752）と破堤入水を繰り返した。そこで小坪新田ほか11カ村は宝暦3年（1753）7月に改めて砂留の必要性を多良奉行所に訴えた。

こうした要望を受けて、宝暦治水では土石流対策が試みられた。図4は宝暦治水で高木内膳（東家）が担当した三之手の御普請出来形絵図（1

34~135ページに掲載）から、羽根谷・山崎谷・安江谷の箇所を抜き出したものである。絵図中に朱色の漢数字で記された六十六~七十六が土石流対策に関わる普請を示しており、その説明書も抜粋しておいた。宝暦治水において羽根谷や山崎谷などに砂石留や砂利除が施されてきたことは『岐阜県治水史』などで知られていたが、その位置や構造までは不明であった。東高木家に伝来したこの絵図は、それを初めて明らかにしたものである。

しかし、こうした砂留工も根本的な解決策とはならず、羽根・駒野両村はその後も定浚いを続けている。先の裁許が下った享保2年（1717）から安永5年（1776）までの60年間に23回もの定浚

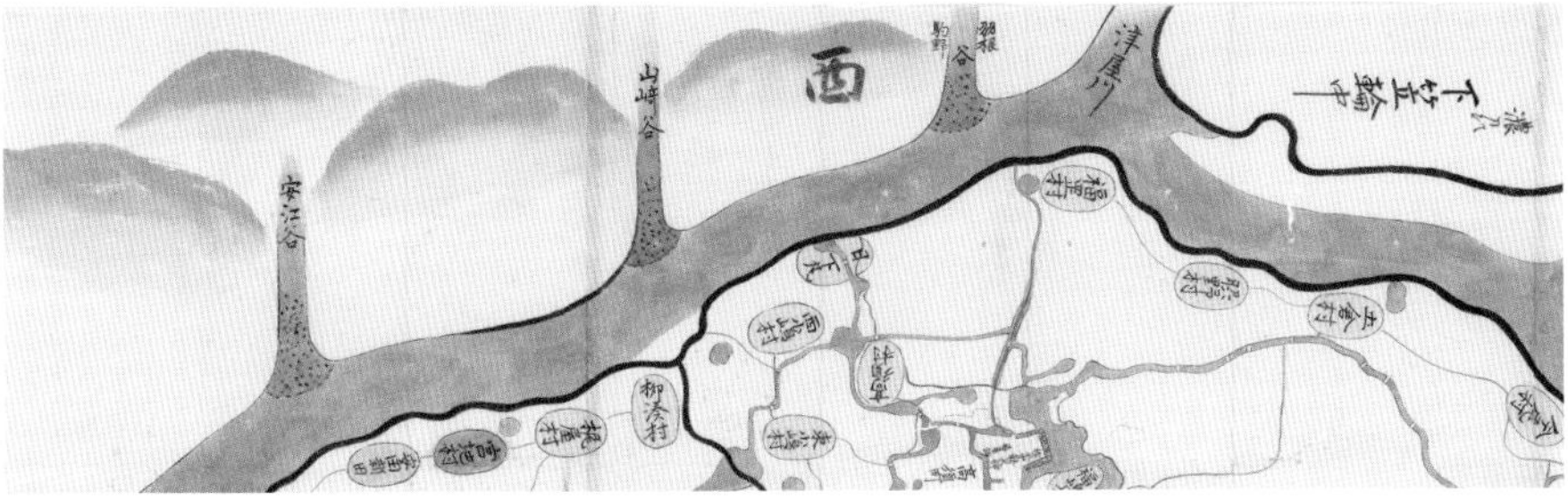

図1　高須輪中絵図（部分）　宝暦治水以前　高木家文書

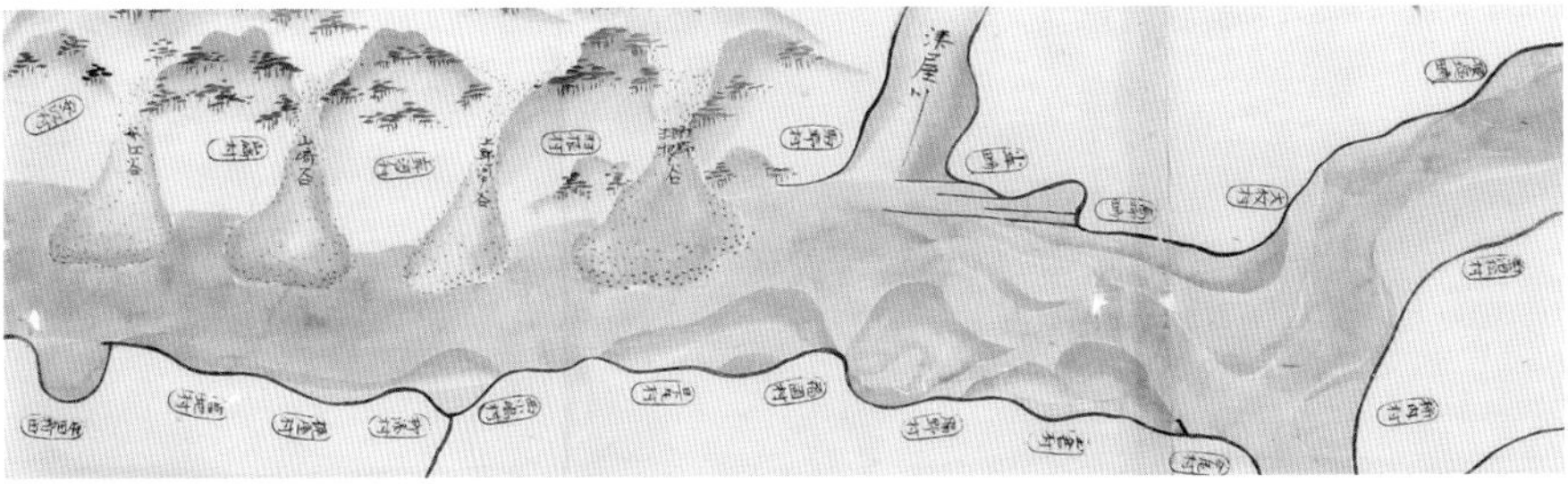

図2　濃勢尾州川筋絵図写（部分）　天保 10 年（1839）　高木家文書

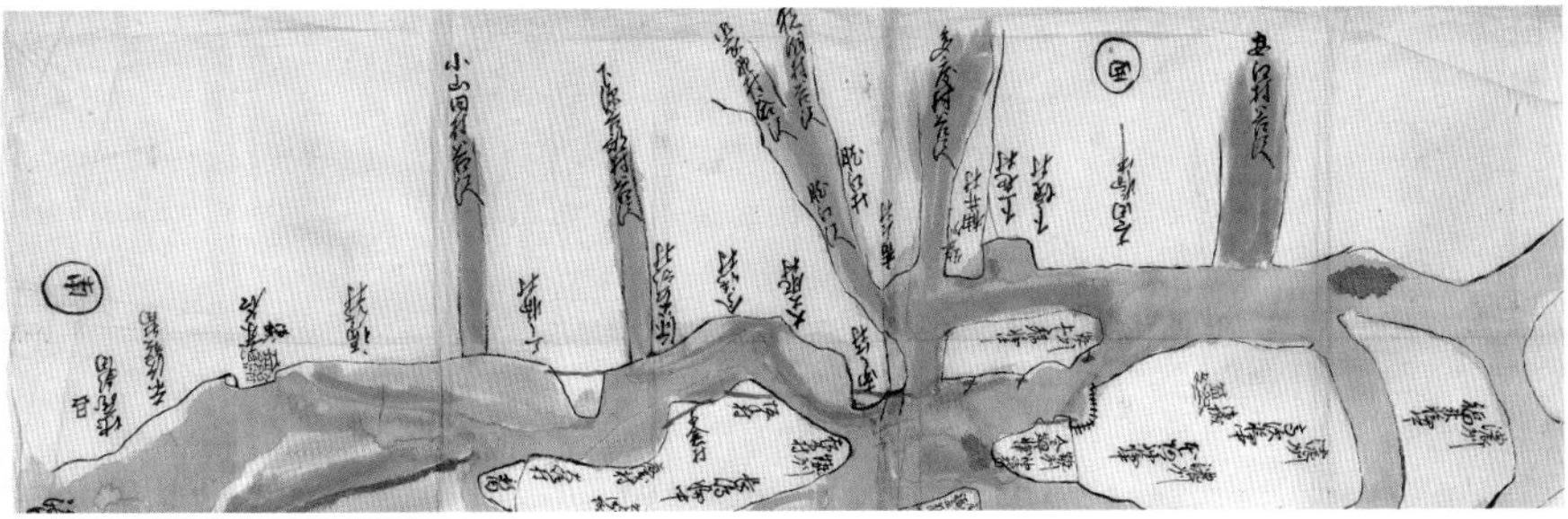

図3　大概御案内絵図扣（部分）　寛保２年（1742）９月　東高木家治水文書（個人所蔵）

図4　三之手水行・定式・急破御普請出来形絵図（部分）　宝暦５年（1755）５月　東高木家治水文書（個人所蔵）

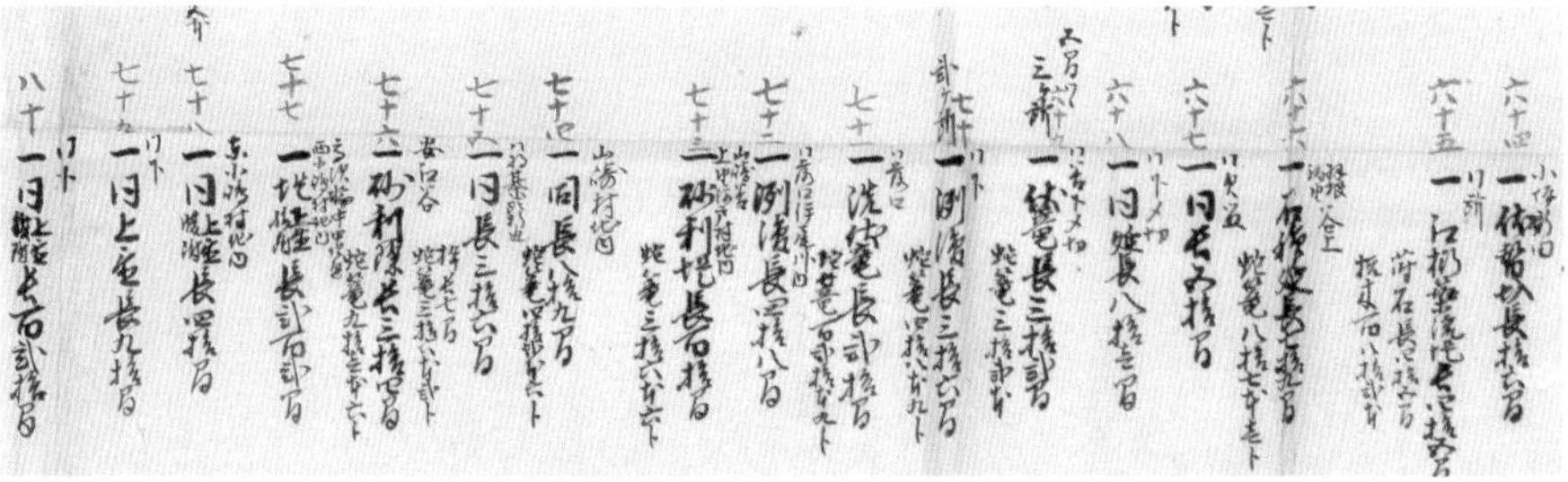

いをおこなっており、その費用は1万630両（7441両余が地頭救金、3188両余が両村賄分）にのぼっていた。石砂の捨て場は、駒野村は1町3反8畝歩余、羽根村は1町4反1畝歩に及んで山のように盛り上がり、すでに近くに捨て場はなく、かといって谷沿いの空地へは搬出が困難を伴い、もはや自力では継続が難しかった。負担の限界に達した両村は安永5年に公儀普請にすることを願い出たところ認められず、代わりに上流の益村13カ村を加えて谷浚組合を結成し、維持管理にあたることになった。

安政の谷替普請

　羽根谷では定浚い自普請をおこなっても、出水ごとに砂石が馳せ出し、程なく元形になる状態が繰り返された。幕末には伊尾川の7、8分も砂石で埋まり水行に障りが出て、輪中の村々の立毛《たちげ》が損亡する事態となっていた。ここに来て谷筋の向きを変える谷替普請を実施するほかないと衆議一決し、安政3年（1856）3月、羽根村・駒野村ほか35カ村が連名で多良役所へ願い出た（図5）。高木三家および美濃郡代は吟味を遂げ、さらに勘定奉行へ伺ったところ、この出願は翌年5月に聞き届けられた。

　図6はそのとき作成された絵図で、現状と谷替計画の様子が貼紙を使って描き分けられている。貼紙をめくると、羽根谷から押し出される大量の土砂が伊尾川に流れ込んでおり、土石流の激しさが伝わってくる（図6右）。これに対して貼紙に描かれたように、現在の羽根谷を締め切り、羽根村地内へ谷を付け替え、土砂が伊尾川へ押し流れないようにする計画であった（図6左）。普請箇所は壱番堰から拾九番堰に区切られており、新谷は全長571間5尺（約1040m）に及んだ。

　谷替普請は羽根村の領主である大垣藩の支援を得たもので、今回に限り大垣藩の手限普請（大垣藩の負担でおこなう普請）とし、竣工後は組合村々の自普請で維持していくこととなった。

　なお、養老山地の土石流問題の完全な解決は近代まで持ち越された。明治政府に招聘されたオランダ人技師デ・レーケは、木曽川下流改修工事にあたって養老山地の土砂扞止を優先課題とし、近代

図5　谷替普請願（部分）　安政3年（1856）3月　高木家文書

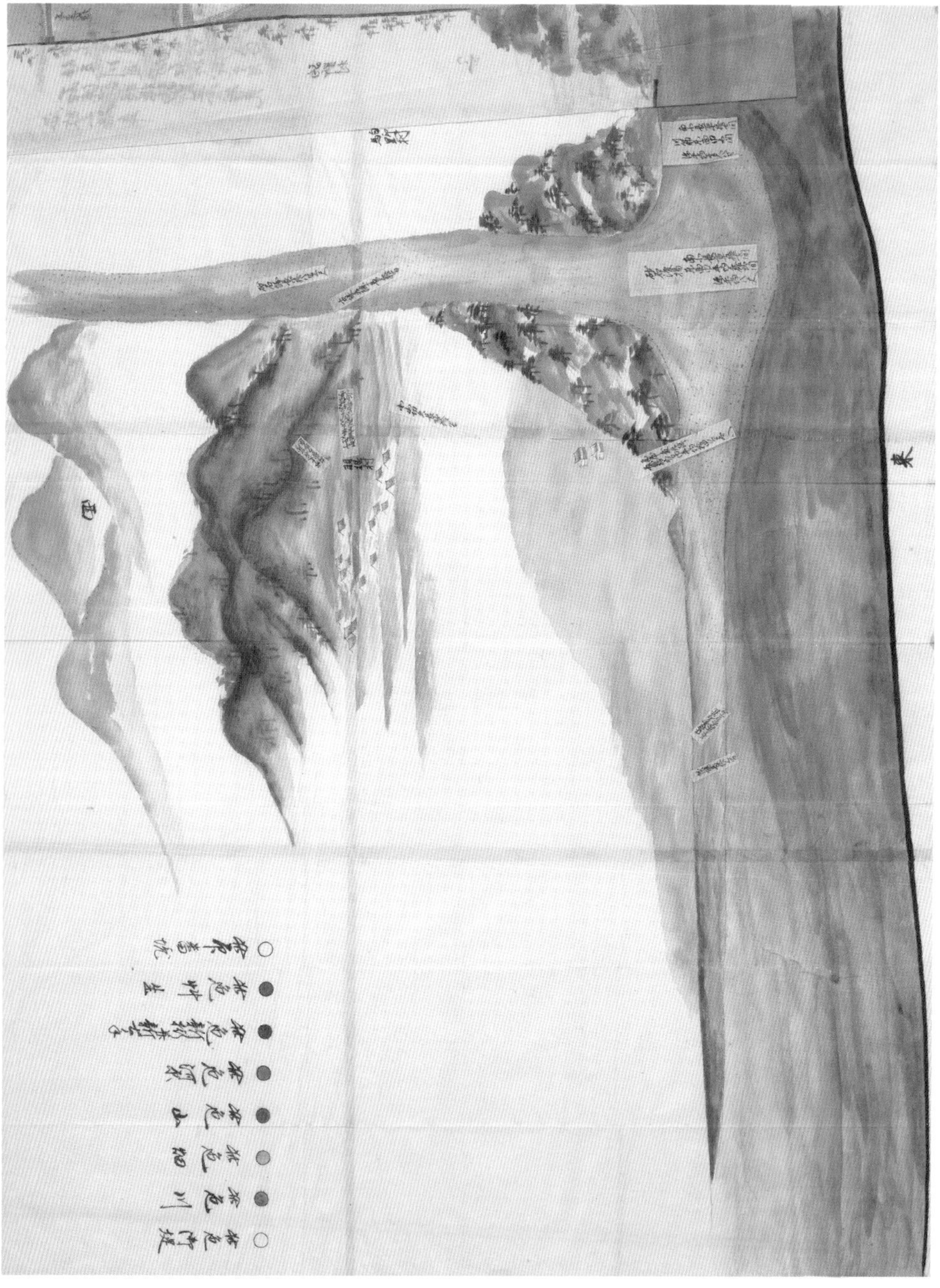

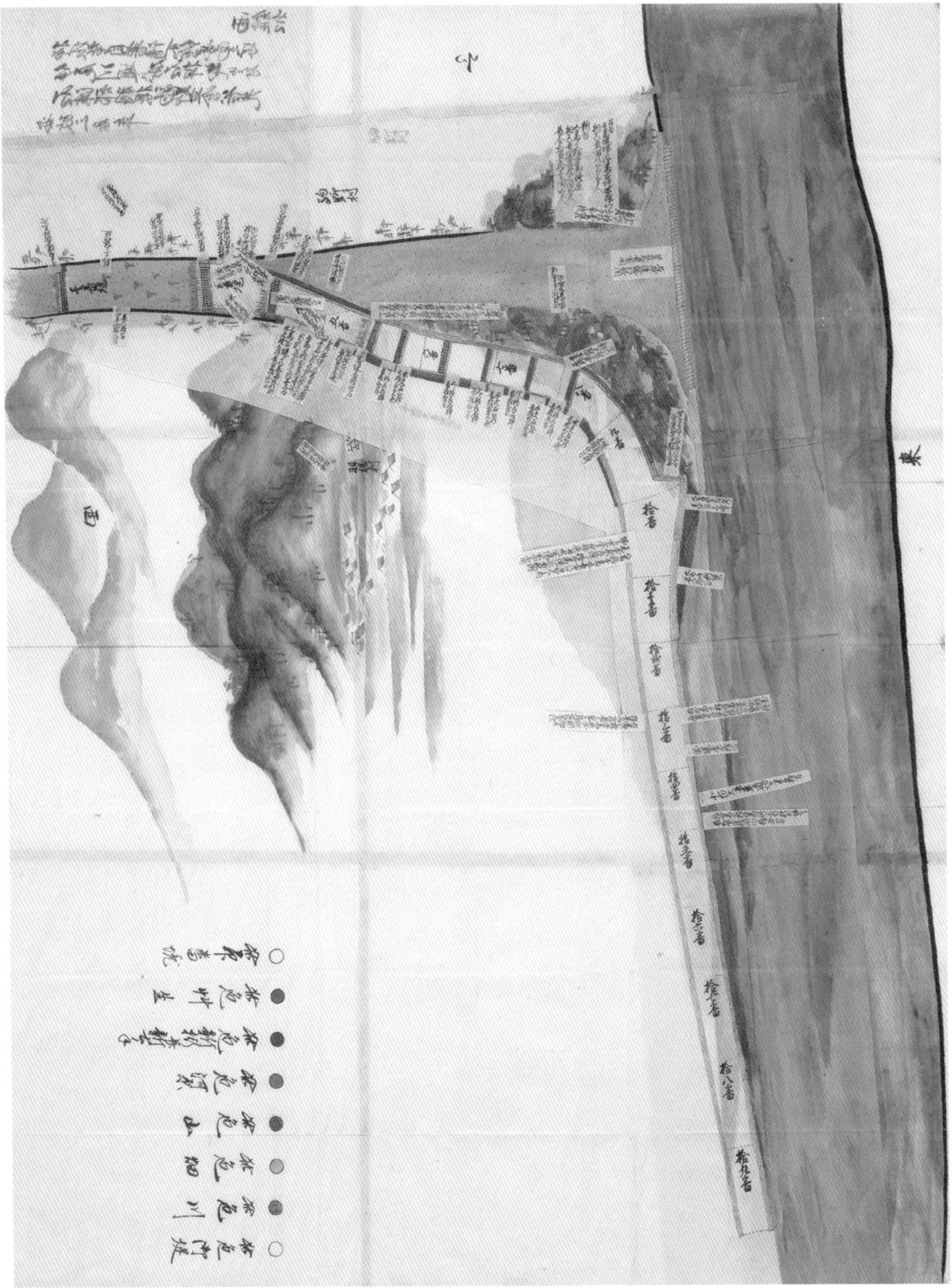

図6　石津郡羽根駒野立会谷先伊尾川通江砂石押出シ候ニ付模様替自普請所絵図面之写　安政３年（1856）
高木家文書

図８　羽根谷

図７　羽根谷砂防堰堤（第一堰堤）
岐阜県県土整備部砂防課提供

的砂防工事を指導した。デ・レーケが建議した砂防工事は明治10年代に安江谷（盤若谷）ではじまり、羽根谷、山崎谷と続いた。このとき築造された羽根谷砂防堰堤は現存し、国の登録有形文化財に登録されている（図７）。

沢田村の谷替普請

谷替による土石流災害の軽減を図る試みは、羽根谷だけでなく、養老山地の他の地域でも実施されていた。

図11は牧田川右岸に位置する沢田村（現養老町沢田）の山谷図である。沢田村の背後は嶮岨な養老山地がそびえ、西から吉谷・堂谷・宮谷が迫る。これは延享５年（１７４８）の絵図であるが、堂谷・宮谷の落口には砂留がみえ、また牧田川へ流入する吉谷も堤が設けられている。それでも谷から押し出される土砂が村内へ流れ込み（砂入）、大きな荒地が生じているのが確認できる。

このうち中央を流れ、村内の耕地に土砂を押し出す堂谷については、年々増加する土砂堆積への抜本的対策として、谷替普請が計画された。それは、上流から新たに谷を掘割り、牧田川へ流入する吉谷へ谷筋を付け替えて、土石流を吉谷へ流し込もうとするものであった（図12）。そのため、天保８年（１８３７）、堂谷の「谷替山切抜」１２９間（約２３２ｍ）と「谷替山岩切」68間（約１２３ｍ）の工事が実施された。

なお、沢田村でも明治期に砂防堰堤が築造され、その経緯を記した防砂工紀年碑が集落に建っている（図10）。

図10　沢田村の砂防工紀念碑　秋山晶則撮影

図9　堂谷谷替の現状　秋山晶則撮影

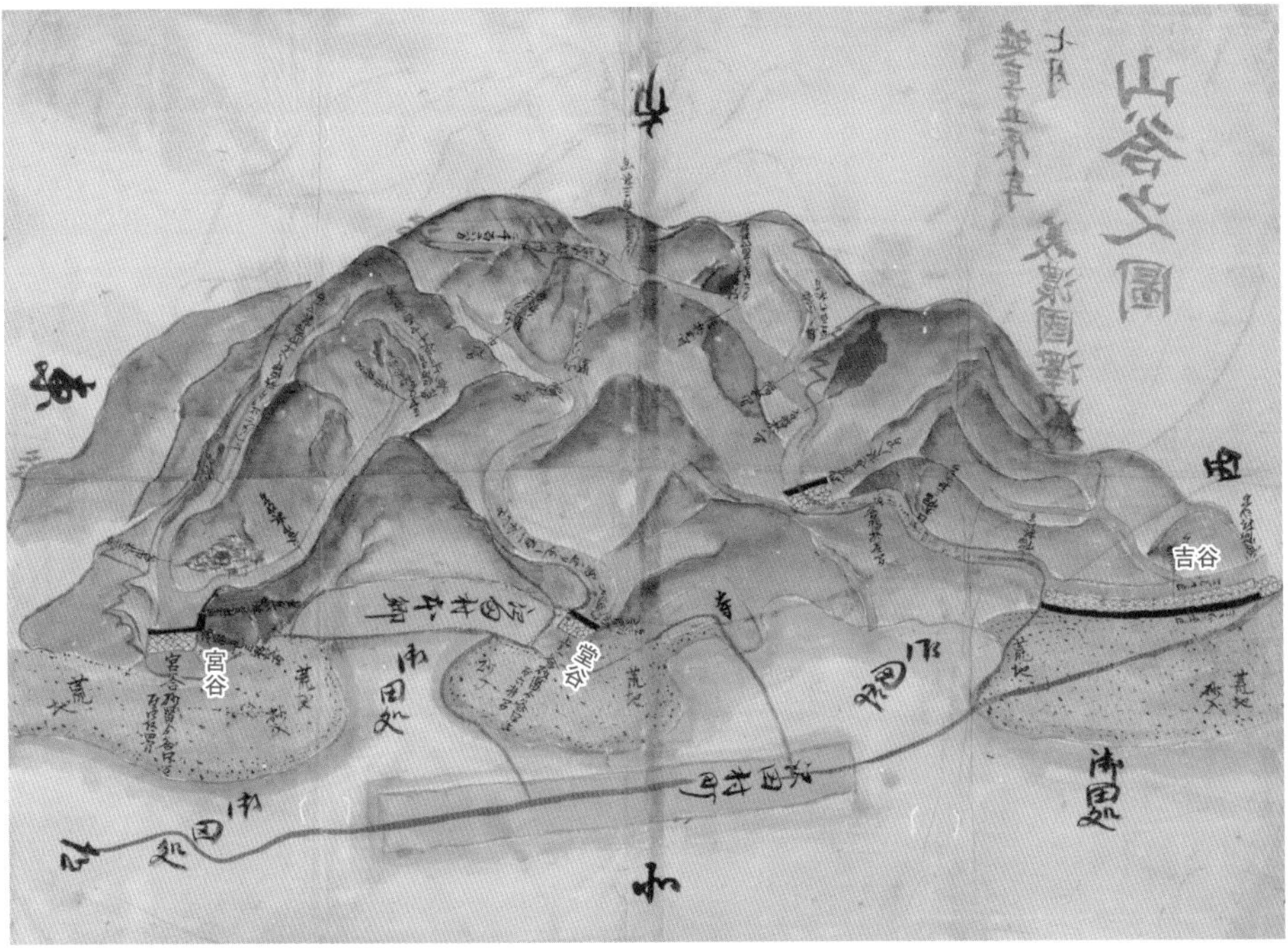

図 11　山谷之図　延享 5 年（1748）7 月　日比家文書（名古屋大学附属図書館所蔵）

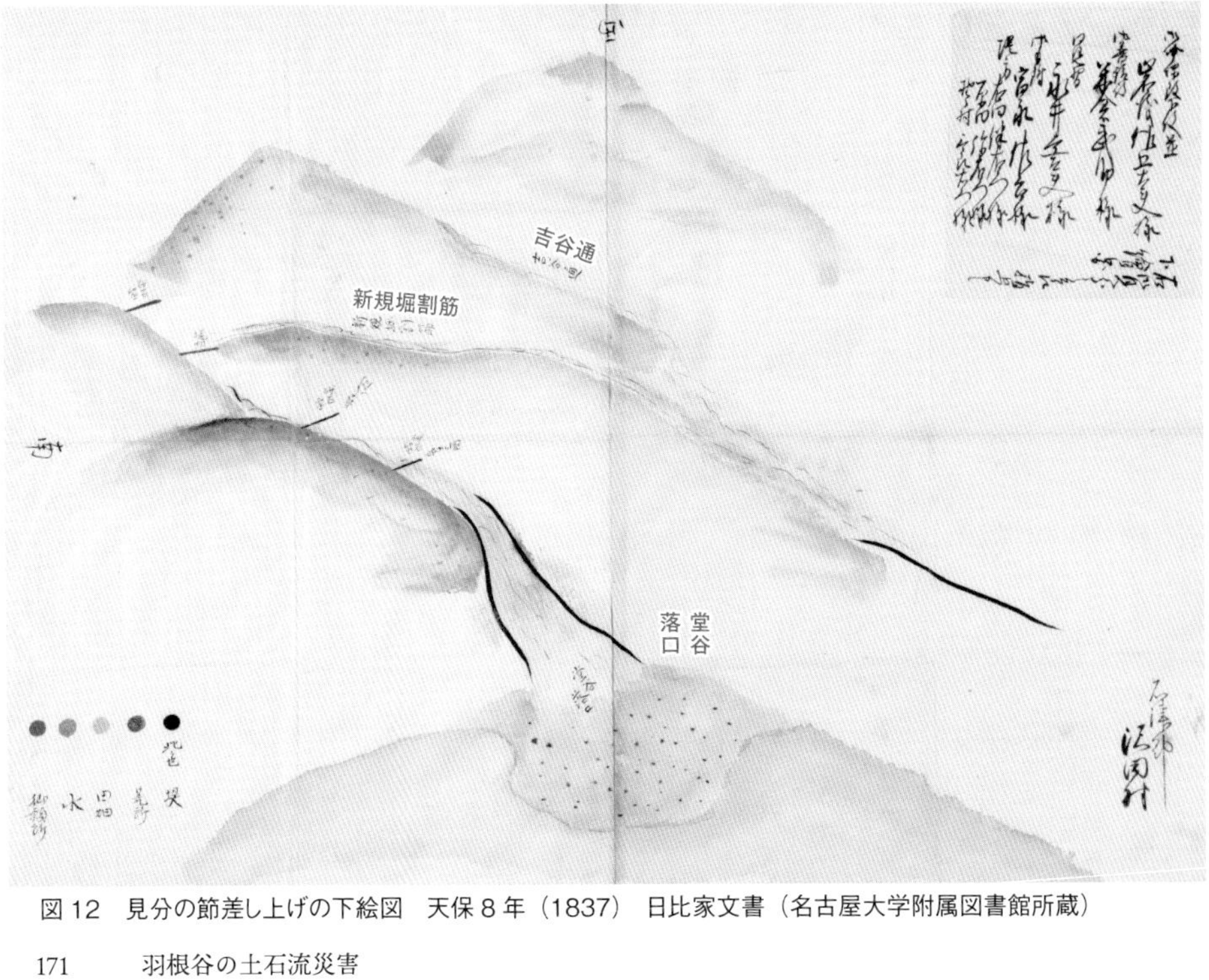

図 12　見分の節差し上げの下絵図　天保 8 年（1837）　日比家文書（名古屋大学附属図書館所蔵）

参考文献

高木家文書

名古屋大学附属図書館・高木家文書調査室『高木家文書目録』巻一〜五　1978〜83年
名古屋大学附属図書館『川とともに生きてきた―高木家文書にみる木曽三川流域の歴史・環境・技術―』　2001年
名古屋大学附属図書館・附属図書館研究開発室『川とともに生きてきたⅡ―新発見史料・北高木家文書にみる木曽三川流域の歴史・環境・技術―』　2003年
名古屋大学附属図書館・附属図書館研究開発室『川とともに生きてきたⅢ―東高木家文書にみる木曽三川流域の歴史・環境・技術―』　2004年
名古屋大学附属図書館・附属図書館研究開発室『江戸時代の村と地域―美濃養老・日比家文書にみる暮らしと災害―』　2006年
名古屋大学附属図書館・附属図書館研究開発室『旗本高木家主従の近世と近代―高木家文書と小寺家文書―』　2009年
名古屋大学附属図書館・附属図書館研究開発室『西高木家陣屋と高木家文書―西高木家陣屋跡国史跡指定記念―』　2015年
名古屋大学附属図書館・附属図書館研究開発室『高木家の武』　2015年
名古屋大学附属図書館・附属図書館研究開発室『旗本高木家の幕末』　2016年
名古屋大学附属図書館・附属図書館研究開発室『旗本高木家の明治維新』　2017年
名古屋大学附属図書館研究開発室『旗本高木家と木曽三川流域治水』　2019年
　このほか名古屋大学で開催された高木家文書展示会のパンフレットを参考にした。
名古屋市博物館『特別展　治水・震災・伊勢湾台風』　2019年
高木家文書デジタルライブラリー　(https://libdb.nul.nagoya-u.ac.jp/infolib/meta_pub/G0000011Takagi)

高木家

岐阜保勝会『岐陽遺文』　1931年
京城府『京城府史』第1巻　1934年
西田真樹「「交代寄合」考」『宇都宮大学教育学部紀要』第36号第1部　1986年
小川恭一編著『江戸幕府旗本人名事典』別巻　原書房　1990年

伊藤孝幸『交代寄合高木家の研究―近世領主権力と支配の特質―』清文堂出版　２００４年
岐阜県歴史資料館『織田信長と岐阜』岐阜県歴史資料保存協会　１９９６年
岐阜市歴史博物館『織田信長と美濃・尾張』織田信長展実行委員会　２０１２年
石川寛「交代寄合高木家主従の明治維新」『名古屋大学附属図書館研究年報』8　２０１０年
石川寛「近代における高木家文書の調査と活用」『名古屋大学附属図書館研究年報』16　２０１９年
長屋隆幸「高木家一族高木貞秀の家系について」『名古屋大学附属図書館研究年報』17　２０２０年

屋敷

伊藤信『岐阜県史蹟名勝天然紀念物調査報告書』第三回　岐阜県　１９２８年
樋口好古著・平塚正雄編纂『濃州徇行記』大衆書房　１９７０年
辻下榮一編著『入郷四百年記念　水奉行旗本高木家　交代寄合美濃衆』上石津町教育委員会　２００１年
大橋正浩・溝口正人・柳澤宏江「旗本西高木家陣屋の建築的変遷について―高木家文書による研究　その1―」『日本建築学会東海支部研究報告書』46　２００８年
大橋正浩、溝口正人、柳澤宏江「旗本西高木家陣屋の天保再建建物の平面構成について―高木家文書による研究　その2―」『日本建築学会東海支部研究報告書』46　２００８年
大垣市教育委員会『岐阜県史跡　旗本西高木家陣屋跡　主屋等建造物調査報告書』２００９年
大橋正浩、溝口正人「高木三家鳥瞰図」の分析からみる西高木家陣屋下屋敷の成立について」『日本建築学会東海支部研究報告書』49　２０１１年
大橋正浩、溝口正人「旗本西高木家陣屋の明治初期における屋敷規模縮小について―高木家文書による研究　その3―」『日本建築学会東海支部研究報告書』50　２０１２年
大橋正浩、溝口正人「『天保三壬辰年　御家移ニ付取扱一件　十二月』にみる西高木家天保再建御殿の空間構成―高木家文書による研究　その4―」『日本建築学会大会学術講演梗概集F―2』２０１２年
大橋正浩、溝口正人「西高木家陣屋　嘉永度下屋敷御殿の建築的性格について―高木家文書による研究　その5―」『日本建築学会大会学術講演梗概集F―2』２０１３年
大垣市教育委員会『岐阜県史跡　旗本西高木家陣屋跡―測量調査・発掘調査報告書―』２０１３年
大橋正浩、溝口正人「再建後の移徙からみる西高木家陣屋天保度上屋敷御殿の空間構成について」『日本建築学会計画系論文集』79　２０１４年
大橋正浩「西高木家陣屋に関する新出絵図2点について」『日本建築学会技術報告集』21―47　２０１５年

大橋正浩『西高木家陣屋御殿にみる近世武家住宅の公と私の構成』名古屋市立大学（博士学位論文）2018年
大垣市教育委員会『史跡 西高木家陣屋跡 保存活用計画書』2018年
大橋正浩「屋敷絵図にみる旗本東高木家陣屋の様相と建築的変遷―東高木家旧蔵文書による研究」『日本建築学会東海支部研究報告集』57 2019年
大橋正浩「交代寄合美濃衆高木家陣屋の建築と庭園」、奈良文化財研究所『庭園文化の近世的展開 令和元年度 庭園の歴史に関する研究会 報告書』2020年

治水

岐阜県『岐阜県治水史』上・下 岐阜県 1953年（復刻版1981年）
山下中二稿『明治廿九年高須輪中及附近大風水害記』海津町 1926年（復刻版1996年）
安藤萬壽男編著『輪中―その展開と構造』古今書院 1975年
全国治水砂防協会『日本砂防史』1981年
水谷武司『防災地形』古今書院 1982年
阪口豊・高橋裕・大森博雄著『日本の自然3 日本の川』岩波書店 1986年
伊藤安男監修『9・12豪雨災害誌』安八町 1986年
建設省中部地方建設局木曽川下流工事事務所『デ・レーケとその業績』1987年
海津市教育委員会『伸びゆく輪中』1987年（四訂版2009年）
安藤萬壽男『輪中―その形成と推移』大明堂 1988年
木曽三川～その流域と河川技術編集委員会、中部建設協会『木曽三川～その流域と河川技術』建設省中部地方建設局 1988年
岐阜県博物館『輪中と治水』岐阜県博物館友の会 1990年
木曽三川流域誌編集委員会、中部建設協会『木曽三川流域誌』建設省中部地方建設局 1992年
輪之内町『大榑川』1991年
伊藤安男『治水思想の風土』古今書院 1994年
伊藤孝幸「近世における木曽三川流域での治水」『岐阜史学』88 1995年
原田昭二「高須輪中の成立から金廻四間門樋築造まで」『KISSO』34 2000年
秋山晶則「旗本交代寄合高木家の治水役儀をめぐって―笠松役所との関係を中心に―」『名古屋大学博物館報告』16 2001年
知野泰明・大熊孝「木曽三川宝暦治水史料にみる「見試し」施行に関する研究」『土木史研究』22 2002年
久保田稔『川と生きる―長良川・揖斐川ものがたり』風媒社 2008年

伊藤安男『洪水と人間―その相剋の歴史』古今書院　2010年
秋山晶則「水行奉行・高木家文書の古地図」『古地図文化ぎふ』8　2008年
秋山晶則「高木家文書の古地図Ⅱ」『古地図文化ぎふ』14　2014年
秋山晶則「宝暦治水の前提―地域住民の環境認識に基づく行動―」『KISSO』89　2014年
秋山晶則「宝暦治水の工事内容とその影響―複雑な利害関係と地域間矛盾の増幅―」『KISSO』90　2014年
水谷容子「高須輪中近代水害史抄録」『KISSO』101　2017年
秋山晶則「近世河川災害と地域の対応」『歴史評論』806　2017年
秋山晶則「大榑川洗堰に関する一考察」『輪之内學研究』9　2020年

自治体史

本巣郡教育会『本巣郡志　下』1937年
森義一『平田町史』上・下　岐阜県海津郡平田町役場　1964年（復刻版1987年）
岐阜県編『岐阜県史　史料編　近世五』1969年
岐阜県編『岐阜県史　通史編　近世上』1968年
岐阜県『岐阜県史　通史編　近世下』1972年
岐阜県『岐阜県史　通史編　近代中』1970年
本巣町『本巣町史　通史編』1975年
安八町『安八町史　通史編』1975年
安八町『安八町史　史料編』1975年
岐阜県海津郡南濃町『南濃町史　史料編』1977年
岐阜県海津郡南濃町『南濃町史　通史編』1982年
糸貫町『糸貫町史　通史編』1982年
海津町『海津町史　通史編上』1983年

［著者紹介］（50音順）
秋山晶則（あきやま・まさのり）岐阜聖徳学院大学教育学部教授（Ⅴ章）
大橋正浩（おおはし・まさひろ）佐賀県立名護屋城博物館学芸課（Ⅲ章）
鈴木 雅（すずき・まさし）名古屋市博物館学芸課（Ⅱ章）
服部亜由未（はっとり・あゆみ）愛知県立大学日本文化学部准教授（図版作成）

＊本書は、科学研究費補助金基盤研究 (B)「木曽三川流域における治水関係文書の高度活用に関する研究」（研究代表者・石川寛）による研究成果の一部である。

＊本書26ページ掲載の「斎藤高政安堵状　弘治2年（1556）9月20日」および27ページ掲載の「織田信長知行安堵書状　永禄10年（1567）11月」につきまして、原本所蔵者を探しています。ご存じの方がいらっしゃいましたら、お手数ですが、風媒社編集部までご連絡ください。

［編著者紹介］
石川 寛（いしかわ・ひろし）
1971年、石川県生まれ。博士（歴史学）。専門は日本近代史。現在、名古屋大学大学院人文学研究科准教授。
（編集およびⅠ、Ⅱ、Ⅳ、Ⅵ章を担当）

装幀／三矢千穂

＊カバー図版／表：木曽三川流域大絵図（高木家文書）、「高木三家入郷地」碑
裏：西高木家屋敷古写真（高木家提供）

古文書《こもんじょ》・古絵図《こえず》で読《よ》む木曽三川流域《きそさんせんりゅういき》—旗本高木家文書《はたもとたかぎけもんじょ》から

2021年4月10日　第1刷発行　（定価はカバーに表示してあります）

編著者　石川 寛
発行者　山口 章

発行所　名古屋市中区大須1丁目16番29号
電話 052-218-7808　FAX052-218-7709
http://www.fubaisha.com/
風媒社

乱丁・落丁本はお取り替えいたします。　＊印刷・製本／シナノパブリッシングプレス
ISBN978-4-8331-0196-7

溝口常俊 編著

古地図で楽しむ なごや今昔

地図は覚えている、あの日、あの時の名古屋。絵図や地形図を頼りに街へ出てみよう。人の営み、風景の痕跡をたどると、積み重なる時の厚みが見えてくる。歴史探索の楽しさ溢れるビジュアルブック。

一七〇〇円＋税

今井春昭 編著

岐阜地図さんぽ

地図に秘められた「ものがたり」を訪ねて——。観光名所の今昔、消えた建物、盛り場の変遷、飛山濃水の文学と歴史の一断面など、地図に隠れた知られざる「岐阜」の姿を解き明かしてみよう。

一六〇〇円＋税

美濃飛騨古地図同攷会 編／伊藤安男 監修

古地図で楽しむ岐阜 美濃・飛騨

地図から読む〈清流の国〉のいまむかし——。多彩な鳥瞰図、地形図、絵図などをもとに、そこに刻まれた地形や地名、人々の営みの変遷をたどると、知られざる岐阜の今昔物語が浮かび上がる！

一六〇〇円＋税